智慧建筑电气丛书

# 智慧商业建筑电气设计手册



中国建筑节能协会电气分会
亚太建设科技信息研究院有限公司 组编

机械工业出版社
CHINA MACHINE PRESS

本书内容包括总则，变配电所，自备电源系统，电力配电系统，电气照明系统，线路及布线系统，防雷与接地系统，火灾自动报警及消防监控系统，公共智能化系统，商业建筑专用系统，建筑节能系统，优秀设计案例共12章。

本书各章内容依据工程建设所需遵循的现行法规、标准和设计深度，并结合电气专业新技术、新产品以及工程经验进行介绍，编写内容系统、精炼，实用性强。本书内容涉及系统和技术的设计要点和建议、技术前瞻性描述以及对未来趋势的判断，适合供电气设计人员、施工人员、运维人员等相关专业电气人员参考。


**图书在版编目（CIP）数据**

智慧商业建筑电气设计手册/中国建筑节能协会电气分会，亚太建设科技信息研究院有限公司组编. —北京：机械工业出版社，2024.2
（智慧建筑电气丛书）
ISBN 978-7-111-74985-1

Ⅰ.①智… Ⅱ.①中… ②亚… Ⅲ.①商业建筑-智能化建筑-电气设备-建筑设计-手册 Ⅳ.①TU855-62

中国国家版本馆CIP数据核字（2024）第032898号

机械工业出版社（北京市百万庄大街22号 邮政编码100037）
策划编辑：张 晶 责任编辑：张 晶 范秋涛
责任校对：张爱妮 李 杉 责任印制：张 博
北京华宇信诺印刷有限公司印刷
2024年3月第1版第1次印刷
148mm×210mm · 12印张 · 341千字
标准书号：ISBN 978-7-111-74985-1
定价：69.00元

电话服务 网络服务
客服电话：010-88361066 机 工 官 网：www.cmpbook.com
010-88379833 机 工 官 博：weibo.com/cmp1952
010-68326294 金 书 网：www.golden-book.com



机工教育服务网：www.cmpedu.com

# 《智慧商业建筑电气设计手册》编委会

**编写人：**

| | | | |
|---|---|---|---|
| 樊金龙 | 高级工程师 | 副总裁 | 中国建设科技集团股份有限公司 |
| 龚仕伟 | 正高级工程师 | 智能中心总工 | 广东省建筑设计研究院有限公司 |
| 林　兰 | 高级工程师 | 副总工程师 | 广东省建工设计院有限公司 |
| 冯百乐 | 正高级工程师 | 分院副总工 | 浙江大学建筑设计研究院有限公司 |
| 黄　昱 | 正高级工程师 | 副所长 | 华蓝设计（集团）有限公司 |
| 陈蓝志 | 高级工程师 | 所电气总工 | 广州城建开发设计院有限公司 |
| 傅剑锋 | 正高级工程师 | 分院副院长 | 中机中联工程有限公司 |
| 张　哲 | 正高级工程师 | 机电二院副院长 | 启迪设计集团股份有限公司 |
| 陈　磊 | 高级工程师 | 机电二院执行总工 | 中国建筑西北设计研究院有限公司 |
| 刘亚楠 | 高级工程师 | 主任工程师 | 中国建筑东北设计研究院有限公司 |
| 张　林 | 工程师 | 主管工程师 | 北京市建筑设计研究院有限公司 |
| 沈　璐 | 高级工程师 | 智能工程中心副主任 | 湖南省建筑设计院集团股份有限公司 |
| 黄剑雄 | 正高级工程师 | 二院副院长 | 福建省建筑设计研究院有限公司 |
| 杨航超 | 正高级工程师 | 分院副总工 | 重庆市设计院有限公司 |
| 熊文文 | 中级工程师 | 副总经理 | 亚太建设科技信息研究院有限公司 |
| 张　斌 | 高级工程师 | 机电综合设计一院副院长 | 中衡设计集团股份有限公司 |

| | | | |
|---|---|---|---|
| 于　娟 | 中级工程师 | 主任 | 亚太建设科技信息研究院有限公司 |
| 戴天鹰 | 高级工程师 | 技术专家 | ABB（中国）有限公司 |
| 陈　科 | | 高级技术支持经理 | 施耐德电气（中国）有限公司 |
| 吴徐明 | 工程师 | 主任工程师 | 华为技术有限公司 |
| 王瑞霞 | 正高级工程师 | 电气总工 | 浙江省建设投资集团股份有限公司 |
| 张志刚 | 工程师 | 工程设计总院电气设计师 | 浙江省建设投资集团股份有限公司 |
| 陈智豪 | 工程师 | | 广东省建科建筑设计院有限公司 |
| 戴　罡 | 高级工程师 | 技术中心主任 | 大全集团有限公司 |
| 穆甲凯 | | 技术专家 | 上海良信电器股份有限公司 |
| 庞井斌 | | 行业发展高级总监 | 欧普照明股份有限公司 |
| 张智玉 | | 高级总监 | 贵州泰永长征技术股份有限公司 |
| 徐　静 | 正高级工程师 | 首席技术官 | 远东电缆有限公司 |
| 方　勇 | 高级工程师 | 技术总监 | 上海领电智能科技有限公司 |
| 林存朋 | | 董事长 | 亨斯迈（杭州）电力技术有限公司 |
| 黄武健 | | 市场总监 | 广西玉柴船电动力有限公司 |
| 高登辉 | | 市场总监 | 广东易百珑智能科技有限公司 |
| 刘向硕 | | 照明系统总监 | 杭州艺墨科技有限公司 |
| 覃丽丽 | | 董事长 | 深圳市铭灏天智能照明设备有限公司 |

| | | | |
|---|---|---|---|
| 刘　咏 | | 总经理 | 镇江西门子母线有限公司 |
| 谢亚静 | | 市场经理 | 天津市中力神盾电子科技有限公司 |
| 夏慧钧 | 高级工程师 | 总经理 | 江苏荣夏安全科技有限公司 |
| 刘龙豹 | 高级工程师 | 总裁 | 中瑞恒（北京）科技有限公司 |
| 李　波 | 高级工程师 | 董事长 | 湖南海龙国际智能科技股份有限公司 |

**审查专家：**

| | | | |
|---|---|---|---|
| 周名嘉 | 正高级工程师 | 顾问总工程师 | 广州市设计院集团有限公司 |
| 李雪佩 | 高级工程师 | 原顾问总工 | 中国建筑标准设计研究院有限公司 |

# 前　言

为全面研究和解析智慧商业建筑的电气设计技术，中国建筑节能协会电气分会联合亚太建设科技信息研究院有限公司，组织编写了《智慧建筑电气丛书》之五《智慧商业建筑电气设计手册》（以下简称《商业设计手册》），由全国各地在电气设计领域具有丰富一线经验的青年专家组成编委会，由全国知名电气行业专家作为审委，共同就智慧商业建筑相关政策标准、建筑电气和节能措施及数据分析、设备与新产品应用、商业建筑典型实例等内容进行了系统性梳理，旨在进一步推广新时代双碳节能建筑电气技术进步，助力智慧商业建筑建设发展新局面，为业界提供一本实用工具书和实践项目参考。

《商业设计手册》编写原则为前瞻性、准确性、指导性和可操作性；编写要求为正确全面、有章可循、简单扼要、突出要点、实用性强和创新性强。内容包括总则、变配电所、自备电源系统、电力配电系统、电气照明系统、线路及布线系统、防雷与接地系统、火灾自动报警及消防监控系统、公共智能化系统、商业建筑专用系统、建筑节能系统、优秀设计案例等12章。

《商业设计手册》提出了“智慧商业建筑的定义”：根据商业建筑的标准和用户的需求，统筹土建、机电、装修、场地、运维、管理、工艺等专业，利用互联网、物联网、AI、BIM、GIS、5G、数字孪生、数字融合、系统集成等技术，进行全生命周期的数据分析、互联互通、自主学习、流程再造、运行优化和智慧管理，为客户提供一个低碳环保、节能降耗、绿色健康、高效便利、成本适中、体验舒适的人性化的商业建筑。

《商业设计手册》提出了智慧商业建筑十大技术发展趋势：裸眼3D LED显示屏技术，3D室内导航导购系统技术，智能服务机器人技术，虚拟现实技术，人工智能物联网（AIoT）技术，智慧商业建筑专用技术，智慧商业建筑与智慧城市的互动和融合技术，充电桩有序充电系统技术，智能防雷系统技术，光电混合缆技术。

《商业设计手册》提出了智慧商业建筑电气设计关键点：各业态用电密度取值设计关键点，变压器及干线系数取值设计关键点，柴油发电机组容量的计算设计关键点，变配电所的设置设计关键点，电气竖井及布线系统设置设计关键点，特殊场所的电击安全设计关键点，绿色节能设计关键点，成本控制设计关键点。

《商业设计手册》力求为政府相关部门、建设单位、设计单位、研究单位、施工单位、产品生产单位、运营单位及相关从业者提供准确全面、可引用、能决策的数据和工程案例信息，也为创新技术的推广应用提供途径，适用于电气设计人员、施工人员、运维人员等相关产业的从业电气人员，进行智慧商业建筑的电气设计及研究参考。

在本书编写的过程中，得到了电气分会的企业常务理事和理事单位的大力支持，对ABB（中国）有限公司、施耐德电气（中国）有限公司、华为技术有限公司、广东省建工设计院有限公司、浙江省建设投资集团股份有限公司、广东省建科建筑设计院有限公司、大全集团有限公司、上海良信电器股份有限公司、欧普照明股份有限公司、贵州泰永长征技术股份有限公司、远东电缆有限公司、上海领电智能科技有限公司、亨斯迈（杭州）电力技术有限公司、广西玉柴船电动力有限公司、广东易百珑智能科技有限公司、杭州艺墨科技有限公司、深圳市铭灏天智能照明设备有限公司、镇江西门子母线有限公司、天津市中力神盾电子科技有限公司、江苏荣夏安全科技有限公司、中瑞恒（北京）科技有限公司、湖南海龙国际智能科技股份有限公司等22家企业，在编写过程中对《商业设计手册》的大力帮助，表示衷心的感谢。

由于本书编写均是设计师和企业专家在业余时间完成，编写周期紧，技术水平所限，有些技术问题也是目前的热点、难点和疑点，争议很大，仅供参考，有不妥之处，敬请批评指正。

中国勘察设计协会电气分会　　会长
中国建筑节能协会　　副会长
亚太建设科技信息研究院有限公司　　社长

2023 年 5 月

# 目　　录

# 第1章 总 则

## 1.1 总体概述

### 1.1.1 定义

商业源于原始社会以物易物的交换行为，是一种有组织的提供顾客所需的物品与服务的行为，人类通过交换过程满足需要和需求的活动。随着经济技术的发展和生活水平的提高，人们消费理念和消费模式逐步呈现为多样化，商业建筑也越来越多元化。

商业建筑随着社会发展有不同的建筑形式特征，广义上的商业建筑是供人们从事各类经营活动的建筑物，包括各类日常用品和生产资料等的零售商店、商场、批发市场；金融、证券等行业的交易场所及供经营管理业务活动的商务办公楼；各类服务业建筑，包括旅馆、酒店、招待所。本书中的商业建筑特指《商店建筑设计规范》（JGJ 48—2014）中的商店建筑，即为商品直接进行买卖和提供服务供给的公共建筑。

### 1.1.2 分类

商业建筑根据不同的角度有不同的分类方式。

商业建筑按总平面和建筑布局可分为独立型（单体）商店建筑、综合体内商店建筑、步行商业街、地下商业街。

商业建筑按单项建筑内的商店总面积可分为小型商店建筑

（$<5000m^2$）、中型商店建筑（$5000\sim20000m^2$）、大型商店建筑（$>20000m^2$）。

商业建筑按经营的方式和种类可分为购物中心、百货商场、超级市场、菜市场、水产市场、专业店、家电卖场、零售、餐饮、精品服饰、日用百货等。

商业建筑按市场范围可分为近邻型商业建筑、社区型商业建筑、区域性商业建筑、城市型商业建筑。

商业建筑按市场形象定位可分为主题型商业建筑和综合型商业建筑。主题型商业建筑主要赋予商业建筑个性化主题，并在环境、空间设计等方面对商业主题进行一致性表现，形成竞争中的差异化和独特性，吸引目的性消费。综合型商业建筑主要满足全客层、一站式消费和全方位的文化、娱乐、休闲、餐饮享受。

### 1.1.3 特点

商业建筑是商户为顾客提供商品或者服务的场所，虽然类型和经营方式多种多样、面积规模差异大，但其环境和基础设施均需要为促成商户和顾客的交易提供有利的条件。从商户角度，要求商业建筑客源充足、安全经济，能满足最大营业状态下的各种资源需求；从顾客角度，要求商业建筑交通便捷、整洁舒适，能获得不错的消费体验。此外，从建设和管理方角度，要求商业建筑管理高效、绿色节能。

商业建筑的商铺楼层总数一般不超过8层，沿平面逐层开展中庭、走道、商铺的空间模式，多层商业建筑的内部一般设有客梯及自动扶梯，增强顾客体验，有效吸引客流往高楼层流动。

商业建筑的业态需求随市场环境变化，不同商户业态对柱网、层高、荷载、交通等需求各不相同，用电需求差异非常大，对配电系统灵活性要求高。商户最大营业状态下用电需求和实际营业状态下的差异也对变配电系统的容量有较大影响。

商业建筑智能化系统配置一般以公共区域为主，预留延伸到业态内的必要接口，业态内部则由租户自行考虑。系统设置除具有实用性、开放性、可维护性和可扩展性外，还应引导建设单位在条件允许的情况下，体现其先进性和前瞻性。通过信息采集、数据通信、信息交互、分析处理，在实现建筑物绿色节能、碳排放管控、运维管理等需求，满足用户的业务功能、运营及管理模式的同时，也让建筑物作为高新技术的载体，提升客户体验，挖掘商业潜力。

## 1.2 设计规范标准

### 1.2.1 国家、地方及建筑行业标准

1)《绿色商场》(GB/T 38849—2020)。

2)《绿色商店建筑评价标准》(GB/T 51100—2015)。

3)《社区商业设施设置与功能要求》(GB/T 37915—2019)。

4)《商店购物环境与营销设施的要求》(GB/T 17110—2008)。

5)《公共信息导向系统 设置原则与要求 第5部分：购物场所》(GB/T 15566.5—2007)。

6)《歌舞娱乐场所音视频点播系统技术规范》(GB/T 36730—2018)。

7)《旅游购物商店等级划分与评定》(DB13/T 2732—2018)。

8)《旅游购物场所等级划分与评定》(DB53/T 309—2016)。

9)《旅游购物店等级划分与评定》(DB45/T 802—2012)。

10)《贵州省旅游购物场所等级划分与评定》(DB52/T 1161—2016)。

11)《大型商业建筑合理用能指南》(DB21/T 2375—2014)。

12)《大型商业建筑合理用能指南》(DB31/T 552—2017)。

13)《超高层建筑及大型商业综合体消防安全评价规范》(DB6101/T 3110—2021)。

14)《重庆市大型商业建筑设计防火规范》(DBJ 50—054—2013)。

15)《民用及商业场所用电侧电压质量规范》(DB34/T 2398—2015)。

16)《商店建筑设计规范》(JGJ 48—2014)。

17)《商店建筑电气设计规范》(JGJ 392—2016)。

18)《饮食建筑设计标准》(JGJ 64—2017)。

### 1.2.2 其他标准

1)《购物中心等级评价标准》(T/CECS 514—2018)。

2)《购物中心业态组合规范》(SB/T 10813—2012)。

3)《零售商店节能低碳评定标准》(SB/T 10803—2012)。

4)《社区商业设施设置与功能要求》(SB/T 10455—2008)。

5)《购物中心等级划分规范》(SB/T 11087—2014)。

6)《购物中心建设及管理技术规范》(SB/T 10599—2011)。

7)《招商制建材家居市场建设及管理技术规范》(SB/T 10397—2005)。

8)《纺织服装专业市场建设及管理技术规范》(SB/T 10504—2008)。

9)《旅游商业步行街无障碍信息与智能化建设标准》(T/GBECA 001—2022)。

10)《商业综合体5G数字改造建设规范》(T/CAICI 49—2022)。

11)《商业综合体绿色设计BIM应用标准》(T/CCIAT 0038—2021)。

12)《购物中心信息系统建设与应用规范》(T/CUCO 4—2021)。

13)《附加型工商业屋顶光伏发电系统安装规范》(T/HZPVA 003—2020)。

## 1.3 设计要点综述

### 1.3.1 商业建筑的发展历程

商业建筑有多家商户集聚，按照出售商品的种类不同，商户聚集可划分为“异类商户”和“同类商户”聚集。前者简称为“异类聚集”，是指出售不同种类产品，如服装、家电、汽车的多家商户聚集在同一地方形成一个综合型商业建筑。后者简称为“同类聚集”，是指出售同类产品，如专门出售服装或汽车零部件的多家商户聚集在同一地方形成一个专业型商业建筑。商业建筑的发展与商业业态的演变密切相关，商业业态变迁的五大规律中的手风琴定律主要是以商品经营范围即产品线情况来划分业态，认为商品组合从综合化到专业化再到综合化地不断循环而演化，形成综合-专业-综合的模式。

20 世纪 70 年代至 80 年代初，国内商业业务主要以商店和超市为主。20 世纪 80 年代中后期，人们的消费需求逐渐增加，国内大中型商业建筑开始出现，并得到了较快的发展。20 世纪 90 年代至 2000 年初，随着国内市场经济的逐步发展，商业建筑在数量和质量上都得到了显著提升，选址城市核心或副核心商圈，主要功能为主力店、超市、精品、服饰、家具家电、专业卖场、影院，智能化系统配置以满足设计规范及物业管理为主。2000 年至今，随着互联网技术的普及和电子商务的快速发展，传统商业模式已经面临巨大的冲击和变革，商业建筑也在不断创新和升级，以适应新时代的商业需求。在这个背景下，商业建筑和文化中心、艺术中心、游乐中心甚至体育中心等结合的情况不断出现，商业建筑发展也呈现出越来越多样化、多元化的趋势。与此同时，综合型商业建筑相关的设计标准、新技术应用也日趋丰富，开始使用三联供燃气发电机、太阳能光伏发电系统、冰蓄能等节能技术，智能化系统配置开始关注用户体验，逐步融入互联网思维，通过“互联网 +”赋能，打通线上和线下。

专业型商业建筑从马路专业市场、棚架集贸专业市场逐步发展而来。改革开放后，我国专业市场迅猛发展，已经成为我国经济体系中极为重要的一环，但目前专业型商业建筑建设方面的规范和设计标准相对匮乏，主要依据的还是通用的商业建筑规范，没有充分体现专业特殊性。进入 21 世纪，一些大型专业型商业建筑呈现出规模化、专业化、国际化发展趋势，经营方式开始出现了拍卖模式，其经济意义与辐射功能已经远远超越了当地行政区域的边界，成为周边地区产业参与国际经济和国际分工的重要平台和通道，将在未来发挥世界商品集散枢纽、我国进出口基地与批发辐射中心的功能。

## 1.3.2 商业建筑新兴技术发展趋势

### 1. 裸眼 3D LED 显示屏

裸眼 3D LED 显示屏是一种新型的 LED 显示屏，其特点是不需要戴任何辅助设备就可以呈现裸眼 3D 效果，能给商业建筑带来更加生动、引人入胜的视觉体验，吸引更多的顾客，提高商业建筑的知名度和人气，成为网红打卡地甚至是城市的标志性建筑，使商业建筑不仅是商业活动的场所，更是城市文化的载体。

与常规的 LED 显示屏相比，裸眼 3D LED 显示屏有着更大的优势，像素可自身发光，具备亮度更高、色彩更鲜艳、对比度更高、超轻薄等特点，拥有自然舒适的视野和更为宽广的可视角度。

裸眼 3D LED 显示屏除了是商业建筑的引流利器外，在提升购物体验方面可以利用裸眼 3D 技术来展示商品信息和推广活动，能让顾客更好地了解商品，从而提高购买的决策能力，也能让顾客在购物的同时享受到更加美妙的视觉体验，提高购物的乐趣和满意度。

在目前竞争激烈的市场环境下，商业建筑需要通过不断创新和提升消费者的购物体验来提高自身的竞争力。裸眼 3D LED 显示屏可以提供新颖、独特、高科技的展示方式，在商业建筑中应用有比较大的优点，同时可以融入创意显示打造更为逼真更为震撼的沉浸式体验场景，未来在 VR、AR 等沉浸式购物前景广阔，是商业建筑的一个技术发展趋势。

### 2. 3D 室内导航导购系统

大型商业建筑体量大、业态复杂，内部功能分区多、出入口多。随着城市用地紧张，商业建筑也在往高处发展，例如我国香港的 Mega Box 是一个 19 层的提供大量商店、餐饮及娱乐设施等完善的配套垂直购物中心。随着商业建筑室内空间复杂程度的提高，3D 室内导航导购系统可以使顾客更快速便捷地找到和到达目标商户的位置，提升购物的便利性和舒适度。

3D 室内导航导购系统使用室内的蓝牙和无线网络的定位，在 3D 数字地图的基础上进行实时的导航导购服务。顾客可通过导航导购系统进行商品、商户、公共区域的搜索，点击目标后导航即可呈现出当前位置到达目标的路线，同时根据楼层建筑的结构进行 3D 数字地图模型展示，在导航和查询中可以更加清楚看到室内的楼层结构和房间的分布位置等。

系统可与配套车库以及周边市政交通，包括公交站、地铁站等进行对接，提供商业建筑内外实时的人流量、车流量、空气质量等信息，为顾客的交通决策提供更实时便利的指引。系统也可以提供商业建筑内的促销信息和优惠信息，帮助顾客了解最新活动和优惠信息，提供更好的用户体验，同时也为管理者提供了更多的数据收集和分析手段，更好地了解顾客的行为和需求，优化运营和管理。

### 3. 智能服务机器人

随着人工智能和机器人技术的发展、劳动人口的下降，智能服务机器人在商业建筑中的应用会越来越广泛。机器人不知疲倦、没有情绪，能不知厌烦地持续工作，不会有心理问题，做事不拖沓；机器人不会受生物病毒、细菌的影响，在疫情期间能够正常工作，在危险环境也无须考虑生命保障或安全的需要；机器人可以快速复制和更新，能更快地提供最新的内容和服务。

机器人可以在商业建筑中提供多种多样的服务：接待机器人可以提供商场内的导购服务，根据顾客的需求提供个性化商品的信息，或者为顾客提供商场的导览服务，也可以与顾客互动，提供娱乐、教育和互动式游戏等体验；送餐机器人可以根据客人的点餐需求将菜品送到指定的桌子上，减少了人工服务员的工作量，提高了服务效率；清洁机器人可以自动扫地、擦玻璃、清洁厕所和地板，减少人工清洁的工作量；维护机器人可以用于商业建筑的维护和修理，如机电设备的巡检、维护和更换；安保机器人可以在公共场所巡逻监控，发现异常情况向安保人员发送警报；物流机器人可以用于商业建筑内的物流和运输，将货物送至目的地，节省人工搬运的成本和时间。

机器人在商业建筑中的应用有很多，不仅可以帮助商业建筑提高服务效率、降低成本、提升服务品质，同时也可以为人们提供更好的购物、娱乐和工作体验，同时也为人们提供了全新的服务体验和商业模式。

**4. 虚拟现实技术**

虚拟现实技术（Virtual Reality，VR）是一种能够模拟人类感官的计算机技术，通过特殊的设备和软件，使用户可以进入虚拟世界进行互动、探索和体验。在商业建筑的营运过程中，虚拟现实技术可以为顾客提供更加沉浸式的体验，让顾客感受到建筑的空间、布局和氛围，身临其境地体验商业建筑的各种场景和服务，从而提高客户的购买意愿，同时提高用户的满意度和忠诚度。

虚拟现实技术可以为顾客提供个性化的服务，如针对顾客的需求和喜好定制服务、提供个性化推荐等，为顾客提供更加互动的体验，如与其他顾客互动、与虚拟现实中的角色互动等，增加顾客的参与感和娱乐性。

虚拟现实技术可以为商户提供更加直观、高效的营销方式，并且能减少悬挂广告牌等的成本，还可以通过网络平台、移动设备等多种渠道进行推广，让更多潜在客户了解商业建筑的品牌和服务，拓展营销渠道，提高销售和收益。

虚拟现实技术还可以应用于内部员工的培训和教育，在不影响商业建筑正常运营的情况下提供更加便捷和高效的培训方法。

虚拟现实技术将在商业建筑中发挥越来越重要的作用。通过利用虚拟现实技术，商业建筑可以提高设计和建造的效率、改善顾客的体验、增加商业营销的效果，从而更好地满足客户的需求，提升商业建筑的竞争力。

**5. 人工智能物联网（AIoT）**

物联网通过信息传感设备，按约定的协议进行信息交换和通信，实现智能化识别、定位、跟踪、监控和管理，达到“物”与“互联网”的全面融合，是形成网络化、物联化、互联化、自动化、感知化和智慧化的基础设施。人工智能（AI）和物联网（IoT）是两种互相补充的技术，它们在商业建筑中的结合应用可以实现对商业建筑中的各种设备进行智能化的管理和监测中融入

AI，以大数据和人工智能技术为引擎，实现更高级别的自动化、智能化和可持续化，提高建筑的能效和舒适性，同时也提高了建筑的安全性和管理效率。

**6. 智慧商业建筑专用系统**

智慧商业建筑专用系统包括营销数据分析平台、营销数据驾驶舱、客流统计分析、VR 购物、商铺资产管理、智慧商业场景等多个子系统，实现智慧商场的运营理念：可实时监测和统计客流量情况，分析客流倾向及走势，为商场营运提供重要数据支持；可有效管理商铺租赁、水电资产统筹等任务，帮助商场提高了效率，改善了服务质量；还可支持 VR 体验，让顾客利用 VR 技术足不出户购买商品；还可以利用系统进行客户关怀，根据客户历史消费行为，推出精准定位的折扣活动，拉近客户与商场的距离。

**7. 智慧商业建筑与智慧城市的互动和融合**

随着城市化进程的加快，智慧城市概念也逐渐进入人们的视野，智慧商业建筑则成为智慧城市建设的重要组成部分。智慧商业建筑和智慧城市的融合，不仅可以提升城市的运行效率和服务水平，还能够为商业建筑带来更多的商业机会和利润。

智慧商业建筑停车管理系统与智慧交通的融合，可以实现商业建筑内外的交通优化和智能化管理，实现城市交通系统的实时监测、预测和优化，解决城市部分区域，尤其是在商业中心区和交通枢纽周边停车位供不应求的问题，缓解停车困难带来的压力。智慧商业建筑可以将停车位信息、空闲车位信息等与市政交通信息共享平台进行整合和共享，实现城市停车信息互通共享，提高停车服务质量和效率，提高市民出行的便利性和效率，减少城市交通拥堵，推动城市绿色交通的发展，减少城市交通污染和能源消耗。

智慧商业建筑是城区电网中的用电大户，随着建筑能源管理技术的提高，建筑物能耗监测和控制的日益精细化，传统的空调负荷、照明负荷具有一定可控调节性能，新能源接入和充电桩有序充电技术的应用进一步提高了智慧商业建筑的负荷调节能力，与城市电网互动能够发挥巨大的调峰作用和经济价值，提高城市电网的可靠性和稳定性。

### 8. 充电桩有序充电

有序充电是指在电动汽车充电的过程中，智能管理系统能够根据车辆需求和用电优先级等因素进行有序的调度和管理，以达到更高效、更节能的充电效果。《国家发展改革委等部门关于进一步提升电动汽车充电基础设施服务保障能力的实施意见》（发改能源规〔2022〕53 号）中提出，商业建筑是优先配置公共充电设施的场所之一，该文件也提到要逐步提高智能有序充电桩建设比例。

目前新建商业建筑配套车库中，充电桩的建设数量还是比较多的，部分采用直流快充，充电桩的需要系数主要是根据国家、地方的相关标准或者图集。但由于国内的电动汽车存量和增量变化大，各城市和区域之间也有较大差异，充电桩需要系数的不确定性成为了一个备受关注的话题，也是充电桩规划、建设和管理的一个难点。用户的充电需求是不确定的，充电桩使用率、使用时间等都受用户行为的影响，用户可能会改变充电时间和充电地点，这会导致充电桩使用率和使用时间的变化，进而影响充电桩供电需用系数的计算，如果充电桩的使用峰值时段集中在某个时段，那么该时段的充电桩供电需用系数会相应增加。充电桩需要系数值取大了会造成供配电系统的浪费，取值小了会影响供配电系统的可靠性和电动汽车正常充电。

有序充电在商业建筑中的应用可以提供以下优势：实际运行比需要系数计算大时，在不增加变配电容量的情况下，充电桩有序充电能根据线路、变压器以及电网负荷情况进行调度，避免供配电系统过载的情况发生，保障供电的稳定性；可以通过在线平台或移动应用程序预约，根据预约情况、车辆类型、车辆电量等因素，分配合适的充电桩，以确保每个电动汽车都能够及时、高效地充电，同时减少充电等待时间和排队拥堵现象，提高充电效率；可以根据电网负荷情况和清洁能源发电情况进行调度，优先使用清洁能源进行充电，促进清洁能源利用和环保发展。

商业建筑有序充电可以确保充电过程的安全性和稳定性，提高充电效率，提升用户体验，同时还可以减少充电桩的数量和成本，降低用电峰值，实现可持续发展。

### 9. 智能防雷系统

智能防雷系统包括雷电预警系统、智能电涌保护器监控系统、智能直击雷监测系统、智能接地电阻监测系统。商业建筑应基于项目的重要性、安全性的要求和所处环境情况，设置相应的雷电防护系统。并且结合商业建筑智慧化的需求，设置智能防雷系统监控平台，将雷电防护系统的各子系统进行智慧化集成，统一协调配置和管理，进一步提高雷电防护系统的安全性、可靠性和智慧化程度。并可根据实际需求，与智慧商业建筑的其他智慧化系统联动管理。

### 10. 光电混合缆

光电混合缆是一种由光缆和电缆组成的特殊复合电缆，光缆部分通常包括一对或多对光纤和一些填充物，电缆部分通常包括一对或多对电缆和填充物，这两个部分形成一个坚固的整体结构。光电混合缆可以在同一根缆线中传输光信号和电能，减少了线缆数量，节省了空间，方便安装，维护也更加方便。大型商业综合体建筑中通常线缆传输距离较长，光电混合缆可发挥其优势，既可以完成高速率的数据传输，又可以完成长距离的设备供电，提供了高效、可靠、安全的数据传输和能源传输解决方案，使得商业建筑的运营更加智能化和高效化。

## 1.3.3 商业建筑设计的技术要点

### 1. 各业态用电密度取值

电力供应是商户经营的重要条件之一，商户的经营效益则直接影响到商业建筑的租金收入，商户的经营效益越好商业建筑的品牌价值也会越高，从而吸引更多的商户入驻形成良性循环。如果商业建筑的电力供应无法满足商户的需求，商户的经营将会受到不利影响，甚至会选择迁离，对商业建筑的经营带来负面影响。商业建筑中商户的类型较多，包括各类商铺、各式餐饮、电影院、KTV、溜冰场、电玩城，甚至包括水族馆、室内动物园、机动设施等，需要了解商户的用电容量需求、营业时间等因素进行合理、经济的配置，并具有一定灵活性，为未来的发展留出一定空间。详见第 4 章第 2 节的内容。

2. 变压器及干线系数取值

商业建筑中不同类型的商户对用电都有各自的需求，为了招商，设计一般是无条件满足商户的末端用电需求。常规商户的用电需求均大于实际运行值，这造成了最终配置的变压器装机容量偏大，变压器运行负载率偏低，初期投资成本增加，后期运行成本偏大。商业建筑的电气负荷通常较大且复杂，需要进行全面、准确的负荷计算。因此，需要考虑商业建筑的用电需求、用电设备类型、用电时间、电源容量等因素，同时还需要考虑电气系统的可靠性和安全性。详见第 2 章第 3 节、第 4 章第 2 节的内容。

3. 柴油发电机组容量的计算

柴油发电机组消防负荷的容量计算是负荷计算中的一大难点，设计人员很难准确地计算出火灾过程中消防设备的最大计算容量，特别需要设计人员根据工程情况做详细分析，得出较准确的负荷计算，并在此基础上合理选择柴油发电机组容量，从而在保证设计可靠性的同时兼顾经济性。详见第 3 章第 2 节的内容。

4. 变配电所的设置

变配电所的数量及位置的确定是商业建筑电气设计的重要环节。商业建筑的变配电所在选址时，应综合考虑工程特点、用电容量、所址环境、供电条件、电气节能、设备安装、运行维护等因素，并适当预留发展条件。变配电所尺寸宜适当地加大，考虑后期变压器增容及出线回路增加所需的尺寸，宜预留考虑有源滤波柜的安装位置，涉及光伏发电系统并网的应考虑并网柜的安装位置。详见第 2 章第 2 节的内容。

5. 电气竖井及布线系统设置

商业建筑特别是大型商业综合体建筑项目的用电负荷种类繁多、用电灵活性要求较高，电气竖井宜按照建筑防火分区设置，面积根据商业建筑的规模及商业业态分布情况确定，建议布置在商业后场区域。商业建筑在建成运营后，根据招商、运营情况的变化，商铺用电量可能会增多，因此电气竖井内宜预留一部分空间，以便于后期新增配电桥架及电缆。商业建筑的布线设计需要考虑到整个建筑的电气系统，包括电源供应、用电设备、照明设备等，同时还需要考虑到维修、维护等方面的问题。因此，需要根据实际情况进行布线设计，使电气系统能够满足商业建筑的实际需求，并能够方便维修和维护。详见第 6 章第 3 节的内容。

**6. 商业照明**

照明是商业建筑中不可或缺的一部分，对于商业建筑的经营和发展具有重要意义：普通照明需要与整个空间的设计风格相协调，创造舒适的环境，为用户营造出一个舒适、和谐、愉悦的氛围，提高用户的停留时间；橱窗照明通过加强灯光、彩色灯光或有规律地变换颜色来达到加强照明的艺术效果和宣传商品及美化环境的目的，吸引顾客进入商店内部；重点照明可将商品的形、色、光泽、品质等正确表现出来，把顾客的注意力吸引到商品上来，引起顾客的购买欲。商业建筑照明的重要性不容忽视，是商业建筑经营和发展的重要因素，直接影响着用户体验和满意度、建筑形象和品牌形象。详见第 5 章第 1、2、5 节的内容。

**7. 特殊场所的电击安全**

商业建筑内外有不少特殊场所和设备，例如戏水池、喷水池、电动汽车充电设施、临时外摆区、演绎区、自动旋转门、电动门等，应综合场所和设备的使用需求、特点、接触人员等因素设置相应的安全防护措施，降低电击危险，保障人员的安全，避免财产损失，保持商业建筑顺利连续经营。详见第 7 章第 4 节的内容。

**8. 智能化系统无缝集成和信息安全**

商业建筑内通常有许多不同类型的设备和系统，这些设备和系统需要相互协调和集成。不同厂家的设备和系统之间的兼容性和互通性是难点之一，在智能化设计中需要考虑如何将这些设备和系统整合在一起，使它们能够无缝地协同工作，实现数据交换和信息共享。商业建筑智能化设计中涉及大量敏感数据的采集、存储和传输，如视频监控数据、访客信息、用户行为信息等，需要进行保护和隐私处理，避免泄露和滥用。详见第 9、10 章的内容。

**9. 绿色节能**

商业建筑的电气节能设计应符合国家有关法律法规和方针政策，在满足各对应零售业态活动和室内环境质量的使用前提下，合理确定供配电系统和智能化系统，选择合适的照明标准值，合理采用节能技术和设备，做到室内环境的改善，能源利用效率的提高，太阳能光伏发电等可再生能源建筑应用的促进，建筑能耗的降低。详见第 11 章的内容。

**10. 成本控制**

商业建筑的建设和运营过程是一个长期的、复杂的过程，涉及设计、建设、维护、运营等多个阶段。全生命周期成本控制包括建筑物设计、施工、运营、改造等阶段的成本控制。通过对全生命周期的成本进行控制，可以最大程度地降低建筑物的总成本，提高投资回报率，降低建筑物的能源消耗和环境影响，增强建筑物的可持续性。

## 1.4 本书的主要内容

### 1.4.1 总体介绍

《智慧商业建筑电气设计手册》是一本针对商业建筑电气系统设计的指南手册，共 12 章，旨在提供全面、先进、实用、合理的智慧商业建筑电气设计方案。本手册涵盖商业建筑电气设计的各个方面，还提供了针对商业建筑电气设计的一些创新技术，如使用太阳能发电系统、应用燃料电池系统等，这些新技术的应用，可以使商业建筑电气设计更加科学、可靠和节能。

### 1.4.2 各章介绍

第 1 章总则，从商业建筑的定义、分类、特点出发，回顾了商业建筑的发展历程，列出了相关的国家、行业、地方、团体设计标准，总结了商业建筑十大技术发展趋势和十大设计关键点。

第 2 章变配电所，从商业建筑特点出发，对变配电所设置及高低压供电方案进行分析，给出高低压配电柜、主流变压器等设备的选型建议，并结合目前市场上现有智能型配电柜、智慧变压器的监控系统，围绕主流的电力监控系统及智能配电系统对智能配电系统与电力监控系统的融合进行探讨。

第 3 章自备电源系统，介绍了包括机组选型、机房设计及供电系统的设计要点、UPS 和 EPS 系统的选型及应用以及集装箱式柴油机系统和集装箱式储能系统。

第 4 章电力配电系统，较为详细地讲述了商户配电、电梯及扶梯配电、汽车充电桩配电及有序充电的做法和技术要点，并介绍了智能断路器、终端电能质量治理装置、一体化智能化配电箱等一些新产品及应用。

第 5 章电气照明系统，主要内容为如何考虑不同的业态、不同的使用需求、不同用户的体验感进行商业的照明设计。对购物中心、超市、专卖店、物流、广场、夜景、喷水池等场所照明系统的设计提出了设计思路要求或实例。

第 6 章线路及布线系统，针对智慧商业建筑内线缆、母线的选择，布线系统的选择与敷设及智能电缆、智能芯片电力电缆、智能母线、光电混合缆等最新产品应用做相关介绍。从如何选用阻燃、低烟毒、耐火、绝缘性能好、低电阻率的线缆和母线，提高商业建筑供电安全性和可靠性、设备节能运行和供电质量的角度满足对线路及布线系统设计的技术先进、经济合理、安全适用、便于施工和维护等要求。

第 7 章防雷与接地系统，根据商业建筑特点，对雷电防护、接地系统、等电位联结及特殊场所的安全防护进行讨论，并对雷电预警系统、智能电涌保护器监控系统、智能直击雷监测系统、智能接地电阻监测系统等新一代防雷技术进行介绍。

第 8 章火灾自动报警及消防监控系统，依据现行规范对商业建筑火灾自动报警、联动控制系统及其他电气消防各监控子系统的功能、形式、特点、设置原则设计要求进行了讲解，并对消防电气设备选型要求、特殊场所消防报警及联动控制系统、智慧消防产品技术特点进行了分析探讨。

第 9 章公共智能化系统，对商业建筑中公共广播、综合布线、信息网络、视频安防等信息设施系统、公共安全系统进行介绍，并详细阐述了全光网络、物联网、数字孪生等先进技术的概念、架构及应用。

第 10 章商业建筑专用系统，针对大型商业综合体推出的解决方案，它集成了各种先进的硬件、软件、安全技术及服务于一体，满足商场中各种不同业务需求。该系统包括营销大数据分析平台、营销数据驾驶舱、客流统计分析、VR 购物、商铺资产管理、智慧商业场景等多个子系统，覆盖了商场的几乎所有重要的管理环节。

第 11 章建筑节能系统，介绍对变压器、电梯及自动扶梯、电动机、光源与灯具等节能型电气产品选择及要求；配电变压器装机指标及配电变压器的经济运行、线路损耗、电源质量、照明节能控制措施、照明光污染的限制、能耗监测系统、建筑设备监控系统等系统节能控制要求及措施；物业部门需求、电气运维节能等电气管理需求；太阳能光伏等的新能源利用。

第 12 章典型案例，主要介绍一个低碳商业建筑案例和一个智慧商业建筑案例。低碳商业建筑案例主要介绍了分布式光伏发电系统、车库照明、集中商业公共区域采用 KNX 智能照明控制系统、部分区域采用智慧照明控制系统等低碳节能系统；智慧商业建筑案例主要介绍了客流统计及分析系统、能耗管理系统、智慧运维管理平台系统在本项目的使用情况。

# 第2章　变 配 电 所

## 2.1　概述

### 2.1.1　变配电所设置原则、特点

在配电系统方案设计及实施阶段，应做好用电总体规划，合理设置变配电所。商业项目用电负荷指标高，不同业态的用电负荷需求范围大、差别大、业态的不确定性大等特点，各商业所处的地理位置不同、开发商的定位不同以及当地供电部门的要求不同。因此，变配电所设置应遵循以下原则：

1）变配电所的形式、数量、变压器容量的设置应遵循当地供电部门的供电要求。

2）变配电所的设置应深入负荷中心，低压侧供电距离不宜超过250m。

3）变配电所的设置位置应遵循当地供电部门根据自然条件设定的要求和规定，例如浙建〔2022〕3号《关于提升城市配电设施防涝能力的若干意见》明确商业综合体的开关站、环网箱变、配电室等设计地面一层或以上，并高于当地防涝用地高程。

4）变配电所设计时应适当考虑后期发展的用电增加或回路增加的可能性。

5）变配电所应按《建筑机电工程抗震设计规范》（GB 50981—2014）采取抗震措施。

6）按业态设置配电。在很多商业综合体内大型超市要求设置专用变配电所。

遵循上述原则设置的变配电所具有以下一些特点：

1）商业项目的负荷集中，导致部分变压器的容量比常规项目的变压器容量大，目前部分地区的高压侧 10kV 等级变压器最大可以做到 2500kVA。

2）变配电所尺寸宜适当加大，考虑后期变压器增容及出线回路增加所需的尺寸，宜预留有源滤波柜的安装位置，涉及光伏发电系统并网的应考虑并网柜的安装位置。

3）在低配出线侧预留足够的备用回路，以便后期招商后回路调整及增加回路。

4）大型商业综合体宜设置空调专用变压器或配电干线，可减少设备运行对照明负荷的干扰，在过渡季节停用专用变压器。

### 2.1.2 本章主要内容

针对商业建筑特点，对变配电所设置的原则、选址等方面进行了讨论，给出了用户接入容量与供电电压的关系、商业项目中经常采用的高低压供电方案，简要介绍了高低压配电柜、主流变压器等设备选型。本章着重围绕主流的电力监控系统及智能配电系统进行了分析，结合目前市场上现有智能型配电柜、智慧变压器的监控系统，探讨了智能配电系统与电力监控系统的融合，助推配电系统向智慧化方向发展。

## 2.2 高压配电系统

### 2.2.1 高压配电系统架构

高压配电系统的网架结构宜简洁，一般不超过两级，并尽量减少结构种类，以利于配电自动化的实施。大中型商业建筑中常用的高压配电系统主要有以下几种方案。

1）方案一，主变电所采用单母线分段，两路电源同时工作，互为备用，如图 2-2-1 所示。

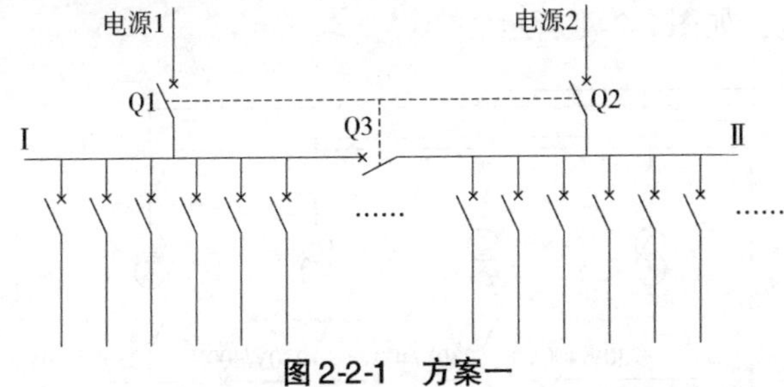


图 2-2-1　方案一

2）方案二，主变电所采用单母线分段，两路电源同时工作，中间不设联络开关，如图 2-2-2 所示。

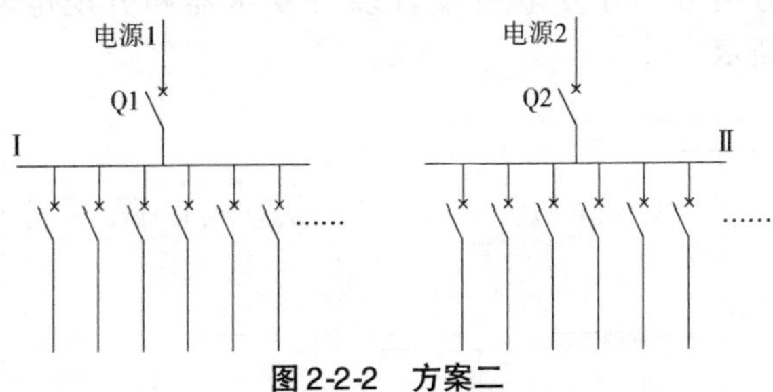


图 2-2-2　方案二

3）方案三，主变电所为 35kV 进线，主变配电所有一级降压并配电，适用于大型商业建筑，如图 2-2-3 所示。

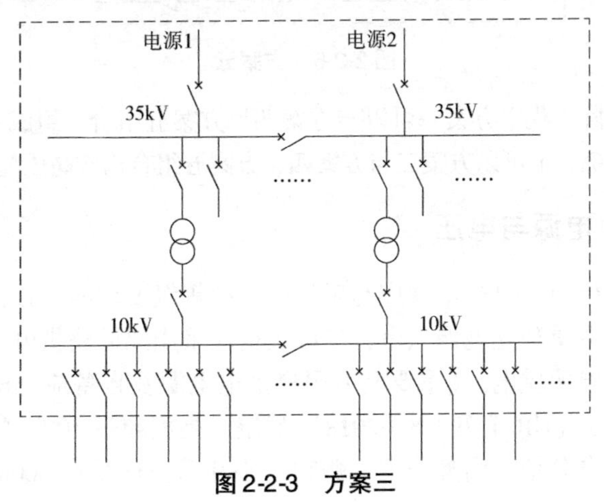


图 2-2-3　方案三

4）方案四，变压器设置在单体的分变电所内，由主变电所放射式供电，如图 2-2-4 所示。

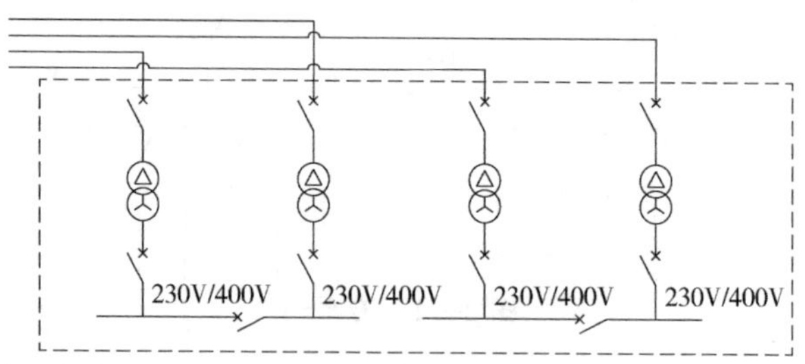


图 2-2-4　方案四

5）方案五，分变电所设置多台变压器和分配电功能，如图 2-2-5 所示。

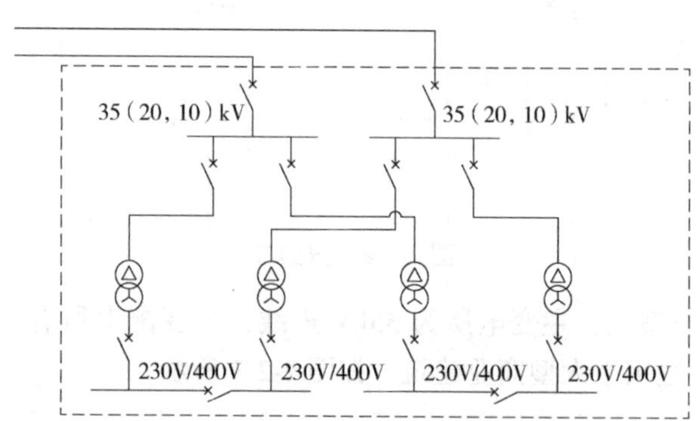


图 2-2-5　方案五

在实际工程中方案一可以与方案四、方案五组合，组成完整的高压配电系统。也可以方案二与方案四、方案五组合构成高压配电系统。

## 2.2.2　电源与电压

商业建筑的供电电源应与项目的负荷等级要求相一致，一级负荷应采用双重独立电源供电，二级负荷应采用双回路供电，三级负荷采用单电源供电。《重要电力用户供电电源及自备应急电源配置技术规范》（GB/T 29328—2018）规定，高度超过 100m 的特别重要的商业办公楼、商务公寓、购物中心和营业面积在 6000m$^2$ 以上的多层或地下大型超市及大型购物中心均属重要电力用户。电源应符合重要电力用户的供电要求，部分省市供电部门并未按该规范实施，因此在项目实施的过程中应征询当地供电部门的相关意见。

目前商业项目常见的高压供电电压等级为10kV、20kV和35kV，全国大多数地区的供电电压等级为10kV。供电电压等级一般与供电容量相对应，国家电网《配电网技术导则》（Q/GDW 10370—2016）和南方电网《110kV及以下配电网规划技术指导原则》均有相关文件，用户的供电容量和供电电压可参考表2-2-1。

**表2-2-1　用户的供电容量与供电电压**

| 序号 | 南方电网接入容量范围(括弧内为国家电网) | 供电电压 |
|---|---|---|
| 1 | 50kVA～6300kVA(50～10000kVA) | 10kV |
| 2 | 50kVA～20000kVA | 20kV |
| 3 | 6300kVA～40000kVA(5000kVA～40000kVA) | 35kV |

为提高变电站10kV馈线的利用率，电力公司限制设置用户专用供电线路，申请专用供电线路的用户装机容量不宜小于6000kVA。《中国南方电网公司城市配电网技术导则》规定了用户变压器总容量在20MVA～40MVA时，可建设用户专用变电站，40MVA及以上时，应建设用户专用变电站。南方电网规定6000kW以上的用户应采用专线供电。在浙江省杭州市类似地采用综合站（类似专线的开关站）的供电模式。部分地区商业项目用电需求大的，有时也可以采用多路电源供电。综合上述意见，商业项目用电方案应及早征询当地供电部门。

### 2.2.3　高压配电柜选型

#### 1. 常规开关柜的分类

商业建筑的配电系统的高压开关设备选型标准应符合现行国家标准《3.6kV～40.5kV交流金属封闭开关设备和控制设备》（GB/T 3906—2020）和国际电工委员会IEC 62271标准；同时还应遵循当地供电部门的设计原则，如国家电网《国家电网公司配电网工程典型设计》与南方电网《10kV及以下业扩受电工程典型设计》以及其他一些相应法规与导则。

高压配电柜按绝缘介质分为空气绝缘柜（AIS）、气体绝缘柜（GIS）和固定绝缘柜（SIS），按断路器的安装方式分为固定式开关柜和移开式开关柜。按设计类型分为金属铠装柜、金属间隔柜和金属箱式柜。移开式金属封闭开关柜在实际工程中派生了一些新的解决方案。

（1）移开式开关设备的紧凑型解决方案

紧凑型移开式开关设备在标准设计的基础上，将柜宽优化为550mm，使用户的建设投资成本和设备要求占地空间都大为降低。一般来讲，紧凑型移开式开关设备额定电流小于等于1250A，基本电气参数和性能与标准型相同。紧凑型移开式开关设备有UNIGEAR550型、PIX550型、NXAirS550型、NXSAFE550型等。

（2）移开式开关设备的双电源解决方案

对于有高供电可靠性要求的商业项目，中压转换开关电器（MV-TSE）及成套开关设备越来越多地得到了应用。

中压转换开关电器分为手动操作转换开关电器（MV-MTSE）、远程操作转换开关电器（MV-RTSE）、自动转换开关电器（MV-ATSE）、专用转换开关电器（MV-TSE）、派生型转换开关电器（MV-TSE）、PC级转换开关电器（PC级MV-TSE）及CB级转换开关电器（CB级MV-TSE）。如一种双电源开关设备将硬机械联锁装置集合在一个操动机构内，多重联锁保证一体化双电源断路器的绝对可靠性，具体如图2-2-6所示。

**2. 智慧高压开关柜**

在数字化技术与传感器技术高速发展的背景下，除了传统的计算机保护系统和自动化控制系统外，高压开关设备智慧化还体现在元器件物联网化、操作运行简单化、运维远程化等方面。

（1）智能真空断路器

断路器机械特性在线监测系统用于监测断路器动作特性参数，监测参数包括一次开断电流、分/合闸线圈电流、储能电动机电流、触头行程、机械振动、开关辅助触点状态、控制回路电压等，可通过对录波曲线的分析，并结合标准曲线库的比对来评估断路器的健康状况。

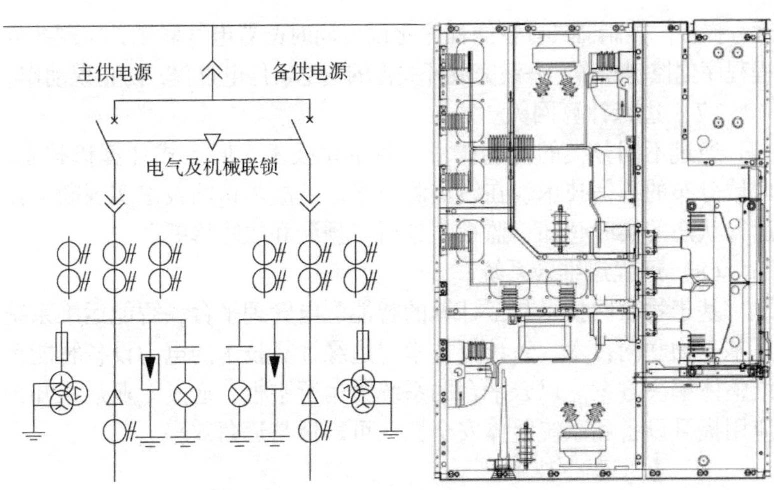


**图 2-2-6　一种双电源转换开关电器**

（2）局放监测

局部放电在线监测装置能够实时在线侦测开关柜内部是否有放电发生，并实时监测放电次数、强度等信息，通过网关或 DTU 上传主站。

（3）避雷器泄漏电流与状态监测

避雷器无线监测装置能实现交流高压电力系统中避雷器的在线监测。监测终端中的毫安表用于监测运行中通过避雷器的泄漏电流值，记录避雷器在过电压下的动作次数，记录线路中的放电情况和漏电流报警情况。

（4）RFID 无线无源测温

利用 RFID 技术实现的无线无源测温，能够实现实时有效地设备温度监测、数据报警、数据记录与分析等功能，主要监测断路器触头触臂、母线、电缆接线桩头等可能发热的部位。

（5）接地开关关合视频监视与断路器触头推进视频监视

通过视频监控、数据可视化等技术手段，实时监控开关柜设备主要部件运行状态，为设备运维人员提供设备管理手段，实现设备运行工况“亲眼所见”。

（6）“一键顺控”操作

高压开关柜通过采用电动底盘车和电动接地开关，可实现开关的远程操控。控制器具有智能程序化设置同时配置电气联锁，实现按规程程序化控制操作，一键完成开关柜的送电、停电过程，防止误动作。

（7）边缘计算网关

通过不同分类的传感技术、数字化技术、嵌入式计算机技术、广域分布的通信技术、在线监测技术以及故障诊断技术实现断路器运行状态的实时感知、监视、分析、预测和故障诊断。

（8）远程运维云系统

基于物联网技术与云计算的智能配电管理平台，智能运维系统是基于物联网技术、云计算技术与边缘计算技术的电力设备智能运维整体解决方案。以云平台的系统为运行中枢，通过专业运维知识应用提升设备和系统整体安全性、可靠性与运营效率。

（9）数字孪生技术

在一些必要的应用场合，可应用数字孪生技术，实现远控与监管的仿真化。

## 2.2.4 高压系统保护方案

### 1. 变配电所操作电源

变配电所操作电源有交流电源和直流电源两种，常见的直流操作电源的电压等级为 DC 220V、DC 110V。两种操作电源优缺点和适用场所详见表 2-2-2。

表 2-2-2 变配电所操作电源优缺点和适用场所

| 序号 | 类别 | 优点 | 缺点 | 适用场所 |
| --- | --- | --- | --- | --- |
| 1 | 交流操作电源 | 运维简单、投资少、实施方便 | 可靠性差、受系统故障影响大 | 适用于继电保护要求不高、设备数量少、继电保护装置简单的小型变电所 |
| 2 | 直流操作电源 | 可靠性高、不受系统故障和运行方式影响 | 系统复杂、投资大、维护工作量大、直流接地故障难找 | 适用于大中型变电所 |

### 2. 继电保护

继电保护装置应满足可靠性、灵敏性、速动性和选择性的要求。变配电系统的设备及线路应设置主保护、后备保护和设备异常运行保护装置，具体的继电保护要求以当地供电部门的要求为准，常见的继电保护功能配置如下：

1）变压器的继电保护装置详见表2-2-3。

**表2-2-3　变压器的继电保护装置**

| 变压器容量/kVA | 保护装置名称 | | | | | |
|---|---|---|---|---|---|---|
| | 带时限的过电流保护 | 电流速断保护 | 低压侧单相接地保护 | 过负荷保护 | 温度保护 | 瓦斯保护 |
| <400 | — | — | — | — | 干式变压器装设 | 油浸变压器需要装设 |
| 400～800 | 采用断路器时装设 | 过电流保护时限大于0.5s装设 | 装设 | 一般不装设 | | |
| 1000～1600 | 装设 | | | | | |
| 2000～2500 | | | | | | |

2）高压线路的保护。10～35kV高压线路的继电保护装置详见表2-2-4。

**表2-2-4　10～35kV高压线路的继电保护装置**

| 被保护线路 | 保护装置名称 | | | | |
|---|---|---|---|---|---|
| | 无时限电流速断保护 | 带时限电流速断保护 | 过电流保护 | 单相接地保护 | 过负荷保护 |
| 放射式电源回路 | 总配电引出的线路装设 | 当无时限电流速断保护不能满足选择性动作时装设 | 装设 | 根据需要装设 | 装设 |

3）母线分段断路器的保护。10～35kV母线分段断路器的继电保护装置详见表2-2-5。

**表2-2-5　10～35kV母线分段断路器的继电保护装置**

| 被保护设备 | 保护装置名称 | |
|---|---|---|
| | 电流速断保护 | 过电流保护 |
| 不并列运行的分段母线 | 仅在分段断路器合闸瞬间投入，合闸后解除 | 装设 |

4）电力电容器的保护。10～35kV 电力电容器的继电保护装置详见表 2-2-6。

表 2-2-6　10～35kV 电力电容器的继电保护装置

| 保护装置名称 | | | | | |
|---|---|---|---|---|---|
| 带短延时的速断保护 | 过电流保护 | 过负荷保护 | 单相接地保护 | 过电压保护 | 失压保护 |
| 装设 | 装设 | 依据需求装设 | 电容器与支架绝缘可不装 | 当电压可能超过 110% 额定值时装设 | 装设 |

# 2.3　变压器

变压器损耗约占输配电电力损耗的 40%，因此节能潜力大。高效节能变压器的运用，可以有效提升能源资源利用率，推动绿色低碳和高质量发展。《变压器能效提升计划（2021—2023 年）》指出要大力推广节能变压器使用，同时开展智能分接开关、宽幅无弧有载调压、状态监测可视化、智能融合终端等智慧运维和全生命周期管理技术创新，提高变压器数字化、智能化、绿色化水平。

## 2.3.1　变压器选择

变压器是变配电系统的核心设备，干式变压器具有短路能力强、运行效率高、维护工作量小、噪声低、体积小等优点，因此商业项目一般采用干式变压器。

干式变压器冷却方式分为自然空气冷却（AN）和强迫空气冷却（AF）。自然空气冷却时，变压器可在额定容量下长期连续运行。强迫空气冷却时，变压器输出容量可提高 50%，适用于断续过负荷运行，或应急事故过负荷运行。由于过负荷时负载损耗和阻抗电压增幅较大，处于非经济运行状态，故不应使其处于长时间连续过负荷运行。

典型的变压器包含硅橡胶绝缘干式变压器、立体卷铁芯变压器、非晶合金立体卷铁芯敞开式变压器等。干式变压器尺寸及荷载见表 2-3-1。智慧商业建筑变压器应满足以下要求：

变压器能效等级不低于 2 级能效，鼓励选用 1 级能效产品。

变压器噪声水平应低于 50dB（声压级）。

变压器绝缘系统耐温等级应选择 H 级及以上。

变压器绕组结构应为同心圆形线圈，导体材料应为优质无氧铜。

变压器铁芯结构宜优先选择立体卷铁芯。包封式变压器宜选择硅橡胶绝缘材料，敞开式变压器宜选用立体卷铁芯或非晶合金铁芯。

变压器应选择阻燃防火型，燃烧性能等级不低于 F1 级。

变压器宜配置可拆式外壳，防护等级不低于 IP20，变压器本体宜与外壳机械隔离。

变压器设计寿命不应小于 20 年。

**表 2-3-1　干式变压器尺寸及荷载**

<table>
<tr><th>变压器类型</th><th>规格/kVA</th><th>SC(B)14-NX2<br>有保护罩参考尺寸<br>(宽×深×高)<br>/mm×mm×mm</th><th>非晶合金<br>SC(B)H17-NX2<br>参考尺寸(三相三柱)<br>(宽×深×高)<br>/mm×mm×mm</th><th>质量/kg</th></tr>
<tr><td rowspan="10">干式变压器<br>10kV/0.4kV</td><td>315</td><td rowspan="3">1900×1300×1660</td><td>1600×1350×1700</td><td>1200~1800</td></tr>
<tr><td>400</td><td rowspan="2">1800×1400×1800</td><td>1800~2000</td></tr>
<tr><td>500</td><td>2000~2300</td></tr>
<tr><td>630</td><td rowspan="3">2100×1400×2015</td><td>1800×1450×1800</td><td>2300~2500</td></tr>
<tr><td>800</td><td>1800×1500×1950</td><td>2500~3000</td></tr>
<tr><td>1000</td><td>1900×1500×2100</td><td>3000~3500</td></tr>
<tr><td>1250</td><td>2300×1500×2120</td><td>1900×1600×2150</td><td>3500~4000</td></tr>
<tr><td>1600</td><td>2300×1500×2120</td><td>2000×1650×2300</td><td>4000~5000</td></tr>
<tr><td>2000</td><td>2400×1500×2300</td><td>2000×1700×2200</td><td>5000~6000</td></tr>
<tr><td>2500</td><td>2600×1500×2500</td><td>2100×1750×2350</td><td>6000~7000</td></tr>
</table>

（续）

| 变压器类型 | 规格/kVA | SC(B)14-NX2<br>有保护罩参考尺寸<br>(宽×深×高)<br>/mm×mm×mm | 非晶合金<br>SC(B)H17-NX2<br>参考尺寸(三相三柱)<br>(宽×深×高)<br>/mm×mm×mm | 质量/kg |
|---|---|---|---|---|
| 干式变压器<br>20kV/0.4kV | 315 | 2000×1400×1865 | — | 1800~2000 |
| | 400 | 2100×1450×1965 | — | 2000~2300 |
| | 500 | 2100×1450×1965 | — | 2300~2500 |
| | 630 | 2200×1500×2065 | — | 2500~2900 |
| | 800 | 2300×1550×2065 | — | 2900~3400 |
| | 1000 | 2300×1650×2165 | — | 3400~4100 |
| | 1250 | 2400×1700×2300 | — | 4100~4800 |
| | 1600 | 2500×1800×2400 | — | 4800~5600 |
| | 2000 | 2700×1800×2500 | — | 5600~6500 |
| | 2500 | 2800×1900×2700 | — | 6500~7500 |
| 干式变压器<br>35kV/0.4kV | 315 | 2420×1800×2300 | — | 1900~2100 |
| | 400 | | — | 2100~2400 |
| | 500 | | — | 2400~3000 |
| | 630 | 2520×1900×2350 | — | 3000~3600 |
| | 800 | 2650×1900×2350 | — | 3600~4200 |
| | 1000 | 2870×1900×2350 | — | 4200~4600 |
| | 1250 | 2980×2000×2450 | — | 4600~5400 |
| | 1600 | 2800×2000×2650 | — | 5400~6300 |
| | 2000 | 3000×2000×2700 | — | 6300~6900 |
| | 2500 | 3200×2200×2700 | — | 6900~7500 |

## 2.3.2 负荷计算

商业建筑中不同类型的商户对用电都有各自的需求，为了招商，设计一般是无条件满足商户的末端用电需求。常规商户的用电需求均大于实际运行值，这造成了最终配置的变压器装机容量偏大，变压器运行负载率偏低，初期投资成本增加，后期运行成本偏大。设计师在设计过程中若业主有要求的按业主要求实施，无特殊要求的，可以参考《商店建筑电气设计规范》（JGJ 392—2016）给出的商业建筑用电负荷指标数据。《建筑电气常用数据》（19DX101-1）给出的大型商店建筑的变压器节能评价指标限定值为170VA/m$^2$和目标值为110VA/m$^2$。《城市电力规划规范》（GB/T 50293—2014）给出的商业服务业设施用地的单位建设用地负荷指标为10～120W/m$^2$。部分省市电力公司有专门的变压器容量计算规则，设计师在满足负荷计算的前提下也须遵守。

《全国民用建筑工程设计技术措施 电气（2009）》给出了商业建筑变压器安装容量的指标，一般商业为40～80VA/m$^2$，大型商业为90～180VA/m$^2$。表2-3-2是目前国内已经建成并投入使用的商业综合体或纯商业项目调研表，从表中可以看到除了极个别特殊情况的项目外，大多符合这一区间。

**表2-3-2　商业综合体项目调研表**

| 序号 | 建设地点/名称 | 建筑面积/m$^2$ | 建筑高度/m | 变压器总容量/kVA | 负荷密度/(VA/m$^2$) |
|---|---|---|---|---|---|
| 1 | 青岛 HR | 527000 | 199 | 41700 | 79.13 |
| 2 | 上海 BLHZ | 1470000 | 43 | 272200 | 185.17 |
| 3 | 昆明 KG | 148629 | 220 | 12600 | 84.77 |
| 4 | 南昌 LD | 290000 | 300 | 34200 | 117.93 |
| 5 | 福州 SM | 167878 | 273.88 | 19660 | 117.11 |
| 6 | 上海 SN | 169606 | 44 | 17000 | 100.23 |
| 7 | 无锡 LH | 190000 | — | 11860 | 62.42 |
| 8 | 镇江 NXXC | 40043 | 87.95 | 4100 | 102.39 |
| 9 | 东阳 MDBL | 274982 | 23.4 | 20040 | 72.88 |
| 10 | 丽水 XDSM | 486000 | — | 36600 | 75.31 |
| 11 | 北海 FLH | 118769 | 98.1 | 6100 | 51.36 |
| 12 | 南宁 NHMD | 130341 | 215.35 | 12700 | 97.44 |
| 13 | 成都 ZHGJ | 297514 | 99.75 | 24100 | 81.01 |

（续）

| 序号 | 建设地点/名称 | 建筑面积/$m^2$ | 建筑高度/m | 变压器总容量/kVA | 负荷密度/($VA/m^2$) |
|---|---|---|---|---|---|
| 14 | 深圳 ZZKG | 233901 | 302.95 | 23500 | 100.47 |
| 15 | 郑州 HLWH | 140873 | 98.9 | 13200 | 93.70 |
| 16 | 南京 JLFD | 172902 | 231.6 | 16800 | 97.16 |
| 17 | 济南 HQGC | 223000 | 150.1 | 15700 | 70.40 |
| 18 | 济南 PLZX | 197140 | 292.8 | 24200 | 122.76 |
| 19 | 上海 DDGJ | 127835 | 68.5 | 13200 | 103.26 |
| 20 | 上海 LK | 92805 | 31.95 | 8400 | 90.51 |
| 21 | 上海 HQSOHO | 342527 | — | 34500 | 100.72 |
| 22 | 上海 SJDDH | 280000 | — | 56000 | 200.00 |
| 23 | 苏州 CPWH | 134558 | 99.7 | 14600 | 108.50 |
| 24 | 上海 HHZB | 87943 | 89.325 | 7500 | 85.28 |
| 25 | 广州 LD | 292183 | 200 | 32400 | 110.89 |
| 26 | 广州 ZJXC | 180000 | 318 | 21900 | 121.67 |
| 27 | 广州 NSWD | 408400 | — | 40000 | 97.94 |
| 28 | 珠海 CL | 130000 | — | 71960 | 553.54 |
| 29 | 重庆巴南 WD | 240000 | 94.1 | 24500 | 102.08 |
| 30 | 重庆江北嘴 JRC | 263412 | 180.25 | 23060 | 87.54 |
| 31 | 沈阳 LT | 646830 | — | 33130 | 51.22 |
| 32 | 天津 TDGC | 240000 | 95.85 | 20100 | 83.75 |
| 33 | 宿州 WDGC | 148367 | 31(裙房) | 22200 | 149.63 |
| 34 | 南宁 ZGDM | 187562 | 218.5 | 15300 | 81.57 |
| 35 | 武汉 ZSGJ | 130000 | 202 | 12307 | 94.67 |
| 36 | 武汉 SDCF | 107776 | 194.35 | 10230 | 94.92 |
| 37 | 涪陵 JKSJ | 121324 | 146 | 10570 | 87.12 |
| 38 | 重庆 CJH | 113813 | 98.1 | 20952 | 184.09 |
| 39 | 重庆 LH | 604000 | 49.3 | 59754 | 98.93 |
| 40 | 大连 HLGC | 372000 | 45 | 49800 | 133.87 |

（续）

| 序号 | 建设地点/名称 | 建筑面积/m² | 建筑高度/m | 变压器总容量/kVA | 负荷密度/(VA/m²) |
|---|---|---|---|---|---|
| 41 | 长沙 KFWD | 438000 | 175.3 | 39400 | 89.95 |
| 42 | 西安 DTXS | 400000 | 23.9 | 47050 | 117.63 |
| 43 | 上海 XWSW | 396000 | 29.58 | 19000 | 47.98 |
| 44 | 北京 YTYJ | 508000 | 30 | 50400 | 99.21 |
| 45 | 厦门 MNGZ | 300000 | 23.5 | 25400 | 84.67 |
| 46 | 哈尔滨 HXWD | 212000 | 25.2 | 26400 | 124.53 |
| 47 | 武汉 YWMLC | 272000 | 28.15 | 28000 | 102.94 |
| 48 | 成都 ZLDYC | 295000 | 35 | 29540 | 100.14 |
| 49 | 上海 WXC | 239000 | 40.4 | 25000 | 104.60 |
| 50 | 北京 LHCY | 170000 | 43.4 | 43900 | 258.24 |
| 51 | 临沂 SJGC | 238000 | 27 | 14000 | 58.82 |
| 52 | 义乌 YWZX | 269000 | 51 | 29400 | 109.29 |
| 53 | 深圳 YFZX | 272000 | 31 | 26800 | 98.53 |
| 54 | 广州 TGH | 176000 | 14 | 20000 | 113.64 |
| 55 | 长沙 MXH | 225000 | 28.5 | 23400 | 104.00 |
| 56 | 北京 TZWD | 213300 | 37.6 | 17600 | 82.51 |
| 57 | 南宁 WDM | 103000 | 23.9 | 17500 | 169.90 |
| 58 | 上海 XYTGH | 272000 | 23 | 12800 | 47.06 |

注：数据来源于机构调研或期刊文章摘录。

商业建筑的空调负荷、公区照明、插座投入运行后基本上是稳定的。后期导致负荷变化最大的是租户的调整。租户的用电需求带了变压器负载率的变化。大型商业项目大多设置了水冷中央空调，电气专业一般会设置专用的空调变压器，以便在过渡季节停用该变压器，节省运行损耗。实际上从多个实际建成的项目来看，空调专用变压器的负载率会偏高，甚至高达100%。在进行负荷计算时，需用系数法仍然是最常用的计算方法，变压器的负载率控制在60%~85%。

变压器容量选择，应根据变压器用途、负载特性、负载率及远期负载需求等，从国家能效标准《电力变压器能效限定值及能效等级》（GB 20052—2020）标准系列中选取。单台容量不宜超过2500kVA。

## 2.3.3 变压器智慧监控系统

目前主流变压器厂家均配有变压器数字化监控设备，虽然名称不一，但功能大同小异。变压器智慧监控终端是指集变压器运行数据采集、变压器状态监测、就地化分析变压器损耗、远程通信等功能于一体的二次设备，实现了变压器的数字化升级与全生命周期管理。

智慧监控终端拥有强大的分析套件，可以提供诸如电能质量、自我监控、生命周期评估以及批量变压器管理。这些增加了用户的管理能力同时有效降低运行维护成本。具有有线和无线的数据传输两种方式，而且数据拥有多层网络安全。当变压器存在风险的时候，可以提前推送重要的报警信息，避免意外停机；在线的互动界面让操作更方便，即使在户外也可以采用。

如图 2-3-1 所示，常规智慧监控终端具有以下功能：

1）监视变压器运行环境温度、湿度、绕组温度、负载率等参

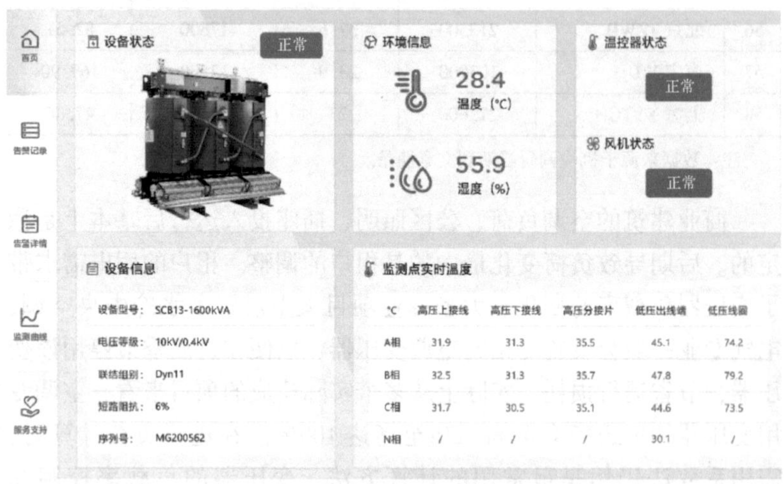


图 2-3-1 变压器监控的典型功能图

数，可以预测变压器带负载能力，并对变压器散热系统自动控制。

2）实时监测电压/电流总谐波畸变率及2~63次谐波含量。数据可用于评估变压器运行的谐波环境优劣，并为分析谐波导致的变压器故障提供数据支持。

3）考虑变压器负载损耗随负载率、绕组温度变化的影响，结合变压器实际运行时间来评估变压器损耗所产生的有功电度损耗。

4）提高变压器数字化水平及全生命周期管理水平，提高性能，增加正常运行时间，减少运行成本，减少计划和非计划的宕机。

5）用户查阅数据和利用数据更便捷，实现变压器本地端主动运维。

变压器智慧监控系统基于云平台的运行维护、资产管理系统和远程监管系统，实现云端的数据在线存储、运算、分析，对设备状态量、故障信息、报警信息、设备信息等数据定期发布，并可通过数字化设备包括计算机、智能手机、ipad等可实现本地监管或远程监管，实现移动运维。系统平台部分功能及相关云网关要求如下：

1）系统应配置基于云平台的远程监管系统，实现本地状态量、电气量、故障信息、报警信息、设备信息等数据的定期发布，云端管理平台对数据进行存储、运算、分析。

2）支持移动运维及网页监视功能。通过智能手机的APP应用，实现变压器的移动运维功能（包括工单管理、报警管理、资产管理等）；通过WEB网页端全面实现资产、报警、运维、工单等的监管。

3）运维计划管理，支持周期性维护计划制订，预防性维护计划制订，并可以针对临时维护任务的工单进行自动/手工的生成和派发；运维信息管理，包括历史数据、作业文档、现场照片、运维日志、设计信息等。

4）资产管理，提供设备详细完整的台账信息，并可以进行实时数据的显示。支持地图导航，通过地图定位设备站点。

5）工单管理，工单创建。工单执行计划提前短信推送执行人，临时创建的工单，在创建后立刻短信推送。工单执行日志及现场照片可以通过移动端APP进行保存和显示。

6）报警管理，应可设置区分不同等级的报警，并能够通过短信通知接收人第一时间获取报警信息，应可通过手机APP确认和记录报警事件，通过报警属性来管理、筛选和导出报警信息。

7）系统管理，可以灵活创建并管理客户，对不同用户应可设置不同功能权限管理。

## 2.4 低压配电系统

### 2.4.1 基本要求与电能质量

#### 1. 基本要求

低压配电系统应根据商业建筑的规模、负荷性质、用电容量及可能的发展等综合因素确定，对于大型、重要项目宜采用智能配电系统。

在确定低压配电系统时，应符合下列要求：

1）应保证供电安全性、可靠性，保证电能质量，减少电能损耗。

2）系统接线应简单可靠，并兼具灵活性。在满足用电负荷等级要求的前提下尽量简化接线，做到分级明确、系统简单、配电级数和保护级数合理，低压应急电源的接入方案应便捷、灵活。主要电气设备进行维护或更换时，宜减少对配电系统供电连续性的影响。

3）商业建筑中不同等级和不同业态的用电负荷，其配电系统应相对独立。

4）商业建筑中的重要负荷、用电容量较大负荷，宜由变配电所采用放射式配电。

5）系统设计应保证人身、财产、操作安全及检修方便。为保证人身安全，在设计时应加设必要的保障措施。

6）低压配电柜应预留适当数量的备用回路。预留备用位置的数量根据具体情况分析确定，一般可按15%～25%预留备用回路及备用配电柜的位置。

#### 2. 电能质量

根据《国家电网公司电力系统无功补偿配置技术原则》中规

定：100kVA 及以上 10kV 供电的电力用户，在高峰负荷时变压器高压侧功率因数不宜低于 0.95；其他电力用户，功率因数不宜低于 0.90。无功补偿装置宜设置在负荷侧，且具有抑制谐波和抑制涌流的功能，具体措施详见第 11.3.1 节。

### 2.4.2 低压系统接线方式

**1. 基本要求**

商业建筑的变配电所设置两台及以上变压器时，低压母线应采用单母线分段接线方式，并应设置母线联络开关。邻近变配电所变压器的低压侧可根据实际使用要求相互联络。

当低压母线分段开关采用自动投切方式时，宜采用断路器作为执行机构，并应符合下列要求：

1）应选用具有自投自复、自投手复、自投停用三种投切方式的专用控制器。

2）母联断路器自投时应有一定的延时，当电源主断路器因手动、过载或短路等故障分闸时，母联断路器不允许自动合闸。

3）有防止不同电源并联运行要求时，两个电源主断路器与母联断路器只允许两个同时合闸，三台断路器间应具有电气联锁，宜具有机械联锁。

4）母联断路器自投时，应根据变压器的可用容量卸载全部或部分非重要负荷，防止母联断路器投运后造成变压器主电源开关过载分闸。

当自备电源接入变配电所相同电压等级的配电系统时，应符合下列规定：

1）接入开关与供电电源网络之间应有电气联锁，防止并网运行。

2）备用电源和应急电源应有各自的供电母线段及回路，备用电源的用电负荷不应接入应急电源供电回路。

3）应避免与供电电源网络的计量混淆。

4）接线应有一定的灵活性，并应满足在特殊情况下相对重要负荷的用电。

5）与变配电所变压器中性点接地形式不同时，电源接入开关的选择应满足接地形式的切换要求。

**2. 常用低压接线方案**

根据上级电源及变压器数量不同，常见低压侧接线方案有以下四种。

方案一为一路高压电源一台变压器，适用于用电负荷均为三级负荷，且总用电容量较小的项目，如图 2-4-1 所示。

方案二为一路高压电源一台变压器，并由附近引来一路低压电源作为第二电源。适用于建筑物内有少量二级及以上负荷，且总用电容量较小的项目，如图 2-4-2 所示。

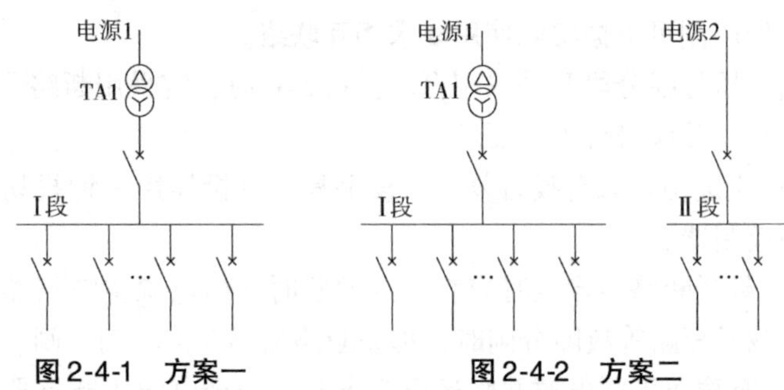


**图 2-4-1　方案一**　　**图 2-4-2　方案二**

方案三为两台变压器一组，适用于建筑物总用电容量较大的项目，当电源满足要求时可供大量二级及以上负荷，如图 2-4-3 所示。

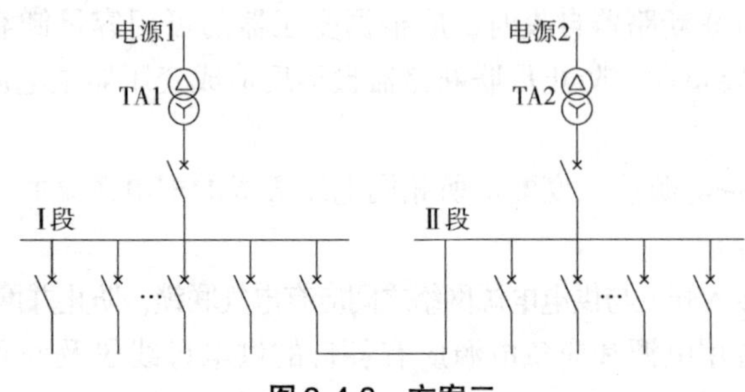


**图 2-4-3　方案三**

方案四为两台变压器一组，并设置柴油发电机作为自备应急电源，当电源满足要求时，适用于建筑物的最高负荷等级为一级负荷中特别重要负荷，且总用电容量较大的项目。本方案特级负荷与非特级负荷分设母线段，如图 2-4-4 所示。

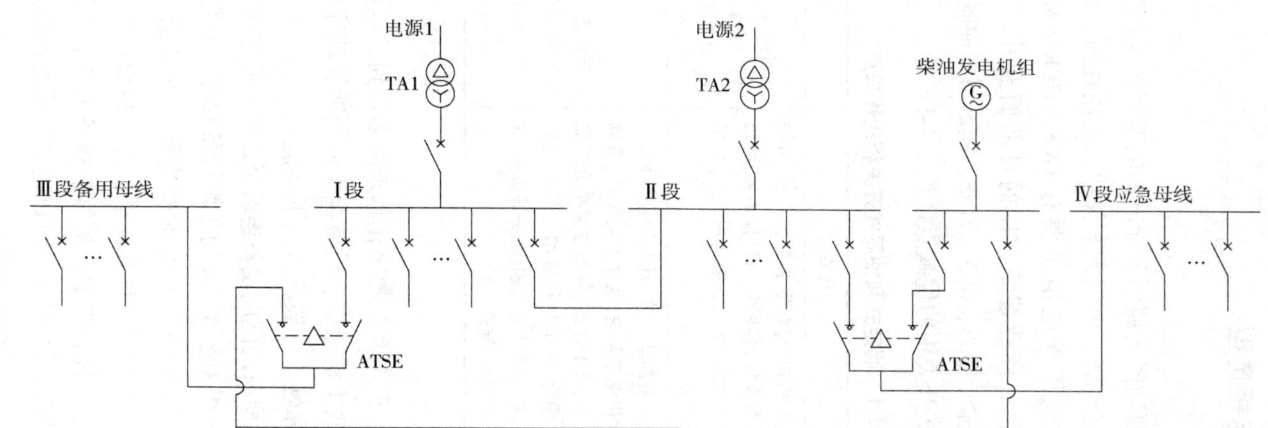


图2-4-4　方案四

## 2.4.3 低压配电柜选型

### 1. 常见配电柜

低压配电柜主要功能为照明及配电的电能转换及控制，具有分断能力强、动热稳定性好、电气方案灵活、实用性强、结构新颖等特点。国内常见的低压配电柜主要有 GCS、GCK、MNS、MCS、GGD、PGL 柜等柜型，商业建筑常用的是前面五种。其中 GGD、PGL 属于固定式开关柜，GCS、GCK、MNS、MCS 属于抽屉式开关柜。

固定式和抽屉式开关柜的优缺点详见 2-4-1。

**表 2-4-1 固定式和抽屉式开关柜的优缺点**

| 柜型 | 优点 | 缺点 |
|---|---|---|
| 固定式<br>(GGD、PGL) | 机构合理,安装维护方便,防护性能好,容量大,分断能力强,动稳定性强、电气方案适用性广,价格便宜 | 回路少,单元之间不能任意组合,占地面积大。不能与计算机联络 |
| 抽屉式<br>(GCS、GCK、MNS、MCS) | 分断能力高、动热稳定性好、结构先进合理、电气方案灵活、系列性、通用性强、各种方案单元任意组合、一个柜体容纳的回路数较多、节省占地面积、防护等级高、安全可靠、维修方便 | 造价高,其中 GCK 柜型不能与计算机联络 |

### 2. 智能配电柜

随着技术发展，配电系统数字化越来越多得到了运用。配电系统数字化可实现高效主动运维、设备全生命周期管理等功能，并提高配电系统供电可靠性。一般具有以下功能：

1）云端互联，所有的配电设备连通至云端，业主可以随时随地查看配电柜及设备的相关参数，实时了解设备状态，方便运维。

2）资产管理，通过采集开关动作次数、电参量、环境参数等。基于厂家积累的大数据及计算模型，分析得出设备的使用效率和健康状况，生成包含设备参数、需维护设备清单、之后建议的维护措施、设备性能曲线图的报告。可以提供准确的运维建议，减少重复性日常维保工作，节省运维成本。

3）通信功能，智能配电柜一般采用智能化断路器，断路器本身具有通信功能，可以把断路器的测量电气参数上传至系统。常规智能配电柜具有本地连接、远程通信和云端连接功能。

4）全面测温，通过断路器及柜内关键部位（触头、母线、线缆、开关等）温度监测，实时监控，接收温升告警信息，提前预见潜在风险，及时发现潜在故障，第一时间响应，真正保障设备及运维人员的安全。

5）全面的动环监测。在配电柜设置传感器，实时监测温湿度、振动、水浸、粉尘和智能门锁等功能。

图2-4-5是基于智能配电柜的配电智能化典型架构，通过四层架构实现了智能配电，最终为智慧建筑提供了必要的保障。

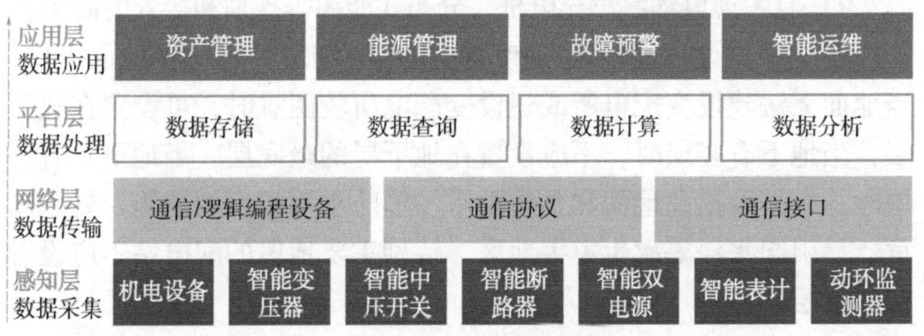


图2-4-5　基于智能配电柜的配电智能化典型架构

# 2.5　变配电所的选址

## 2.5.1　变配电所选址原则

合理设置变配电所的数量及位置是商业建筑电气设计的重要环节。商业建筑的变配电所在选址时，应综合考虑工程特点、用电容量、所址环境、供电条件、电气节能、设备安装、运行维护等因素，并适当预留发展条件，经综合分析、比较后确定：

1）应根据建筑功能、零售业态布局、产权划分、物业管理范围进行配置。

2）应深入或接近负荷中心，缩短供电半径，减少线路敷设长度，降低电能损耗。

3）方便高压进线、低压出线。

4）方便设备运输，满足运行及维护要求。

5）不应设置在顾客可以接触到的区域，且不应靠近商业建筑主出入口等人流密集场所；当变配电所上下层或贴邻为商铺等区域时，还需考虑屏蔽、降噪、隔振等措施。

6）不应贴邻水产品、餐饮厨房、厕所或其他经常积水场所或位于其正下方。

7）不应贴邻易燃、易爆商品存放区域或位于其正上方、正下方。

8）不宜贴邻智能化系统机房。

9）宜考虑电动汽车充电桩、分布式能源等规划和接入的需要。

10）不得设在地势低洼和可能积水的场所，宜设在地面一层。当地面无法建设变配电所或建设变配电所较困难时，可设置在地下层，当地下有多层时，不应设置在地下层的最底层；当地下只有一层时，应采取抬高地面和预防雨水、消防水等积水的措施。处于高危、易引起水浸等次生灾害地区、特别重要地段的配电站不应设置在地下层。

近年来极端天气频繁发生，出现暴雨洪涝或城市内涝的可能性不断增大，有关部门对新建配电设施的防涝标准提出了更高要求，变配电所需设于地面一层或以上。商业建筑的一层价值较高，变配电所设于地上二层或以上层成了变配电所选址的可选项。

## 2.5.2 变配电所典型方案

变配电所的布置应紧凑合理，便于操作、运输、检修、巡视，并考虑发展的可能性。变配电所应设有设备运输通道，当变配电所上楼时应留有二次运输条件。配电装置室内宜留有适当数量的备用位置。

相邻电气装置带电部分的额定电压不同时，应按较高的额定电压确定其安全净距；电气装置间距及通道宽度应满足安全净距的要求。各类电气装置间的安全最小间距不应小于表 2-5-1 ~ 表 2-5-4 的规定。

**表 2-5-1　变压器外廓（防护外壳）与变压器室墙壁和门的最小净距**

（单位：m）

| 项目＼变压器容量/kVA | 100～1000 | 1250～2500 | 3150(20kV) |
| --- | --- | --- | --- |
| 油浸变压器外廓与后壁、侧壁净距 | 0.6 | 0.8 | 1.0 |
| 油浸变压器外廓与门净距 | 0.8 | 1.0 | 1.1 |
| 干式变压器带有 IP2X 及以上防护等级金属外壳与后壁、侧壁净距 | 0.6 | 0.8 | 1.0 |
| 干式变压器带有 IP2X 及以上防护等级金属外壳与门净距 | 0.8 | 1.0 | 1.2 |

**表 2-5-2　20（10）kV 配电装置室内各种通道的最小净宽**

（单位：m）

| 开关柜布置方式 | 柜后维护通道 | 柜前操作通道 | |
| --- | --- | --- | --- |
| | | 固定式 | 手车式 |
| 单排布置 | 0.8 | 1.5 | 单车长度 +1.2 |
| 双排面对面布置 | 0.8 | 2.0 | 双车长度 +0.9 |
| 双排背对背布置 | 1.0 | 1.5 | 单车长度 +1.2 |

注：1. 采用柜后免维护可靠墙安装的开关柜靠墙布置时，柜后与墙净距应大于50mm，侧面与墙净距应大于200mm。

2. 通道宽度在建筑物的墙面遇有柱类局部凸出时，凸出部位的通道宽度可减少200mm。

**表 2-5-3　35kV 配电装置室内各种通道的最小净宽**

（单位：m）

| 开关柜布置方式 | 柜后维护通道 | 柜前操作通道 | |
| --- | --- | --- | --- |
| | | 固定式 | 手车式 |
| 单排布置 | 1.0 | 1.5 | 单车长度 +1.2 |
| 双排面对面布置 | 1.0 | 2.0 | 双车长度 +0.9 |
| 双排背对背布置 | 1.2 | 1.5 | 单车长度 +1.2 |

注：1. 采用柜后免维护可靠墙安装的开关柜靠墙布置时，柜后与墙净距应大于50mm，侧面与墙净距应大于200mm。

2. 通道宽度在建筑物的墙面遇有柱类局部凸出时，凸出部位的通道宽度可减少200mm。

表 2-5-4　低压配电柜前后通道最小净宽　（单位：m）

| 配电屏种类 | | 单排布置 | | | 双排面对面布置 | | | 双排背对背布置 | | | 多排同向布置 | | | 屏侧通道 |
|---|---|---|---|---|---|---|---|---|---|---|---|---|---|---|
| | | 柜前 | 柜后 | | 柜前 | 柜后 | | 柜前 | 柜后 | | 柜前 | 前、后排柜距墙 | | |
| | | | 维护 | 操作 | | 维护 | 操作 | | 维护 | 操作 | | 前排柜前 | 后排柜后 | |
| 固定式 | 不受限制时 | 1.5 | 1.0 | 1.2 | 2.0 | 1.0 | 1.2 | 1.5 | 1.5 | 2.0 | 2.0 | 1.5 | 1.0 | 1.0 |
| | 受限制时 | 1.3 | 0.8 | 1.2 | 1.8 | 0.8 | 1.2 | 1.3 | 1.3 | 2.0 | 1.8 | 1.3 | 0.8 | 0.8 |
| 抽屉式 | 不受限制时 | 1.8 | 1.0 | 1.2 | 2.3 | 1.0 | 1.2 | 1.8 | 1.0 | 2.0 | 2.3 | 1.8 | 1.0 | 1.0 |
| | 受限制时 | 1.6 | 0.8 | 1.2 | 2.1 | 0.8 | 1.2 | 1.6 | 0.8 | 2.0 | 2.1 | 1.6 | 0.8 | 0.8 |

注：1. 当建筑物墙面遇有柱类局部凸出时，凸出部位的通道宽度可减少 200mm。
2. 各种布置方式，柜端通道宽度应大于 800mm。
3. 控制屏、柜的通道最小宽度可按本表确定。
4. 采用柜后免维护可靠墙安装的开关柜靠墙布置时，柜后与墙净距应大于 50mm，侧面与墙净距应大于 200mm。

# 2.6　智能配电系统

## 2.6.1　电力监控系统

### 1. 概述

本节的电力监控系统是指用于监视和控制电力供应过程的、基于计算机及网络技术的业务系统及智能设备，以及作为基础支撑的通信及数据网络等，包括电力数据采集与监控系统（SCADA）、配电自动化系统、计算机继电保护、电能量计量系统、电力调度数据网络等。

### 2. 范围

本节电力监控系统适用于 10kV 中压变配电所和 400V 低压配电系统的监测。

3. 系统架构

系统由现场监控层、通信网络层、系统管理层组成，如图 2-6-1 所示。

(1) 现场监控层

现场监控层包括分别配置在各种低压配电柜内的物联多功能仪表和现场监控装置以及 10kV 计算机综合保护装置、变压器温控器、直流屏控制器等。

(2) 通信网络层

通信网络层包括以太网交换机、边缘网关等设备。

(3) 系统管理层

系统管理层包括位于监控室内的电力监控管理计算机及其外围设备、网络通信设备、对时装置等。

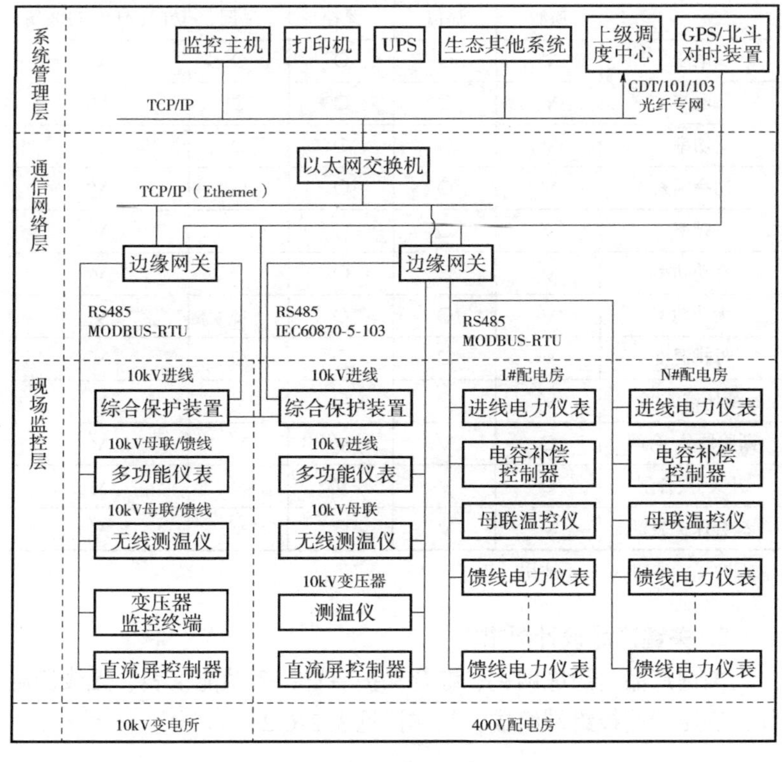

图 2-6-1 电力监控系统架构图

**4. 通信协议**

1）RS485 串行通信协议，物理层连接，适用于边缘网关与终端设备间通信，通信协议 MODBUS-RTU；边缘网关与综合保护装置通信协议 IEC60870-5-103。

2）TCP/IP 协议（Transmission Control Protocol/Internet Protocol），适用于边缘网关与以太网交换机或监控主机服务器间通信；通信协议 MODBUS-TCP、通信规约 MQTT 等。

**5. 电力监控平台四遥功能**

电力监控平台四遥功能是指遥测、遥信、遥控、遥调。电力监控平台四遥功能描述详见表 2-6-1。

**表 2-6-1　电力监控平台四遥功能描述**

| 对象 | 动作 | | | | |
|---|---|---|---|---|---|
| | 遥测 | 遥信 | 遥控 | 遥调 | 访问(APP、WEB 端) |
| 电压 | √ | ○ | ○ | ○ | √ |
| 电流 | √ | ○ | ○ | ○ | √ |
| 功率 | √ | ○ | ○ | ○ | √ |
| 功率因素 | √ | ○ | ○ | ○ | √ |
| 频率 | √ | ○ | ○ | ○ | √ |
| 有功功率 | √ | ○ | ○ | ○ | √ |
| 无功功率 | √ | ○ | ○ | ○ | √ |
| 母排温度 | √ | ○ | ○ | ○ | √ |
| 变压器温度 | √ | ○ | ○ | √ | √ |
| 断路器分、合闸 | ○ | √ | √ | √ | √ |
| 开关分、合闸 | ○ | √ | √ | √ | √ |
| 综合保护装置 | √ | √ | ○ | √ | √ |

注：√—适用，○—不适用。

**6. 关键产品设计要求**

关键产品由边缘网关、综合保护装置、多功能仪表、无线测温仪、变压器监控终端组成，具体详见表 2-6-2。

表 2-6-2　关键产品功能描述

| 产品类别 | 功能描述 |
| --- | --- |
| 边缘网关 | 1)协议转换:设备侧与平台侧的协议解析、规约转换<br>2)边缘计算:虚拟数据求和、数据二次计算、逻辑控制、断点续传、数据冻结、失电报警<br>3)远程管理:远程配置、远程监视、远程升级 |
| 综合保护装置 | 1)保护功能:主变差动保护、主变后备保护、三段式过流带方向带电压闭锁、零序过流保护、过电压、低电压保护、大功率电动机差动保护、并网逆功率保护<br>2)电量采集<br>3)通信:RS485 通信接口或 RJ45 接口、IRIG-B 对时接口 |
| 多功能仪表 | 具有全电量测量,电能统计,电能质量分析及网络通信等功能,主要用于对电网供电质量的综合监控诊断及电能管理 |
| 无线测温仪 | 1)实时测温<br>2)无线传输功能<br>3)电参量测量功能,包括电压、电流、有功功率、无功功率、功率因数、电能等<br>4)超温、高温、相间温差报警、温度突变量告警功能<br>5)具有设备自检功能,包括传感器自检、通信自检等<br>6)具有报警输出功能,用户可以根据需要自行设定预警、报警温度值<br>7)具有数据保存、数据输出、数据显示功能<br>8)具有 RS485 通信接口,通过标准 Modbus RTU 协议实现组网功能 |
| 变压器监控终端 | 1)监视变压器运行环境温度、湿度、绕组温度、负载率、绕组温升等参数,控制风机自动运行,提供高温报警和超温跳闸信号<br>2)监视变压器运行电气数据,包括电压、电流、功率、功率因数、电压波动、电压偏差、频率偏差、三相不平衡度等<br>3)实时监测电压/电流总谐波畸变率及 2 ~ 63 次谐波含量。数据可用于评估变压器运行的谐波环境优劣并为分析谐波导致的变压器故障提供数据支持<br>4)统计变压器运行时间、负荷曲线、年最大负荷、年最大负荷利用小时数、变压器损耗电量等<br>5)具有 RS485 通信接口或 RJ45 以太网口 |

## 2.6.2 一体化智能配电系统

### 1. 概述

智能配电系统是指由设备和平台组成，采用动态配电系统，图形化界面及开放型的数据接口，运行状态自动关联数据库，实现系统自动分析、诊断，全方位保护、全过程控制、多系统融合、数据共享，用户端泛在互联的高效管理功能的系统。一体化是指将系统中原有各自独立运行的系统，组建成为一个相互关联、相互配合、协调运行、统一管理的系统。

### 2. 范围

本节所述一体化智能配电系统适用于10kV中压变电所和400V低压配电室的系统。通过智能化配电元器件的一次、二次融合实现智能配电的监测、控制、保护和管理。一体化智能配电系统可由物联断路器、物联配电柜控制器、站控屏、监控室主机作为独立智能配电系统单元；用户或设计者可根据监测区域和监测设备数量，选择不同智能配电系统单元满足智能化配电需求。本节重点介绍监控室主机智能配电系统。

### 3. 系统架构

系统由现场监控层、通信网络层、系统管理层组成，如图2-6-2所示。

（1）现场监控层

现场监控层包括配置在中压配电柜内的物联中压开关、配电柜控制屏、弧光保护装置、无线测温仪；低压配电柜内的物联万能断路器、物联塑壳断路器、温控仪、物联双电源转换开关；终端配电箱内的物联微断等；以及现场监控装置、10kV计算机综合保护装置、变压器温控器等。

（2）通信网络层

通信网络层包括以太网交换机、边缘网关、网关、站控屏等设备。

(3) 系统管理层

系统管理层包括位于监控室内的电力监控管理计算机及其外围设备、网络通信设备、对时装置等。

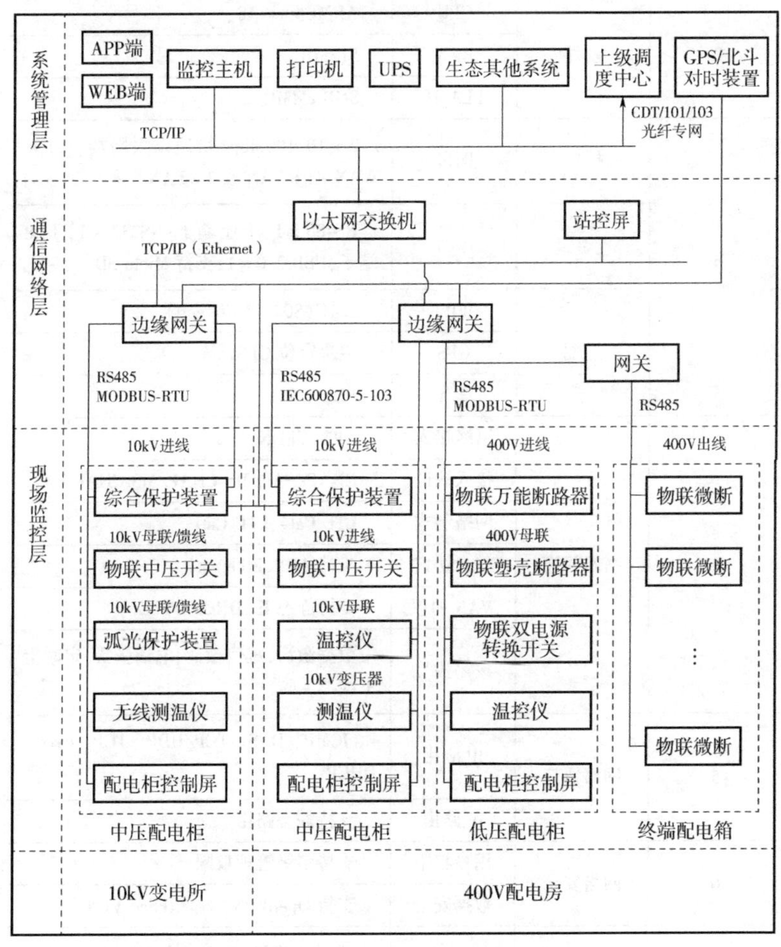


**图 2-6-2　一体化智能配电系统架构图**

**4. 关键智能产品设计要求**

(1) 边缘网关

边缘网关功能与参数描述见表 2-6-3。

**表 2-6-3　边缘网关功能与参数描述**

| 序号 | 功能描述 | | 参数描述 |
|---|---|---|---|
| 1 | 操作系统 | | LINUX 等嵌入式系统 |
| 2 | 硬件 | CPU | ARMCortex-A8 |
| | | RAN | 512MB |
| | | FLASH | 8GB eMMC |
| 3 | 接口 | 网口 | 2×10/100Mbps 快速以太网端口,1×WAN+1×LAN 或 2×LAN |
| | | 串口 | RS485×1,工业端子;RS232×1,工业端子,USB 2.0×1;支持 Micro SD |
| | 选配 | WIFI | 2.4G(802.11 /b/g/n) |
| | | GPS | 卫星定位 GPS,SMA×1 |
| | | 蓝牙 | BLE 4.0 |
| 4 | 网络互连 | 网络接入 | APN、VPDN |
| | | 接入认证 | CHAP/PAP/MS-CHAP/MS-CHAP V2 |
| | | 网络制式 | LTE Cat4、LTE Cat1 |
| | | LAN 协议 | 支持 ARP、Ethernet |
| | | WAN 协议 | 支持静态 IP、DHCP、PPoE |
| | | 按需拨号 | 数据激活、短信激活、电话激活、定时上下线 |
| 5 | 网络协议 | IP 应用 | ICMP、DNS、TCP/UDP、TCP server、DHCP |
| | | IP 路由 | 支持静态路由 |
| 6 | 网络安全 | 用户权限 | 支持多级管理权限 |
| | | 数据安全 | 支持 OpenVPN,支持 IPSec VPN |
| 7 | 传输协议 | 协议类型 | Modbus RTU/TCP、EtherNet/IP、ISO on TCP、OPC UA Client |
| 8 | 对时 | 对时类型 | 支持北斗/GPS,SNP、SNTP 网络对时 |

(2) 物联网配电柜

一种运用先进传感器技术、数字化技术、网络技术、通信技术、人工智能技术等实现全生命周期运维的新型配电柜。物联网配电柜通过触控屏实现对柜内物联设备的遥测、遥信、遥控、遥调的全部功能或部分功能，其具体特征包括但不限于：

1）具备对物联网配电柜所处环境温度、湿度及对物联网配电柜关键部位或关键单元温度在线监测。

2）具备智能预警，如使用寿命预警、故障预警、超温预警、过流预警、漏电预警等。

3）具备智能联动保护功能。

4）具备智能故障分析、智能数据统计、智能数据存储功能。

5）具备智能提醒，如对定期的维护保养做到提醒服务。

6）具备物联网配电柜整体运行状态实时视频监视功能，也可以对配电柜内必要部位实时视频监视。

7）便捷性，在触控屏不仅可以监视电参量及配电柜运行状态，还可以快速查看元器件的相关信息。

8）通信稳定、数据安全：通信设备及线缆要有较好的电磁兼容性，数据传输、存储要安全可靠。

9）通信协议是标准的、开放的。

（3）一体化智能配电软件平台实现功能

一体化智能配电系统可实现功能分为四大类，监测、控制、保护、管理，各大类功能又分为若干子功能模块，云端和本地站控使用时根据实际需求选择组合功能，具体功能参见表2-6-4。

**表2-6-4　一体化智能配电系统功能**

| 类别 | 功能 |
| --- | --- |
| 监测 | 电流 |
| | 电压 |
| | 频率 |
| | 有功功率、无功功率、视在功率 |
| | 功率因素 |
| | 有功、无功电能 |
| | 谐波 |

（续）

| 类别 | 功能 |
| --- | --- |
| 监测 | 相序 |
| | 剩余电流 |
| | 温度 |
| | 故障电流 |
| | SPD 运行状态 |
| | 事件(告警事件、开关动作事件等) |
| | 开关状态 |
| | 故障定位 |
| | 电能质量 |
| | 变压器负荷率 |
| | 环境 |
| | 能耗 |
| 控制 | 断路器控制 |
| | 回路通断本地控制 |
| | 回路通断远程控制 |
| | 条件控制 |
| | 联动控制 |
| | 备用电源自动切换控制(母联、柴发、双电源) |
| | 智能卸载三级负荷 |
| | 非消防电源控制 |
| | 照明与节能控制 |
| 保护 | 短路瞬时保护 |
| | 短路延时保护 |
| | 过载长延时保护 |
| | 电流不平衡保护 |
| | 电压不平衡保护 |
| | 过欠压保护 |
| | 断相保护 |

（续）

| 类别 | 功能 |
| --- | --- |
| 保护 | 相序保护 |
|  | 频率保护 |
|  | 接地故障保护 |
|  | 中性线保护 |
|  | 故障电弧保护 |
|  | 热记忆保护 |
| 管理 | 档案管理（用户、设备、线路、数据等） |
|  | 能耗管理 |
|  | 故障预警诊断 |
|  | 参数配置 |
|  | 配电设计信息管理（系统图存档、动态展示等） |
|  | 权限管理 |
|  | 数据库管理 |
|  | 故障排查定位 |
|  | 外部系统对接（35kV 系统云平台等） |
|  | 子系统功能（电气火灾监测、消防设备电源监测、浪涌保护监测、接地电阻监测、智能照明等） |
|  | 视频巡检无人值守 |
|  | 智能运维 |
|  | 报表统计 |
|  | 设备及系统自检 |
|  | 设备功能加载 |
|  | 设备定位 |

### 5. 安全

基本技术要求从物理安全、网络安全、主机系统安全、应用安全和数据安全几个层面提出安全要求。

1）物理安全包括电磁防护、电力供应、防雷防水防火、防盗防破坏、物理访问控制。

2）网络安全包括可信验证、通信传输、网络架构。

3）主机系统安全包括个人信息保护、剩余信息保护、可信验证、恶意代码防范、入侵防范、安全审计、访问控制、身份鉴别。

4）应用安全包括安全事件处置、备份与恢复管理、变更管理、密码管理、配置管理、恶意代码防范、网络和系统安全、漏洞和风险管理、介质管理、环境和资产管理。

5）数据安全包括个人信息保护、数据备份恢复、数据保密性、数据完整性等。

### 2.6.3 电力监控与智能配电的融合

#### 1. 概述

电力监控和智能配电的融合：建立在物联网、大数据、云计算、移动应用、人工智能等现代信息技术发展基础上，结合传统电气、自控、通信等领域新技术对配电室设备和环境进行监测，用于支撑配电室智能化、安全、可靠运维的综合管理系统。

#### 2. 范围

本节所述内容适用于10kV中压变电所和400V低压配电室的电力监控与智能配电融合。两种融合情况：

中压变电所SCADA系统的电力数据采集和控制来自仪器仪表；低压配电房电力一二次融合，电力数据采集和控制来自物联断路器。

电力数据和环境、安防、消防等数据融合，中压变电所和低压配电房的电、安、消、环数据监测和控制的一体化融合，也可以是其中一个或几个子系统的融合。

#### 3. 系统架构

系统由现场监控层、通信网络层、系统管理层组成，如图2-6-3所示。

（1）现场监控层

现场监控层包括智能配电子系统、电力监控子系统、安防监控子系统、消防监控子系统、环境监控子系统、测温监控子系统、视频监控子系统、照明监控子系统、联动监控子系统等的电气设备。

(2) 通信网络层

通信网络层包括以太网交换机、边缘网关、站控屏等设备。

(3) 系统管理层

系统管理层包括位于监控室内的电力监控管理计算机及其外围设备、网络通信设备等。

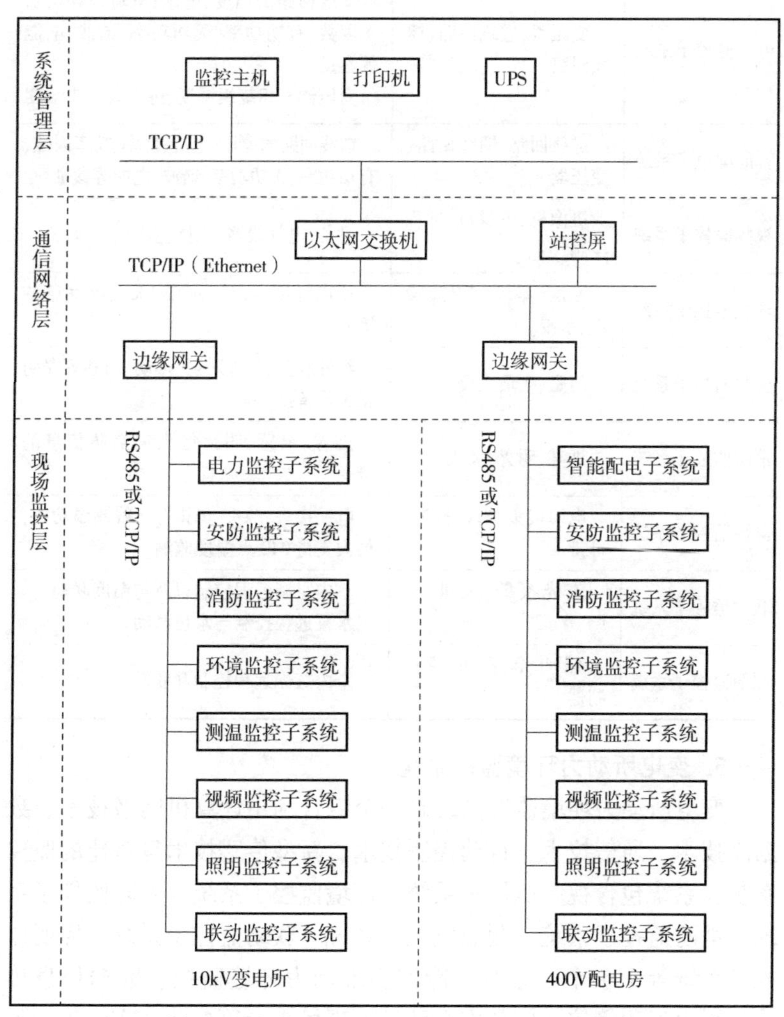


图 2-6-3 融合电力监控和智能配电系统架构

### 4. 子系统概述

变配电房综合监控系统见表2-6-5。

**表2-6-5 变配电房综合监控系统**

| 系统名称 | 监测对象 | 监测范围 |
| --- | --- | --- |
| 电力监控子系统 | 变压器、进线回路、馈线回路 | 馈线回路的温度、电压、电流、功率、功率因数、有功功率、无功功率、谐波、电能等参量<br>变压器三相绕组温度、进出线接头温度 |
| 智能配电子系统 | 进线回路、馈线回路、变压器 | 馈线回路的电压、电流、功率、功率因数、有功功率、无功功率、谐波、电能等参量 |
| 视频监控子系统 | 摄像机、录像机、远程控制 | 设备、电气线路、人员、空间 |
| 环境监控子系统 | 温度、湿度、气体、噪声、水浸 | 环境温度、湿度、水浸、水位等信息的接入 |
| 安防监控子系统 | 门磁、人员入侵 | 红外双鉴、红外对射、振动、门禁等安防相关设备接入 |
| 消防监控子系统 | 烟雾、明火、风机 | 烟雾、温感、明火等火灾消防信息的接入 |
| 测温监控子系统 | 电缆接头、梅花触头、母排 | 电缆接头、触头、母排等无线测温功能，最大支持240点温度监测 |
| 联动监控子系统 | 声光报警、风机、空调、水泵 | 室内空调远程控制以及与温度联动<br>水泵远程控制与水位联动 |
| 照明监控子系统 | 照明光源、光源控制器 | 室内灯光远程控制和联动 |

### 5. 变电所动力环境监控系统

变电所动力环境监控系统是一个综合利用计算机网络技术、数据库技术、通信技术、自动控制技术、新型传感技术等搭建的监控系统，系统包含视频监控子系统、环境监控子系统、安防监控子系统、消防监控子系统、测温监控子系统、联动监控子系统、照明监控子系统等十余个子系统，能够实现动力环境监控、数据信息传输、平台远程管控、门禁安全防护、现场查看等功能。实际工程可以根据需求选择设置相应的子系统。一般来说，变电所动力环境监控系统具有以下“四遥”功能：

遥测：温度监测、湿度监测、六氟化硫监测、有害气体监测。

遥信：水浸报警信号、烟感报警信号、红外入侵报警信号、门磁信号。

遥控：风机控制、警灯控制、水泵控制、门禁控制、照明控制。

遥调：湿度调整、温度调整。

**6. 系统管理平台功能**

系统平台设有参数设置、通信管理、图形绘制、状态监测、设备控制、视频监控和回放、报警事件记录查询、报警图片和视频查询功能。

# 第3章 自备电源系统

## 3.1 概述

### 3.1.1 自备电源的设置原则、种类及选择

#### 1. 自备电源的设置原则

一级用电负荷应由两个电源供电，当一个电源发生故障时，另一个电源不应同时受到损坏，有的项目市电电源不能够满足一级负荷的供电需求或者两个电源切换时间不能满足用电设备允许中断供电时间要求时，需要设置自备电源。特级用电负荷应由3个电源供电，3个电源应由满足一级负荷要求的两个电源和一个应急电源组成，大型商业建筑的经营用计算机系统为特级负荷，高度超过150m的公共建筑的消防负荷也属于特级负荷，除由双重电源供电外尚应增设应急电源供电。自备电源的设置满足下列要求：

1）商业建筑内的应急电源的容量应满足全部特级负荷用电。

2）备用电源和应急电源可以共用发电机，共用时应该两者同时满足备用电源和应急电源的要求，特级负荷供电应由变电所低压应急母线段分回路供电。

#### 2. 自备电源的种类及选择

在商业建筑中应用较多的自备电源主要有下列几种：

1）独立于正常电源的柴油发电机组，主要适用于一级特别重要负荷及部分一级负荷。

2）UPS 主要适用于供电恢复时间小于或等于 0.5s 的一级负荷或特别重要负荷。

3）EPS 主要适用于备用照明等。

自备应急电源的配置应依据保安负荷的允许断电时间、容量、停电影响等负荷特性，综合考虑各类应急电源在启动时间、切换方式、容量大小、持续供电时间、电能质量、节能环保、适用场所等方面的技术性能，合理地选取自备应急电源。商业建筑中一般同时使用几种应急电源，它们相互配合使用，满足相关规范要求，商业场所自备电源的选择见表 3-1-1。

**表 3-1-1　自备电源的选择**

| 负荷等级 | 负荷名称 | 电源方式 |
|---|---|---|
| 特级负荷 | 经营管理用电子计算机系统、消防应急照明和疏散指示系统 | 双重电源 + UPS |
| 一级负荷 | 消防水泵、消防稳压泵、排烟风机、排烟补风机、正压送风机、气灭排风机、事故排风机等等消防用电 | 双重电源 + 柴油发电机组 |
| 一级负荷 | 开闭站、变配电所、消防总控制室及分控制室、智能建筑总控制室及分控制室、电力监控值班室及分值班室及配电间的照明、操作及控制电源，消防用机房照明电源<br>火灾自动报警系统、水炮灭火控制系统、燃气泄漏报警及联动控制系统、电气火灾报警系统、防火门监控系统、消防设备电源监控系统<br>信息及智能化系统、保安系统电源<br>主要业务用电子计算机系统电源（收银设备、停车场管理系统、通信网络机房、计算机网络机房、建筑设备监控中心、安防监控中心） | 双重电源 + UPS |
| 一级负荷 | 设备监控系统、电力监控系统、智能照明系统、公共区域照明、普通电梯、排水泵、污水泵、雨水泵、邮政、银行网点用电<br>厨房冷冻、冷藏设备及辅助设备；擦窗机<br>航空障碍灯；生活给水设备<br>冰场制冰设备；营业厅、门厅备用照明 | 双重电源 |

### 3.1.2 本章主要内容

本章的主要内容为柴油发电机系统、不间断电源系统和特殊自备电源系统。柴油发电机系统主要介绍机组选型的基本要求、柴油发电机组容量的计算、供电电压的选择、柴油发动机选型、柴油发电机房的设计、与各专业的配合及柴油发电机组配电系统的设计要点等；不间断电源系统主要介绍 UPS 和 EPS 系统的选型及应用；特殊自备电源系统主要介绍集装箱式柴油机系统和集装箱式储能系统。

## 3.2 柴油发电机系统

### 3.2.1 机组选型

#### 1. 机组选型基本要求

1）柴油发电机组按照不同用途分类，可分为备用发电机组、常用发电机组和应急发电机组。

对于大型商业建筑，市政供电的可靠性要求比较高，市政电源正常均能满足，因此一般设置应急发电机组；只有部分市政供电条件受限的项目，需要考虑设置常用或备用发电机组。如商业建筑有建筑高度 150m 及以上的建筑应设置自备柴油发电机组作为应急电源，用于应急供电的发电机组应处于自启动状态。当城市电网电源中断时，发电机组应能在规定的时间内启动。

目前大型商业建筑工程中，应用比较多的是自启动型柴油发电机组。这种类型的柴油发电机组是在基本型机组基础上增加了全自动控制系统。它具有自动切换功能，当市电突然停电时，机组能自动启动，自动切换电源开关、自动调压、自动送电和自动停机等；当机组油压力过低，机组温度过高或冷却水温度过高时，能自动发出声光报警信号，当发电机组超速时，能自动紧急停止运行进行保护。该类机组满足商业建筑对应急柴油发电机的要求，但在设备招标采购时应强调当正常供电电源中断供电时，柴油发电机自动启动，低压发电机组应在30s内，高压发电机组应在60s内向规定的用电负荷供电。

2）在方案设计阶段，可按供电变压器总容量的10%～20%估算柴油发电机的容量。在初步设计及施工图阶段可根据负荷组成，按本节的方法计算选择其最大者。

备用柴油发电机组容量的选择，应按工作电源所带全部容量或一级二级负荷容量确定。当柴油发电机为消防用电设备、一级负荷中的重要负荷的其余保障负荷供电时，应注意火灾发生时需自动切除非消防重要负荷，负荷的计算容量需根据未发生火灾和发生火灾的情况分别考虑，并以二者最大值作为选取柴油发电机容量的依据。柴油发电机组的单机容量，额定电压为3～10kV时不宜超过2400kW，额定电压为1kV以下时不宜超过1600kW。

3）当有电梯负荷时，在全压启动最大容量笼型电动机时，发电机母线电压不应低于额定电压的80%；当无电梯负荷时，其母线电压不应低于额定电压的75%，或通过计算确定。为减小发电机装机容量，当条件允许时，电动机可采用降压启动方式。

4）宜选用高速柴油发电机组和无刷型励磁交流同步发电机配自动电压调整装置。选用的机组应装设快速自启动及电源自动切换装置。应急发电机要求由变电所低压配电柜双电源自动切换开关的发电机启动辅助节点或由变电所低压配电柜成组双路进线断路器的失压继电器干节点取启动信号。

5）日用油箱燃油储量应满足有关规范要求。如室内油箱储油量不满足应急发电机连续运行时间的要求，须在首层车辆可达的适当位置设置燃油进油设施或设置室外油罐。

**2. 柴油发电机组容量的计算**

《民用建筑电气设计标准》（GB 51348—2019）对柴油发电机组容量的计算给出具体的公式：

1）按稳定负荷计算发电机容量$S_{C1}$：

$$S_{C1} = \alpha \frac{P_{\Sigma}}{\eta_{\Sigma} \cos\varphi} \tag{3-2-1}$$

$$S_{C1} = \alpha\left(\frac{p_1}{\eta_1} + \frac{p_2}{\eta_2} + \cdots + \frac{p_n}{\eta_n}\right)\frac{1}{\cos\varphi} = \frac{a}{\cos\varphi}\sum_{k=1}^{n}\frac{p_k}{\eta_k} \quad (3\text{-}2\text{-}2)$$

式中 $P_\Sigma$——总负荷（kW）；

$p_k$——每个或者每组负荷容量（kW）；

$\eta_k$——每个或者每组负荷的效率；

$\eta_\Sigma$——总负荷的计算效率，一般取0.82～0.88；

$\alpha$——负荷率；

$\cos\varphi$——发电机额定功率因数，可取0.8。

2）按最大的单台电动机或成组电动机启动的需要，计算发电机容量 $S_{C2}$：

$$S_{C2} = \left(\frac{P_\Sigma - P_m}{\eta_\Sigma} + P_m KC\cos\varphi_m\right)\frac{1}{\cos\varphi} \quad (3\text{-}2\text{-}3)$$

式中 $P_m$——启动容量最大的电动机或成组电动机的容量（kW）；

$\cos\varphi_m$——电动机的启动功率因数，一般取0.4；

$K$——电动机的启动倍数；

$C$——按电动机启动方式确定的系数；全压启动：$C=1$；Y-△启动：$C=0.33$；自耦变压器启动：50%抽头 $C=0.25$；65%抽头 $C=0.42$；80%抽头 $C=0.64$。

3）按启动电动机时母线容许电压降计算发电机容量 $S_{C3}$：

$$S_{C3} = \left[\frac{P_m KCX''_d\left(\frac{1}{\Delta E} - 1\right)}{\eta\Sigma\cos\varphi}\right] \quad (3\text{-}2\text{-}4)$$

式中 $X''_d$——电动机的暂态电抗，一般取0.25；

$K$——电动机的启动倍数；

$\Delta E$——应急负荷中心母线允许的电压降，一般取0.25～0.3$U_0$（有电梯时取0.2$U_0$）。

式（3-2-4）适用于柴油发电机与应急负荷中心距离很近的情况。

如果外界气压、温度、湿度等条件不同时，则应按《民用建筑电气设计标准》（GB 51348—2019）条文说明所列系数进行校正。即：实际功率＝额定功率×$C$。

消防状态下，消防负荷的容量计算是负荷计算中的一大难点，设计人员很难准确地计算出火灾过程中消防设备的最大计算容量。对此本书建议按照一点火灾考虑，对于消防负荷的计算负荷的考虑参照上海地标《民用建筑电气防火设计规程》（DGJ 08—2048—2016）的要求，消防供电系统的供电容量应保证火灾发生时建筑物内所有应急照明、消防电梯、消防水泵、相邻两个最大防火分区排烟风机及正压风机的正常供电。

柴油发电机容量计算是负荷计算中的一大难点。设计过程中特别需要设计人员根据工程情况做详细分析，得出较准确的负荷计算，并在此基础上合理选择柴油发电机组容量，从而在保证设计可靠性的同时兼顾经济性。

**3. 供电电压的选择**

在民用建筑中，比较常见的中低压柴油发电机额定输出电压有0.4kV和10kV，对不同电压等级的柴油发电机组的应用范围或建筑类型国家相关规范并没有要求，需要根据项目的实际情况进行确定。

（1）中低压柴油发电机组供电系统主接线分析

1）0.4kV柴油发电机与市电组成的供电系统比较常见，系统图如图3-2-1、图3-2-2所示；低压柴油发电机组在0.4kV侧与市电进行电源切换，系统接线简单，操作方便，系统可靠性高。

2）10kV柴油发电机与市电组成的供电系统常见的系统图如图3-2-3、图3-2-4所示。图3-2-3中，示意图左侧10kV柴油发电机在10kV侧与市电进行电源切换，与市电共用变压器，未设置专用变压器，变电所面积较小，应急系统的变压器平时正常运行，降低应急状态变压器故障，可靠性较高；但系统接线复杂，操作复杂，对维护人员要求高且发电机容量无法满足终端变压器所有负荷，因此发电机投入时需要切除非应急负荷。

图3-2-4中，示意图左侧10kV柴油发电机为多台并机，然后10kV侧与市电进行电源切换，发电机投入时无须切除负荷。但是设置发电机台数较多，需设置并机室，面积增大。其次需要的油量较大，需要设置室外储油罐，增加总的占地面积，系统接线复杂，操作复杂，对维护人员要求高。

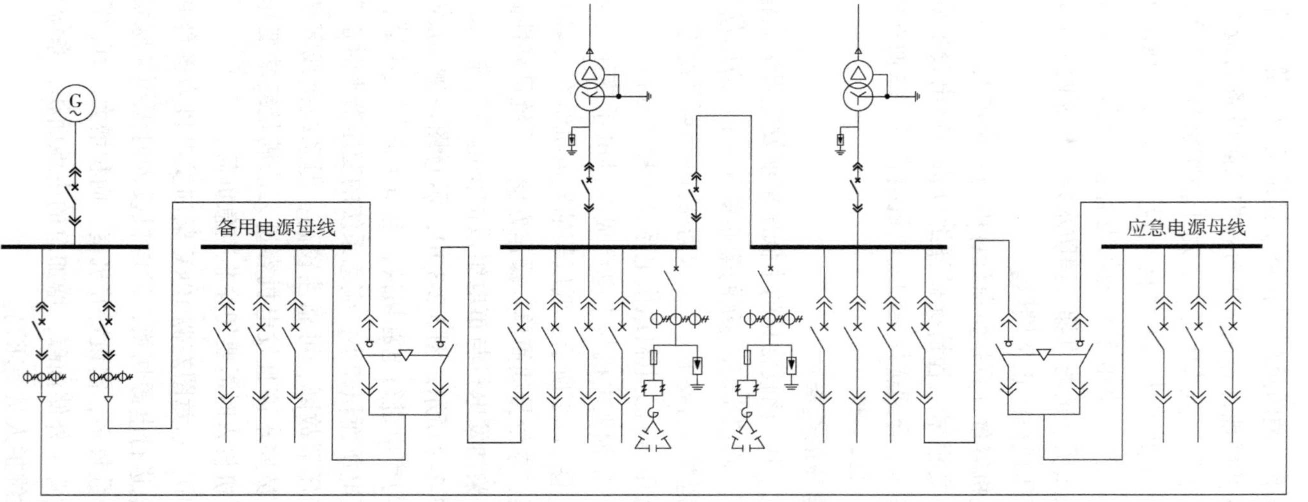


图3-2-1　0.4kV柴油发电机应急供电系统图一

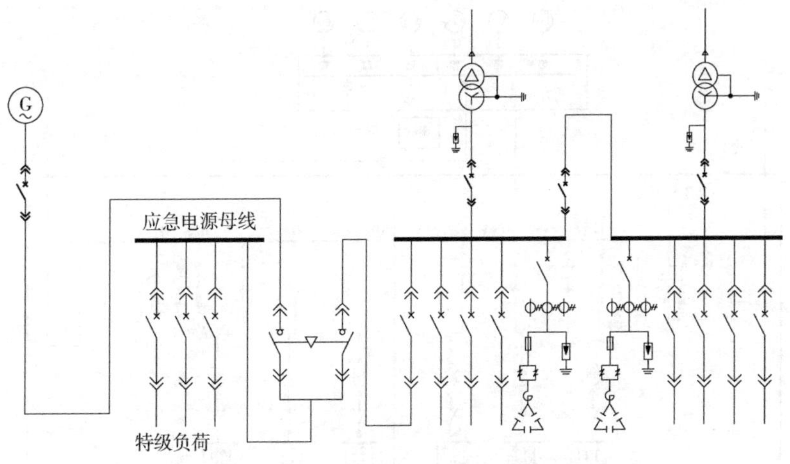


图 3-2-2　0.4kV 柴油发电机应急供电系统图二

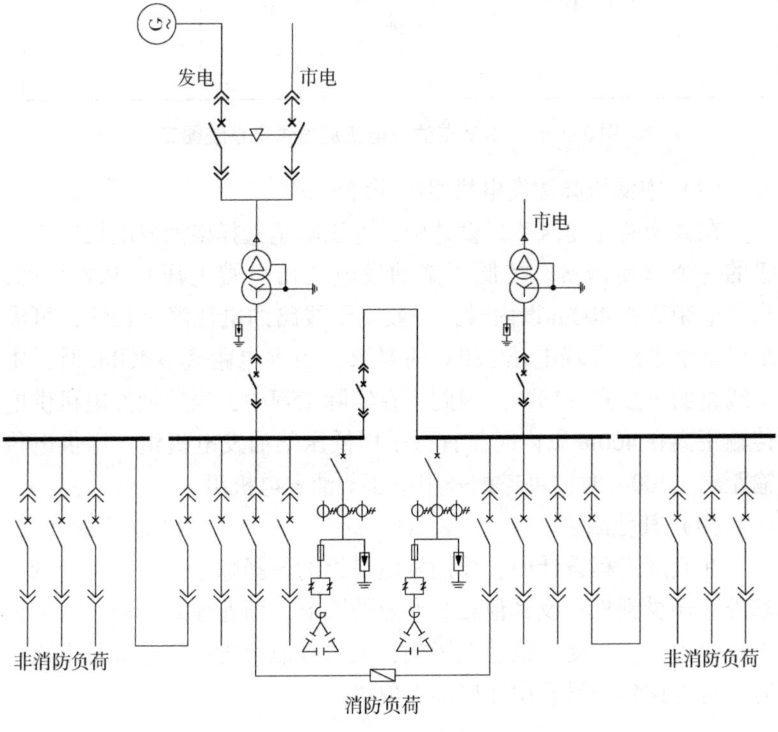

图 3-2-3　10kV 柴油发电机应急供电系统图一

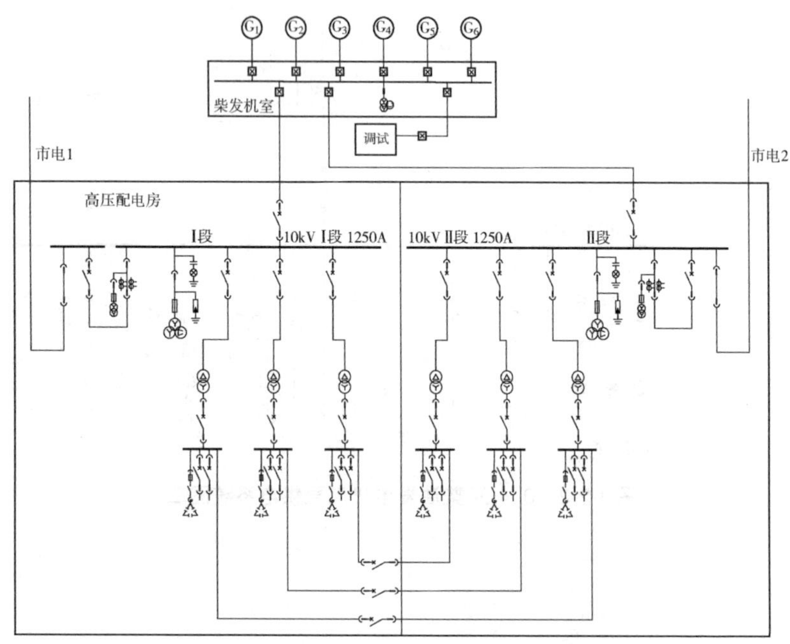


图 3-2-4　10kV 柴油发电机应急供电系统图二

（2）中低压柴油发电机组电压降分析

在大型商业建筑项目设计中，电压降是选择柴油发电机电压等级的一个重要因素。按低压柴油发电机出口端电压 0.4kV 考虑，当供电距离在 400m 以内时，一般主干线路的电压降 $<10\%$，可满足供配电系统末端电压 380V 的要求；当供电距离 $>400$m 时，主干线路的电压降 $>10\%$。因此，在实际工程中，当柴油发电机供电传输距离在 400m 以内时，宜可采用低压柴油发电机组；当供电传输距离 $>400$m 时，可考虑采用中压柴油发电机组。

（3）其他因素

在实际工程设计中，柴油发电机组的选择除考虑自身专业的要求外，还受到投资及其他相关专业的影响。商业建筑一般以采用低压供电为主，当受建筑功能影响，无法分散设置低压柴油发电机房时，可考虑集中设置中压柴油发电机。

#### 4. 柴油发动机选型

在柴油发电机组中，柴油发动机有着最为重要的地位，这不仅是因为柴油发动机的价值最高，而且也是整个柴油发电机组的心脏，因此柴油发电机组应选用优质、可靠的柴油发动机：

1）发动机宜选用国内外知名品牌产品。发动机生产厂家应具备生产许可资质和 ISO 9001 质量体系认证。

2）发动机功率应能满足机组功率输出要求，机组功率与发动机功率的配比不宜小于1.1倍。

3）发动机应能确保运行可靠，在同等条件下宜选用排量较大、结构强度安全裕度较高的产品。

4）发动机宜采用电控燃油系统产品，具备自诊断、通信功能，实现机组对发动机的智能控制。

5）发动机应满足国家标准《非道路移动机械用柴油机排气污染物排放限值及测量方法（中国第三、四阶段)》（GB 20891—2014）的排放要求。

### 3.2.2 柴油发电机房的设计

#### 1. 柴油发电机房的选址

对柴油发电机房的选址原则上要严格执行《建筑设计防火规范》（GB 50016—2014）以及《民用建筑电气设计标准》（GB 51348—2019）的要求，在前期方案阶段需要电气专业与建筑专业的设计人员密切配合，尽量选择合理的变电所及柴油发电机房位置。

一般来说，商业综合体建筑的柴油发电机房设置应符合下列规定：

1）机房宜布置在建筑的首层、地下室、裙房屋面。当地下室为3层及以上时，不宜设置在最底层，并靠近变电所设置。机房宜靠建筑外墙布置，应有通风、防潮、机组的排烟、消声和减振等措施并满足环保要求。

2）机房宜设有发电机间、控制室及配电室、储油间、备品备件储藏间等。当发电机组单机容量不大于1000kW或总容量不大于1200kW时，发电机间、控制室及配电室可合并设置在同一房间。

3）发电机间、控制室及配电室不应设在人员密集场所、厕所、浴室或其他经常积水场所的正下方或贴邻。

4）商业建筑内的柴油发电机房，应设置火灾自动报警系统和自动灭火设施。

5）柴油发电机房的位置要尽可能地靠近一级负荷的变配电所，以减少配电线路，降低电能损耗，提高运行的可靠性和经济性。

6）要注意防止噪声对周围环境的污染，设计机房时要采取隔声措施，尽可能地降低噪声。

7）要合理确定烟道位置，以免影响建筑物外观及污染周围环境。如有困境，宜考虑加装除尘设施，尽可能使烟气处理后排出。

8）要考虑机组的运输、吊装和检修的方便，要有足够的操作间距、检修场地和运输通道。若在地下室，能够利用地下车库入口进入为最好，否则，要做好预留吊装口的位置。

9）必须处理好热风出口，当机组在地下室时，要有热风道，并伸出室外，而不应使柴油发电机散热器把热排放在机房内，然后再由排风机排出。在设备布置时应认真考虑通风、给水排水、供油、排烟以及电缆等各类管线的布置，做到经济合理。

**2. 柴油发电机组的并机运行**

受到建筑荷载及净高等限制，或者当发电机容量比较大时，单台发电机不满足要求，可以考虑采用柴油发电机组并列运行的方式。发电机组并列运行可以提高供电质量和系统运行的灵活性，提高启动异步电动机的能力。

在建筑工程中，发电机组的同期一般应采用自动方式，由厂家配套提供，在机组同期后再向负荷供电。应急柴油发电机组并机台数不宜超过4台，备用柴油发电机组并机台数不宜超过7台。额定电压为230V/400V的机组并机后总容量不宜超过3000kW。当受并机条件限制时，可实施分区供电。多台机组并机，应选择型号、规格和特性相同的成套设备，所用燃油性质应一致。为了提高有功功率和无功功率，合理分配精度和运行的稳定性，要求机组中的柴油发电机调速器具有在稳态调速率2%～5%范围内调节的装置。

### 3. 柴油发电机组的启动及运行

由于自备发电机组均为应急所用，因此首先要选用自启动装置的机组，一旦城市电网中断，低压机组应在30s内启动且供电，高压机组应在60s内启动且供电。机组在市电停后延时3s后开始启动发电机，启动时间约10s（总计不大于15s，第一启动失败，第二次再启动，共有三次自启动功能，总计不大于30s），发电机输出主开关合闸供电。当市电恢复后，机组延时2～15min（可调）不卸载运行，5min后，主开关自动跳闸，机组再空载冷却运行约10min后自动停车。

自启动方式尽量用电启动，启动电压为直流24V。压缩空气启动时，需要一套压缩空气装置，比较麻烦，尽量避免采用。

发电机宜选用无刷型自动励磁的方式。为了保证当市电断电时，机组应立即启动，并在30s（低压机组）或60s（高压机组）内能投入正常带负荷运行，应选择带自启动装置的机组，结构形式宜选用无刷自励方式，无刷机组无线电干扰极小，维护工作量少，满足供电系统可靠性。

严禁应急柴油发电机组与市网并列运行。应急柴油发电机组是保证建筑物安全的重要设备，市网和柴油发电机组的双电源切换开关，相互之间都设置有电气和机械联锁装置。它的首要任务必须在应急情况下，能够可靠启动并投入正常运行，以满足使用要求。与市网不得并列运行，是考虑到一旦机组发生故障时，不要波及市网，而扩大了故障范围。如市网有故障，因与柴油发电机组未并网，也易于处理，以免发生意外事故。

### 4. 柴油发电机组的布置要求

（1）机组布置应满足的要求

1）机组宜横向布置，当受建筑场地限制时，也可纵向布置。

2）机房与控制室及配电室毗邻布置时，发电机出线端及电缆沟宜布置在靠控制室及配电室侧。

3）机组之间、机组外廓至墙的距离应满足搬运设备、就地操作、维护检修或布置辅助设备的需要，机房内有关尺寸的规定详见表3-2-1。

**表3-2-1　机组之间及机组外廓与墙壁的最小净距**

（单位：m）

| 项目 \ 容量(kW) | ≤64 | 75～150 | 200～400 | 500～1500 | 1600～2000 | 2100～2400 |
|---|---|---|---|---|---|---|
| 机组操作面 | 1.5 | 1.5 | 1.5 | 1.5～2.0 | 2.0～2.2 | 2.2 |
| 机组背面 | 1.5 | 1.5 | 1.5 | 1.8 | 2.0 | 2.0 |
| 柴油机端 | 0.7 | 0.7 | 1.0 | 1.0～1.5 | 1.5 | 1.5 |
| 机组间距 | 1.5 | 1.5 | 1.5 | 1.5～2.0 | 2.0～2.3 | 2.3 |
| 发电机端 | 1.5 | 1.5 | 1.5 | 1.8 | 1.8～2.2 | 2.2 |
| 机房净高 | 2.5 | 3.0 | 3.0 | 4.0～5.0 | 5.0～5.5 | 5.5 |

（2）控制室的电气设备布置

1）控制室的位置应便于观察、操作和调度，通风、采光应良好，进出线应方便。

2）控制室内不应安装无关设备，控制或配电屏（台）上方不得设置水管、油管等。

3）当控制室的长度大于7m时，应有两个出口，出口宜在控制室两端，门应向外开。

4）控制室内的控制屏（台）的安装距离和通道宽度，应符合下列规定：控制屏正面的操作通道宽度，单列布置不宜小于1.5m；双列布置不宜小于2m；离墙安装时，屏后维护通道不宜小于0.8m。

5）当不需设控制室时，控制屏和配电屏宜布置在发电机端或发电机侧，屏前距发电机端不宜小于2m；屏前距发电机侧不宜小于1.5m。

以单台800kW的0.4kV机组及双台2000kW的10kV机组为例，安装示意图如图3-2-5、图3-2-6所示。

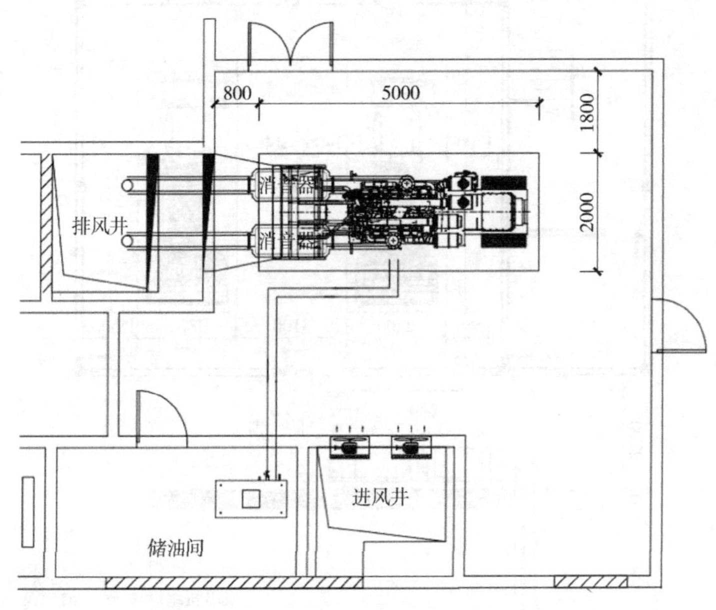


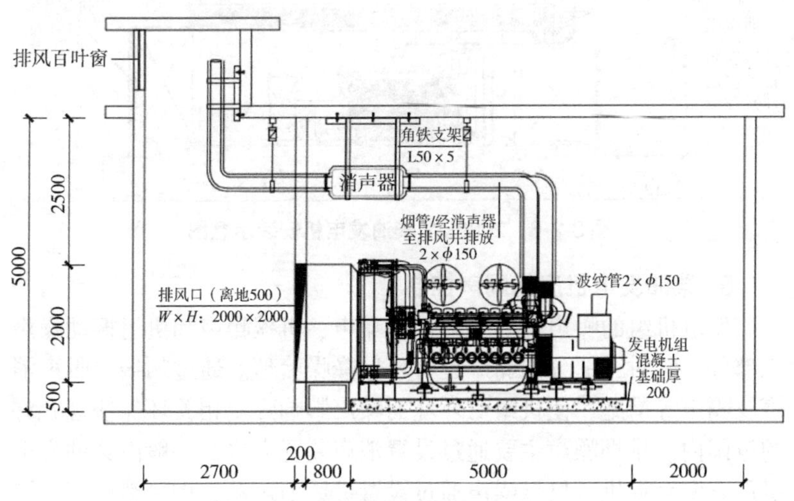


图 3-2-5　800kW 柴油发电机安装示意图

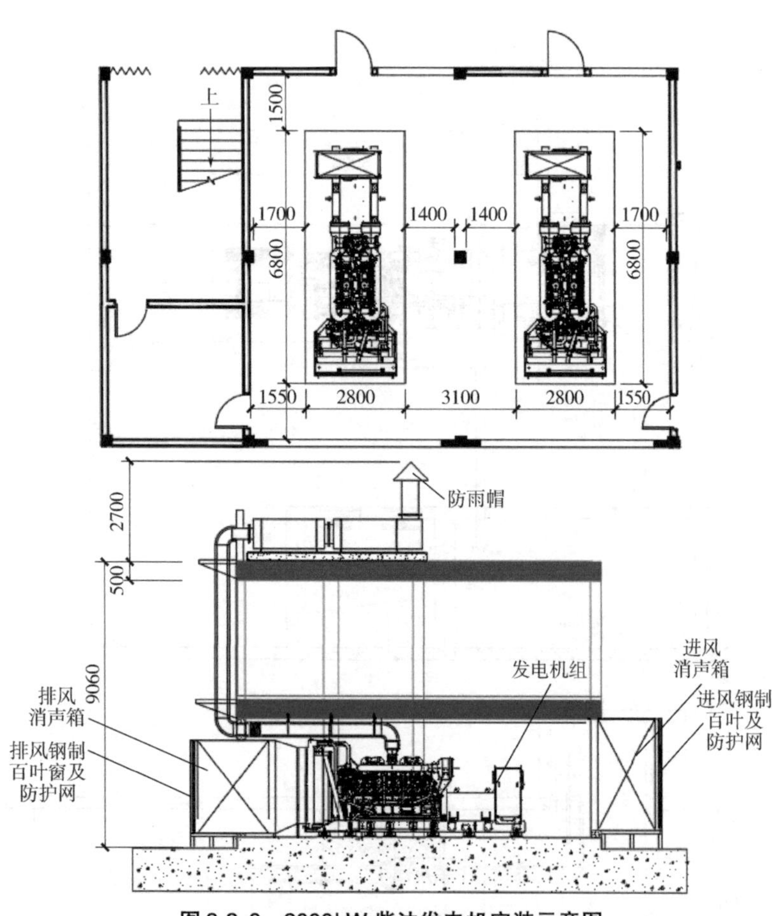


图 3-2-6　2000kW 柴油发电机安装示意图

### 5. 柴油发电机房的隔声控制

发电机组的噪声主要分为排烟噪声、机械噪声和机组振动噪声三部分，针对三部分的噪声进行环保降噪治理。通过隔振、吸声消声及隔声等措施，使机组对环境的噪声影响降至相关环保法规允许的范围内。排烟噪声主要通过设置消声装置完成，一般由柴油发电机厂家配套提供。机械噪声通过设置进风消声箱、排风消声箱、墙面吸声和顶棚吸声处理，如图 3-2-7 所示。机组振动噪声主要是使柴油发电机机组与建筑结构隔开，如采用硬木或硬塑料等，如要求比较高，可采用浇筑基础的形式。

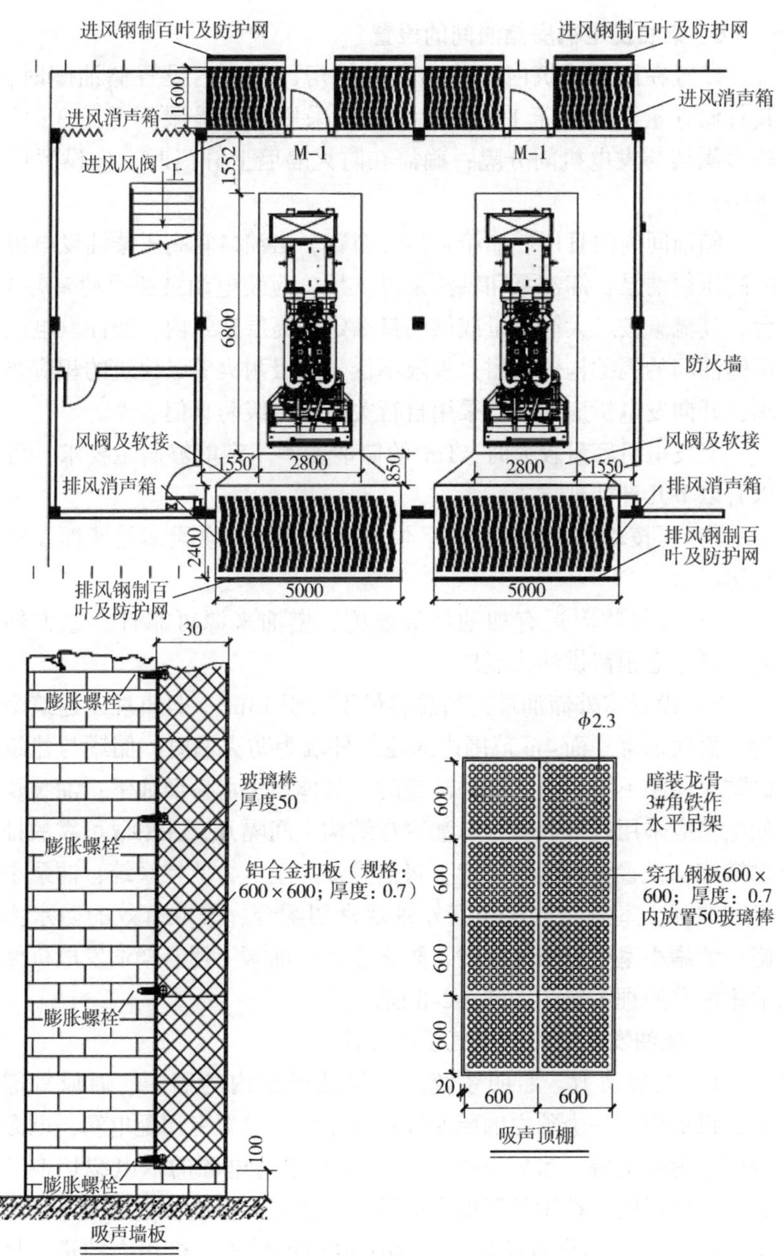


**图 3-2-7　柴油发电机房消声做法示意图**

### 6. 柴油发电机房储油间的设置

设置在民用建筑内的柴油发电机房，机房内设置储油间时，其总储存量不应大于 $1m^3$，储油间应采用耐火极限不低于 3h 的防火隔墙与发电机间分隔；确需在防火隔墙上开门时，应设置甲级防火门。

储油间内的日用燃油箱宜高位布置，出油口宜高于柴油发电机的高压射油泵；卸油泵和供油泵可共用，应装电动泵和手动泵各 1 台，其流量按最大卸油量或供油量确定；高层建筑内，柴油发电机房储油间的围护构件的耐火极限不低于二级耐火等级建筑的相应要求，开向发电机房的门应采用自行关闭的甲级防火门。

当发电机容量较大时，$1m^3$的储油量不一定能够满足要求，可以有以下几种处理方式。

1）可按规模、功能要求、供电半径等分开设置多处柴油发电机房。

2）建筑物附近有加油站等设施，燃油来源可靠且运输方便时，可考虑预留供油接驳口。

3）设置室外储油罐，当总容量不大于 $15m^3$，且直埋于建筑附近、面向油罐一面 4m 范围内的建筑外墙为防火墙时，储罐与建筑的防火间距不限。设置室外油罐时，具体做法可参照如下：油泵及配电箱应采用就地设置，与油罐在结构上间隔开，并采取可靠的排水措施；设置油位监测装置，将信号传送至电力监控系统；油泵小室和油罐小室需与土建和室外景观密切配合，采取有效的防水措施；油罐小室中应填充细砂，防止进水后油罐上浮。柴油发电机储油罐油路原理示意图如图 3-2-8 所示。

### 7. 柴油发电机房的电气系统设计

1）机房动力、照明系统。为保证机房内的照明、通风等需求，机房内为一个独立的照明和通风系统，设置专用配电箱，电源应引自消防电源，进线开关应为市电与应急电源的双电源切换开关。发电机间、控制及配电室应设应急照明，持续供电时间不应小于 3h，同时还需设置疏散照明和疏散指示标志。机房内的进、排风机配电，引自机房内的专用配电箱。

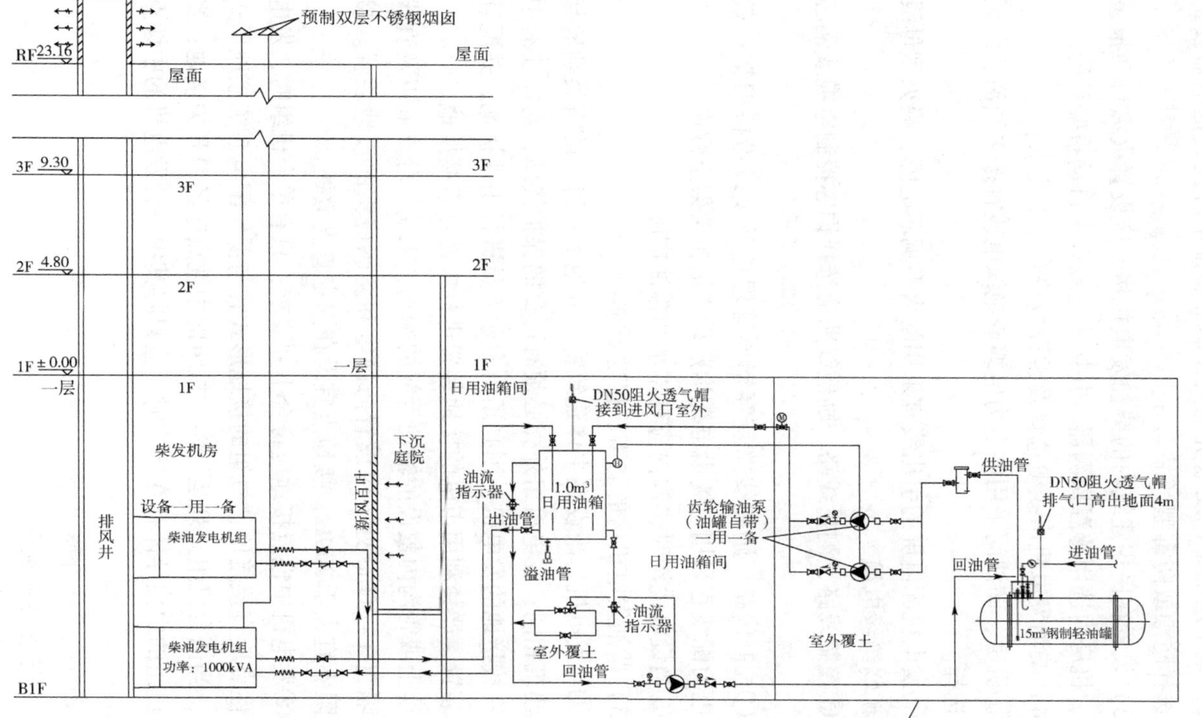


图3-2-8　柴油发电机储油罐油路原理示意图

2）地下层的柴油发电机组其控制屏、配电屏及其他电器设备均应选择防潮或防霉型产品。

3）设置在民用建筑内的柴油发电机房，应设置火灾自动报警系统，机房内选用感温探测器，并接入主楼火灾自动报警系统。

4）柴油发电机房线缆选择及敷设应符合以下要求：

①机房、储油间采用的电力电缆或绝缘电线宜按多油污、潮湿环境选择。

②发电机配电屏的引出线宜采用耐火型铜芯电缆、耐火型母线槽或矿物绝缘电缆。

③控制线路、测量线路、励磁线路应选择铜芯控制电缆或铜芯电线。

④控制线路、励磁线路宜穿钢导管埋地敷设或沿桥架架空敷设；电力配线宜采用电缆沿电缆沟敷设或沿桥架架空敷设。

⑤当设电缆沟时，沟内应有排水和排油措施。

5）柴油发电机房的防雷、接地要求：

①当发电机房附设在主体建筑物内或地下室时，防雷类别应与主体建筑相同；发电机组外壳必须有可靠的保护接地，对需要有中性点直接接地的发电机，则必须由专业人员进行中性接地，并配置防雷装置，严禁利用市电的接地装置进行中性点直接接地。

地上或管沟内敷设的输油管线的始端、末端、分支处以及直线段每隔200～300m处，应设置防静电和防感应雷的接地装置。接地电阻不宜大于300Ω，接地点宜设在固定管支墩处。

②发电机中性点接地应符合下列要求：只有单台机组时，发电机中性点应直接接地，机组的接地形式宜与低压配电系统接地形式一致；当两台机组并列运行时，机组的中性点应经刀开关接地；当两台机组的中性导体存在环流时，应只将其中一台发电机的中性点接地。

③发电机房外露可导电金属部分应做等电位联结。

**8. 与各专业配合**

（1）建筑专业

与建筑专业配合时，应提出机房面积、层高，位置要求预留运输通道。机房面积在 50m$^2$及以下时宜设置不少于一个出入口，在 50m$^2$以上时宜设置不少于两个出入口，其中一个出口的大小应满足搬运机组的需要，否则机房内应预留吊装孔；门应为甲级防火门，并应采取隔声措施，向外开启。当发电机组单机容大于 1000W 或总容量大于 1200kW 时，宜设置控制室及配电室，此时发电机间与控制室、配电室之间的门和观察窗应采取防火、隔声措施，门应为甲级防火门，并应开向发电机间。柴油发电机房内，机组之间、机组外廊至墙的距离应满足设备运输、就地操作、维护维修及布置辅助设备的需要；柴油发电机间、控制室长度大于 7m 时，应至少设两个出入口。

（2）结构专业

在与结构专业配合时，要将机组尺寸与保证机组正常运行的附属设施的总荷载提供给结构专业，以便结构专业对机房及机组运输通道的承重能力做出复核或处理，为以后的机组安装和运行提供可靠支持。机组如设置在楼板上，楼板承重应能满足机组静荷载和运行时的动荷载的要求，一般机组运行时的动荷载为机组净重的 1.8～2.2 倍。

（3）暖通专业

与暖通专业配合时，要将机组正常运行需求的进风量、排风量及排烟量准确地提供给暖通专业。对机房的设计来说，机组的冷却和通风非常重要。机组排烟管宜架空敷设，也可敷设在地沟中。

暖通专业应满足下列要求：

1）宜利用自然通风排除发电机房内的余热，当不能满足温度要求时，应设置机械通风装置。

2）当机房设置在高层民用建筑的地下层时，应设置防烟、排烟、防潮及补充新风的设施。

3）机房各房间温湿度要求宜符合表 3-2-2 的规定。

**表 3-2-2　机房各房间温湿度要求**

| 房间名称 | 冬季 | | 夏季 | |
|---|---|---|---|---|
| | 温度/℃ | 湿度(%) | 温度/℃ | 湿度(%) |
| 机房(就地操作) | 15～30 | 30～60 | 30～35 | 40～75 |

（续）

| 房间名称 | 冬季 | | 夏季 | |
|---|---|---|---|---|
| | 温度/℃ | 湿度(%) | 温度/℃ | 湿度(%) |
| 机房(隔室操作、自动化) | 5～30 | 30～60 | ≤37 | ≤75 |
| 控制室及配电室 | 16～18 | ≤75 | 28～30 | ≤75 |
| 值班室 | 16～20 | ≤75 | ≤28 | ≤75 |

4）安装自启动机组的机房，应满足机组自启动温度要求；当环境温度达不到启动要求时，应采用局部或整机预热措施；在湿度较高的地区，应考虑防结露措施。

排烟管出来的浓浓黑烟及产生的噪声构成对大气的污染。为了减少烟色的黑度和减低烟管的噪声，还可在机房内或旁边做一个消声、消烟池，相当于一个封闭小室，烟池底部约有300mm高的储水，排烟管从池顶部朝下喷烟，池水经高速烟气喷射后，池内弥漫着雾状水汽，水汽对黑烟过滤和吸声，经消烟池处理过后，排出的烟速缓慢，声强稳定，烟色为灰白色，达到环保要求。

（4）给水排水专业

与给水排水专业配合时，提供机组的位置平面图，以便给水排水专业复核，设置与柴油发电机组容量和建筑规模相适应的灭火设施。根据柴油发电机组冷却方式的需要，满足以下要求：

1）柴油机的冷却水水质，应符合机组运行技术条件要求。

2）柴油机采用闭式循环冷却系统时，应设置膨胀水箱，其装设位置应高于柴油机冷却水的最高水位。

3）冷却水泵应为一机一泵，当柴油机自带水泵时，宜设1台备用泵。

4）当机组采用分体散热系统时，分体散热器应带有补充水箱。

5）机房内应设置洗手盆和落地洗涤槽。

### 3.2.3 柴油发电机组配电系统的设计要点

柴油发电机组作为自备应急电源，加强了商业建筑的供电可靠性，当市电电源均断电时，柴油发电机投入运行，非消防状态下保证一级负荷中的特别重要负荷及部分一级负荷用电，消防状态下保障消防负荷及部分一级负荷中的特别重要负荷的短时用电。柴油发电机应急供电系统设计要点如下：

1）发电机组的控制要求为保证设备的正常运行，首先必须保证设备的正常供电，柴油发电机组的自动控制系统需符合以下规定：

①机组电源不得与市电并列运行，并应有能防止误并网的联锁装置。当市电恢复正常供电后，应能自动切换至正常电源，机组能自动退出工作，并延时停机。

②为了避免防灾用电设备的电动机同时启动而造成柴油发电机组熄火停机，用电设备应具有不同延时，错开启动时间。重要性相同时，宜先启动容量大的负荷。

③考虑到柴油发电机投入运行后，电网有时会有不正常短暂供电的情况出现，为避免设备供电的频繁切换，如果电网恢复正常，则延时几秒后才切换至电网运行状态，然后再延时几分钟，才停止柴油发电机运行。这样就能保证只有在电网确实已恢复正常后，才切换至电网供电，同时也避免柴油发电机的频繁启动。

2）在非火灾情况下，当非消防重要负荷由柴油发电机组供电时，该负荷宜由单独母线段供电，一旦市电停电，可由发电机组向该段母线供电。当火灾发生时，应将该段母线上不涉及人员生命安全的负荷自动切除，以保证消防负荷的供电。

3）发电机应急电源与正常电源的转换开关在三相四线制系统中宜选用四极开关。因为作为电源转换开关在切换操作时为避免不同系统中性线上的电位偏移，使电流的流向不致变动或分流，不造成诸如剩余电流保护装置的误动作而影响正常运行。另外，它可以满足整个系统在维护、测试及检修时的隔离要求。

对于不需要机组供电的低压配电回路，在系统电源发生故障停电后，应自动切除，回路开关加装失压脱扣。为保证消防状态下的消防用电可靠性，也为了发电机组不会过载，在火灾状态下，由发电机组供给的非消防配电回路接受火灾信号，进行分励脱扣。

4）应急供电系统应尽量减少保护级数，不宜超过三级。用电量较大或较集中的消防负荷（如消防电梯、消防水泵等），应采用放射式供电；应急照明等分散均匀负荷可采用干线式供电。

5）备用电源和应急电源共用柴油发电机组时，应符合下列规定：

①备用电源和应急电源应有各自的供电母线段及回路。

②备用电源的用电负荷不应接入应急电源供电回路。

6）当民用建筑的消防负荷和非消防负荷共用柴油发电机组时，应符合下列规定：

①消防负荷应设置专用的回路。

②应具备火灾时切除非消防负荷的功能。

## 3.3 不间断电源系统（UPS、EPS）

### 3.3.1 UPS 功能及选型

UPS（Uninterruptible Power Supply）是一种含有储能装置的不间断电源，通常用于给计算机等需要提供稳定、纯净且不间断的电能。UPS 具备稳压、滤波、不间断三大基本功能。在市电供电时，它起稳压和滤波的作用，过滤影响电能质量的负面因素，提供平滑的正弦波电压以保证设备正常的工作；在市电中断时，又可以把电池组/柴油发电机提供的直流电转化为交流电供负载使用。在系统电压偏高或偏低时，UPS 起到保护设备的作用，延长了设备的使用寿命。UPS 不间断电源采用数字控制技术、高速主控制器及可编程逻辑器件、低损耗大功率绝缘栅双极型晶体管和静态开关，能适应复杂的电网环境，并可根据用户用电需要对工作状态进行设置。UPS 品牌种类繁多，可按电路主结构、后备时间、输入输出方式、输出波形和输出容量等五个方面进行分类。其中按电路主结构进行分类是目前最常用的分类方法。

#### 1. 后备式 UPS

目前后备式 UPS 在交流旁路上配置交流稳压电路和滤波电路，当市电异常（电压、频率超出允许输入范围或中断）时，后备式 UPS 通过转换开关切换到蓄电池供电状态，逆变器进入工作，输出波形为交流正弦波或方波。后备式 UPS 切换时间一般为 4～10ms。

#### 2. 在线式 UPS

市电正常时，在线式 UPS 通过充电电路对蓄电池进行充电，同时 AC/DC 电路将交流电转换为直流电，脉冲宽度调制后由逆变器再将直流电逆变成正弦波交流电供给负载，起到无级稳压作用。当市电中断时，后备蓄电池开始工作，电能通过逆变器变换成交流正弦波或方波并供给负载。逆变器始终处于工作状态，从根本上消除了来自电网的电压波动和干扰影响，真正实现了对负载的无干扰、稳压、稳频以及零切换时间。

#### 3. 串并联调整式 UPS

串并联调整式 UPS 多采用双逆变电压补偿技术，采用电压补偿原理引入四象限变换器（Delta 变换器）。当市电正常的时候，变换器给蓄电池充电，同时补偿电网波动和干扰，保证电能质量。负载端电压由主变换器输出电压决定，主电路和控制电路较复杂。输入功率因数可达 0.99，输入谐波电流下降到 3% 以下，整机效率在较大功率范围内可以达到 96%。

#### 4. 在线互动式 UPS

在线互动式 UPS 集中了后备式 UPS 效率高和在线式 UPS 供电质量高的优点。在线互动式 UPS 的逆变器一直处于工作状态，具有双向功能：在市电正常时，UPS 的逆变器处于反向工作状态，给蓄电池组充电；在市电异常时，逆变器立刻转入逆变工作状态，将蓄电池组的直流电转换为交流正弦波输出。在线互动式 UPS 转换时间比后备式短，保护功能较强。采用了铁磁谐波变压器，具有较好的稳压功能。

### 3.3.2 EPS 功能及选型

EPS 电源定义：EPS（Emergency Power Supply）在我国是指

采用电力电子技术静止型逆变应急电源系统。EPS电源按用途可分为应急照明、混合动力、动力变频三大类，适用于感性和混合性照明负荷，不宜作为消防水泵、消防电梯、消防风机等动力负荷。

1）EPS一般有三种工作模式：主电供电模式、电池逆变模式、旁路模式。

①EPS主电供电模式：主电输入经整流滤波变换成直流后，给电池组充电同时送SPWM逆变器，逆变器待机工作。

②EPS电池逆变模式：当主电异常时，蓄电池通过SPWM逆变器逆变出交流电供给输出，通过逆变静态开关切换到输出。

③EPS旁路模式：当要求不断电在线维修时，将合上维修旁路开关，断开输出开关和旁路开关，这样就将EPS的电路部分和输入、输出完全断开而不会中断用户的输出，使用维修旁路开关时要按维修开关的操作流程，避免发生危险。

2）EPS后备时间一般为30min、60min、90min、120min、180min。额定输出功率下，后备时间不应小于标称额定工作时间。

3）负载容量选型原则：因电动机的启动冲击，与其配用的集中应急电源容量按以下容量选配。

①电动机变频启动时，应急电源容量可按大于负载同时工作总容量1.1倍。

②电动机软启动时，应急电源容量应不小于电动机容量的2.5倍。

③电动机Y-△启动时，EPS容量应大于同时工作电动机总容量的3倍。

④电动机直接启动时，EPS容量应不小于同时工作电动机总容量的5倍。

⑤混合负载中，最大的单台直接启动的电动机容量应小于EPS容量的1/7。

### 3.3.3 UPS和EPS在商业建筑中的应用

商业建筑中一些重要用户的关键设备如互联网数据中心、银行清算中心、证券交易系统、通信网管中心等，要求提供高质量的无时间中断的交流电源。市电断电时，柴油发电机不能立即进入发电状态，即使柴油发电机处于热备用状态，切换时间也在3s以上，无法满足重要负荷的不间断供电要求。一般的计算机和服务器所允许的瞬态供电中断时间在8～10ms的范围。超过此范围就会造成计算机误动作或进入自检程序，造成数据或程序破坏、丢失。频繁瞬态中断引起的峰值高达400V左右的干扰会造成服务器产生偶发性自动关机。因此“干净”的不中断电源系统非常必要，不间断电源可以应对电网可能出现的停电、压降、持续欠压、持续过压、线噪、频率漂移、开关瞬态、谐波等不利情况，因此在商业建筑中，UPS大量适用于供电恢复时间严苛的一级负荷和特级负荷，火灾自动报警系统、水炮灭火控制系统、燃气泄漏报警及联动控制系统、电气火灾报警系统、防火门监控系统、消防设备电源监控系统、信息及智能化系统、保安系统电源等。而EPS主要适用于应急照明、备用照明、安全照明、消防风机、消防水泵等负荷。当作为安全照明电源装置时，转换时间不应大于0.25s；作为疏散照明电源装置时，不应大于5s；作为备用照明电源装置时，转换时间不应大于5s；金融、商业交易场所不应大于1.5s。当EPS抗过载能力强，寿命相对较长，并且还配有电源切换、升压等装置，应用于混合负荷和动力负荷时，需要经过仔细验算。

UPS和EPS的容量应满足同时工作最大特级用电负荷的供电要求；切换时间应满足特级用电负荷允许最短中断供电时间的要求；供电时间应满足特级供电负荷最长持续运行的时间。

### 3.3.4 典型不间断电源供电系统

以商业建筑中的计算机房供电为例，其供配电系统是一个综合性供配电系统，在这个系统中不仅要解决计算机设备的用电问题，还要解决其他设备的用电问题，系统图如图3-3-1所示。

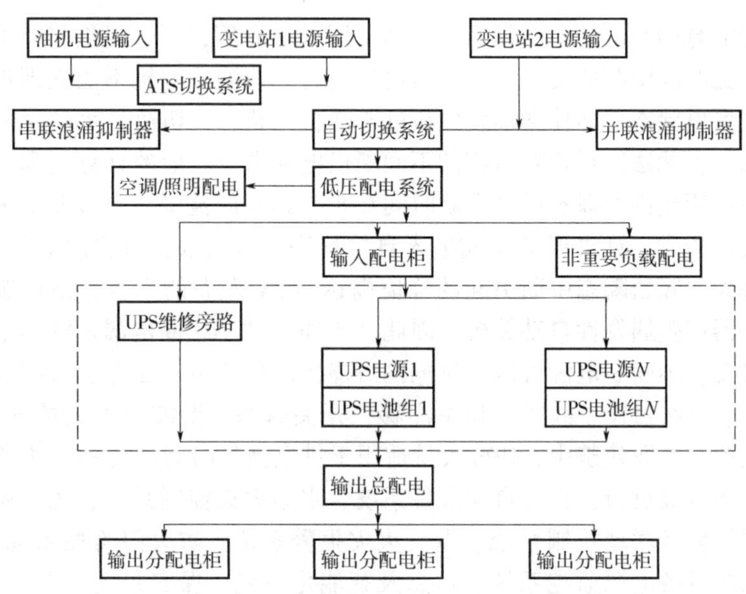


图 3-3-1　计算机房不间断电源配电系统图

## 3.4　特殊自备电源系统

除了常规的开架式柴油发电机组、UPS、EPS 以外，还有无机房柴油发电机组、集装箱式储能系统等不同技术路径的特殊自备电源可供选择。

### 3.4.1　无机房柴油发电机系统

无机房柴油发电机组一般分为静声型户外柴油发电机组和防雨型户外柴油发电机组。二者均具有防雨功能，只是防雨型户外柴油发电机组对于机组噪声没有进行降噪处理，不宜在对于噪声敏感的环境中采用。

无机房柴油发电机是指将开式型柴油发电机组安装在一个定制的箱体之内，箱体外形一般 500kW 以下的机组为单独设计的立方体，500kW 以上的机组则大多用的是集装箱类型的箱体。箱体内部将自动供油、供配电、应急照明、消声降噪、烟尘净化、消防预警以及并联管控平台等系统进行配套集成，使之成为一套高效、环保可靠的模块化电源平台。放置室外地面或建筑屋顶，不占用有效建筑面积，节省大量排风、进风、排烟等设备管道，节省投资和运行管理费用。无机房柴油发电机组根据应用场景不同，可具有降噪、防沙、防盐雾等功能。无机房柴油发电机组的侧壁设有双开检修门；集装箱体内安装有日用油箱，可确保 3～8h 运行用油量。当无机房柴油发电机组位于地面且车辆可达时，油罐车可直接加油。当无机房柴油发电机组设置在裙房屋顶时，要考虑输油管道对建筑立面和景观的影响，需考虑包括油罐车停靠位置、输送距离、竖向高度等因素。无机房柴油发电机组与室内开架式机组的差异主要如下。

（1）投资成本

由于增加了外壳以及消声、消防、配电等设备，无机房柴油发电机组成本高于室内开架式柴油发电机。但综合考虑建筑成本、设备成本、安装成本、占用有效建筑面积的隐性经济成本等，则综合成本大大低于室内开架式柴油发电机组。以 250kW 功率档为例，集装箱式柴油发电机组综合成本仅为开架式柴油发电机组的四分之一，经济优势显著。

（2）建设规划

无机房柴油发电机组影响绿化率指标，但不影响容积率。普遍认为户外型柴油发电机组是设备而非建筑，因此不涉及消防审批。

（3）施工周期

无机房柴油发电机组支持工厂预制生产模式，减少了分期施工的不确定性，有效控制施工风险，提高产品系统可靠性。无机房柴油发电机组的交付周期一般为 2～3 个月，传统机房安装式机组的交付周期一般为 12 个月。

（4）运维难度

无机房柴油发电机组由于箱内空间小，维护困难大，而传统机房安装空间大，便于运维操作。

（5）运行状态

无机房柴油发电机组和室内开架式机组的日常使用并无明显差异。

（6）噪声影响

无机房柴油发电机组需要格外注重噪声问题，室内开架式柴油发电机组有建筑围护，噪声相对较小。

(7) 其他内容

无机房柴油发电机组外形、尺寸灵活多变，可按照不同的需求量身打造，并具有结构紧凑、设备高度集成等特点，支持被吊装输送，可大幅减少运输费用，如图 3-4-1、图 3-4-2 所示。

图 3-4-1　小功率静声型户外柴油发电机组外形图

图 3-4-2　集装箱式柴油发电机组外形图

## 3.4.2　集装箱式储能系统

集装箱电化学储能系统（CESS）是针对移动储能市场需求开发的集成化储能系统，其内部集成电池柜、电池管理系统（BMS）、动环监控系统，并可根据需求集成储能变流器和能量管理系统，具有简化基础设施建设成本、建设周期短、模块化程度高、便于运输和安装等特点，可作为商业建筑的备用电源。也可接入风能、太阳能等新能源发电系统，可在确保重要负荷供电的前提下，规划储能系统装机容量和运行策略，利用谷峰电价差进行充放电获利。

1）集装箱电化学储能系统主要分为两部分，电池仓和设备仓。

①电池仓：主要包括电池、电池架、电池管理系统 BMS、消防系统、空调、火灾自动报警装置、照明、闭路监控等。电池需要配备相对应的 BMS 管理系统，电池类型有铁锂电池、锂离子电池、铅蓄电池、多价金属离子电池等类型，目前应用以锂电池和铅蓄电池为主，商业建筑避免选用火灾风险性较高的钠硫电池。储能蓄电池技术路线众多，产品性能、寿命、价格也大不相同，设计时根据投资者需求和负荷特性合理选型。空调可根据仓内温度实时调节。闭路监控系统可远端监控仓内设备的运行状态。可组成远程客户端，通过客户端或者 app 对仓内设备运行状态、电池状态等进行监测和管理。

②设备仓：主要包括储能变流器 PCS、能源管理系统 EMS 控制柜。PCS 可控制充电和放电过程，进行交直流的变换，在无市电情况下可以为重要交流负荷供电。在配电网方面，EMS 主要通过与智能电表的通信，采集电网实时功率的状态，并实时监测负载功率的变化。控制自动发电，对电力系统状态进行评估。

在电化学储能系统中，电池管理系统 BMS：担任感知角色，主要负责电池的监测、评估、保护以及均衡等；能量管理系统 EMS：担任决策角色，主要负责数据采集、网络监控和能量调度等；储能变流器 PCS：担任执行角色，主要功能为控制储能电池组的充电和放电过程，进行交直流的变换，如图 3-4-3 所示。储能变流器 PCS 分为单相机和三相机，单相 PCS 通常由双向 DC-DC 升降压装置和 DC/AC 交直流变换装置组成，直流端通常是 DC 48V，交流端 AC 220V。三相机分为两种，小功率三相 PCS 由双向 DC-DC 升降压装置和 DC/AC 交直流变换两级装置组成，大功率三相 PCS 由 DC/AC 交直流变换一级装置组成。储能变流器分为高频隔离、工频隔离和不隔离三种，单相和小功率 20kW 以下三相 PCS 一般采用高频隔离的方式，50kW 到 250kW 的，一般采用工频隔离的方式，500kW 以上一般采用不隔离的方式。由于应用场合不同，储能变流器的功能和技术参数差异较大，在选择时应注意系统电压、功率因素、峰值功率、转换效率、切换时间等。

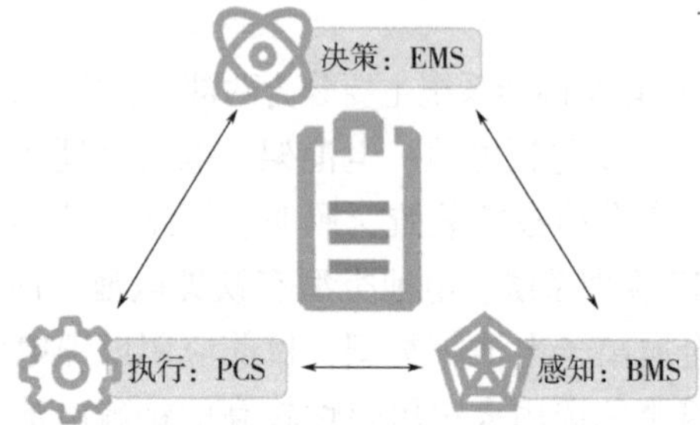


**图 3-4-3　EMS、BMS、PCS 区别与联系**

2）集装箱电化学储能系统的外防护及承载结构按使用材料分类可分为：

①钢制集装箱：优点是强度大，结构牢，焊接性高，水密性好，价格低廉；缺点是重量大、防腐性差。

②铝合金集装箱：优点是重量轻，外表美观，防腐蚀，弹性好，加工方便以及加工费、修理费低，使用年限长；缺点是造价高，焊接性能差。

③玻璃钢制集装箱：优点是强度大，刚性好，内容积大，隔热、防腐、耐化学性好，易清扫，修理简便；缺点是重量大，易老化，拧螺栓处强度降低。

集装箱外壳设计使用寿命不小于 20 年，应设置应急门或在不同的壁板上设置两个以上的舱门，外形尺寸及载重量见表 3-4-1。

**表 3-4-1　集装箱式储能系统外形尺寸及载重量**

| 方舱型号 | 长度 $L$/mm | | 宽度 $W$/mm | | 高度 $H$/mm | | 载重量/t |
|---|---|---|---|---|---|---|---|
| | 尺寸 | 公差 | 尺寸 | 公差 | 尺寸 | 公差 | |
| EESC292424-16 | 2991 | −5° | 2438 | −5° | 2438 | −5° | 16 |
| EESC2924 ** -16 | | | | | <2438 | | |
| EESC602425-20 | 6058 | −6° | 2438 | −5° | 2591 | −5° | 20 |
| EESC602424-20 | | | | | 2438 | | |
| EESC6024 ** -20 | | | | | <2438 | | |

（续）

<table>
<tr><th rowspan="2">方舱型号</th><th colspan="2">长度 *L*/mm</th><th colspan="2">宽度 *W*/mm</th><th colspan="2">高度 *H*/mm</th><th rowspan="2">载重量/t</th></tr>
<tr><th>尺寸</th><th>公差</th><th>尺寸</th><th>公差</th><th>尺寸</th><th>公差</th></tr>
<tr><td>EESC912428-24</td><td rowspan="3">9125</td><td rowspan="3">−10°</td><td rowspan="3">2438</td><td rowspan="3">−5°</td><td>2896</td><td rowspan="3">−5°</td><td rowspan="3">24</td></tr>
<tr><td>EESC912425-24</td><td>2591</td></tr>
<tr><td>EESC912424-24</td><td>2438</td></tr>
<tr><td>EESC122428-28</td><td rowspan="2">12192</td><td rowspan="2">−10°</td><td rowspan="2">2438</td><td rowspan="2">−5°</td><td>2896</td><td rowspan="2">−5°</td><td rowspan="2">28</td></tr>
<tr><td>EESC122425-28</td><td>2591</td></tr>
<tr><td>EESC122424-28</td><td>12192</td><td>−10°</td><td>2438</td><td>−5°</td><td>2438</td><td>−5°</td><td>28</td></tr>
<tr><td>EESC132428-32</td><td rowspan="2">13716</td><td rowspan="2">−10°</td><td rowspan="2">2438</td><td rowspan="2">−5°</td><td>2896</td><td rowspan="2">−5°</td><td rowspan="2">32</td></tr>
<tr><td>EESC132425-32</td><td>2591</td></tr>
</table>

注：EESC2924 ** -16 型号中的 ** 表示该型号方舱的实际高度，EESC6024 ** -20 型号中的 ** 表示该型号方舱的实际高度。

集装箱电化学储能系统模块化程度高，选型快捷，功率/容量选择范围广且支持定制，除了基于项目需求考虑电池仓、设备舱及外壳等主要设备、材料参数外，还应充分考虑其安装环境，选址应避开地质灾害区域、历史文物古迹保护区、高商业价值区域及人员密集场所，减少对周边环境的不利影响，应符合环境保护、水土保持和生态环境保护的有关法律法规的要求。商业建筑的集装箱电化学储能系统宜布置在室外，安装位置便于消防扑救，且在合理的供电服务半径内，站址场地设计标高应高于频率为 2% 的洪水水位或历史最高内涝水位。竖向设计应与已有和规划的道路、排水系统、周围场地标高等相协调。宜避免使用火灾风险较高的钠硫电池。功率 500kW 且容量 500kWh 及以上集装箱式电化学储能系统，至民用建筑物的防火间距不小于 25m。集装箱体间的长、短边间距均不宜小于 3m，距离站内道路路边不小于 1m。当输入电压为额定值时，在距离设备水平位置 1m 处，用声级计测量满载时的噪声，噪声不应大于 70dB。有爆炸危险产品应有防爆保护措施，防雷和接地设计需要满足现行国家规范要求。

# 第4章　电力配电系统

## 4.1　概述

### 4.1.1　电力配电系统的特点和设计原则

商户从自身经营角度出发，一般会根据理想的最大经营状态提出用电容量需求，会和实际的经营状态有一定差距。商业建筑的电力配电系统需要充分考虑并满足商户的用电需求。电力供应是商户经营的重要条件之一，商户特别是重点商户、核心商户拥有较大的话语权。商户的类型较多，包括各类商铺、各式餐饮、电影院、KTV、溜冰场、电玩，甚至包括水族馆、室内动物园、机动设施等，需要与商户进行充分沟通，了解商户的用电容量需求、营业时间等因素进行合理、经济的配置。商业建筑从方案设计到施工乃至招商过程中用电需求不断变化，随着互联网技术的进步，顾客对于消费需求的变化速度很快，商业开发的模式与理念也在改变，电力配电系统需要有一定灵活性，为未来的发展留出一定空间。

除了用电容量外，电能质量也是保障商户经营的一个关键点。商业建筑中商户内部的用电设备种类、数量较多，容易出现三相不平衡和谐波等问题。谐波流入电力配电系统会影响电能质量，可能会导致其他商户和公共电气设备运行异常，谐波和三相不平衡电流可能导致中性线严重过载，产生安全隐患。

商业建筑的电力配电系统需要安全可靠运行，符合国家、地方、行业标准，特别是强制性工程建设规范的要求，确保商业建筑内的人员和财产安全。

### 4.1.2 本章主要内容

从商业建筑电力配电系统的特点和设计原则出发，对商户配电、电梯及扶梯配电、汽车充电桩配电及有序充电的做法和技术要点进行了较为详细的讲述，并介绍了智能断路器、终端电能质量治理装置、一体化智能化配电箱等一些新产品。

## 4.2 商业建筑配电

### 4.2.1 商户配电

商户配电须满足商户经营所需电力容量，各商户的用电指标有很大差异。《全国民用建筑工程设计技术措施》、《购物中心等级评价标准》（T/CECS 514—2018）、《商店建筑电气设计规范》（JGJ 392—2016）、国标图集、各地产公司的设计手册都对商户配电提出一些要求和建议。综合《商店建筑电气设计规范》（JGJ 392—2016）及《全国民用建筑工程设计技术措施》，商户用电指标见表4-2-1，某地产公司设计手册的商户用电指标见表4-2-2。

表4-2-1 商户用电指标

| 商户 | | 用电指标/(W/$m^2$) | |
|---|---|---|---|
| 购物中心、超级市场、百货商场 | 大型购物中心、超级市场、高档百货商场 | 100～200 | |
| | 中型购物中心、超级市场、百货商场 | 60～150 | |
| | 小型超级市场、百货商场 | 40～100 | |
| | 家电卖场 | 100～150<br>(含空调冷源负荷) | 60～100<br>(不含空调冷源负荷) |
| | 零售 | 60～100<br>(含空调主机综合负荷) | 40～80<br>(不含空调主机综合负荷) |

（续）

| 商户 | | | 用电指标/(W/m²) |
|---|---|---|---|
| 步行商业街 | 餐饮 | 普通餐饮 | 100～250(含空调冷源负荷) |
| | | 中式餐饮(有燃气) | 200～250(含空调冷源负荷) |
| | | 中式餐饮(无燃气) | 300～400(含空调冷源负荷) |
| | | 西式快餐 | 250～300kW(含空调冷源负荷) |
| | 精品服饰、日用百货 | | 80～120 |
| 专业店 | 高档商品专业店 | | 80～150 |
| | 一般商品专业店 | | 40～80 |
| 商业服务网点 | | | 100～150(含空调负荷) |
| 菜市场 | | | 10～20 |

**表 4-2-2　某地产公司设计手册的商户用电指标**

| 商户 | | 用电指标/(W/m²) |
|---|---|---|
| 电影院 | | 150(含空调负荷) |
| 大型超市 | | 160 |
| 冰场 | | 200 |
| 健身 | | 170 |
| 机动游戏 | | 150 |
| 电玩 | | 120 |
| 普通商铺 | | 120 |
| 儿童或地区 | | 150 |
| 临时外摆区 | | 120 |
| 餐饮商铺 | 美食广场 | 400 |
| | 西式快餐 | 200kW |
| | 有燃气时 | 200～400 |
| | 无燃气时 | 400～600 |

虽然规范、标准、图集、设计手册对商户用电指标有大量的调研和统计，并制定建设标准，但是有的商户的用电指标超过建设标准，主要集中在餐饮部分。对大部分商户，特别是连锁商户，提出的用电指标要求是有一定依据的，可能在一些商业建筑中由于营业状态等客观因素实际用电指标偏低，但在末端配电时还是应满足商

户的需求。对于一个区域而言，多个商户很难同时达到最大营业状态和最高的用电峰值，在配电干线负荷计算时可取一定需要系数(0.6～1)，考虑配电干线更换困难及考虑经营变化等因数，需适当对配电干线进行容量预留。

商业建筑低压配电系统宜按防火分区、功能分区及零售业态实行分区域配电。对于小面积和小容量商铺可采用树干式供电系统配电，在楼层电井设置总配电箱进行计量和配电；不同等级和不同业态的用电负荷或重要负荷，其配电系统应相对独立；对于银行等对供电等级要求较高的用户应采用变配电所放射式供电；用电容量较大宜采用变配电所放射式供电；对于大型超市、电影院、机动游戏区等大面积或用电大户可考虑设置独立变压器进行供电。

## 4.2.2 电梯及自动扶梯配电

大型商业建筑体量大、业态多、流线复杂，其中顾客流线是整个商业建筑的主线，包括购物流线、休闲流线、餐饮流线等。客梯和自动扶梯是商业建筑中顾客流线的组织者和联系桥梁，它在拉动垂直流线的同时，也影响着水平流线的流向。

不同规范对不同规模商业建筑内客梯和自动扶梯的负荷等级要求略有区别，综合《民用建筑电气设计标准》(GB 51348—2019)、《商店建筑设计规范》(JGJ 48—2014)、《商店建筑电气设计规范》(JGJ 392—2016)，建议大型商业建筑的客梯为一级负荷，自动扶梯为二级负荷；中型商业建筑的客梯和自动扶梯为二级负荷。此外，各商业建筑内客梯和自动扶梯的负荷等级须不低于所在建筑（如一类高层、二类高层）本身的要求，也可根据自身定位适当提高。

商业建筑中的客梯主流载重在1150kg至1800kg，速度在1.0m/s至2.0m/s。每台电梯、自动扶梯和自动人行道装设单独的隔离保护电器，主电源开关宜采用断路器，保护电器的过负荷保护特性曲线应与电梯、自动扶梯的负荷特性曲线相匹配。各厂家同一载重、速度的客梯的容量表达方式及配电参数略有不同，将《工业与民用供配电设计》（第4版）中和部分常见产品的参数综合，见表4-2-3。

表 4-2-3　客梯配电参数

| 客梯载重和速度 | | 通力小机房 | | OTIS Sky 小机房 | | 日立 HGP | | 日立 HVF5 | | 迅达 5500MRL | | 配电建议 |
|---|---|---|---|---|---|---|---|---|---|---|---|---|
| 载重/kg | 速度/(m/s) | 整定电流/A | 参考功率/kW | 整定电流/A | 参考功率/kW | 断路器/A | 电源容量/kVA | 断路器/A | 电动机功率/kW | 断路器/A | 总功率/kW | 断路器/A |
| 1150 | 1.00 | 27 | 6.6 | — | — | 40 | 10 | — | — | — | — | 40 |
| | 1.50 | 38 | 10.6 | — | — | 40 | 16 | — | — | — | — | 50 |
| | 1.75 | 40 | 11.6 | — | — | 50 | 16 | — | — | — | — | 50 |
| | 2.00 | 45 | 13.2 | — | — | 50 | 20 | 40 | 15 | — | — | 63 |
| 1350 | 1.00 | 32 | 7.7 | 25 | 13.2 | 40 | 12.5 | 40 | 9.5 | — | — | 40 |
| | 1.50 | 45 | 12.4 | 32 | 18 | 50 | 16 | 40 | 15 | — | — | 50 |
| | 1.75 | 47.5 | 13.6 | 40 | 20.3 | 50 | 20 | 50 | 18 | — | — | 50 |
| | 2.00 | 54 | 15.5 | — | — | 60 | 20 | 50 | 20 | — | — | 63 |
| 1600 | 1.00 | 40 | 9.5 | 32 | 15 | 40 | 12.5 | 40 | 11 | 50 | 22 | 50 |
| | 1.50 | 57 | 15.1 | 40 | 20.6 | 50 | 20 | 50 | 18 | — | — | 63 |
| | 1.75 | 60 | 16.1 | 40 | 23.3 | 60 | 20 | 50 | 20 | 50 | 25 | 63 |
| | 2.00 | 68 | 18.9 | — | — | 75 | 25 | 60 | 22 | — | — | 80 |
| 1800 | 1.00 | — | — | — | — | — | — | 40 | 11 | — | — | 50 |
| | 1.50 | — | — | — | — | — | — | 50 | 18 | — | — | 63 |
| | 1.75 | — | — | — | — | — | — | 50 | 20 | 63 | 27 | 63 |
| | 2.00 | — | — | — | — | — | — | 60 | 24 | — | — | 80 |

商业建筑中的客梯一般进行分组群控，对于每组电梯的配电可取一定的同期系数，多台电梯配电同期系数在《工业与民用供配电设计》（第 4 版）的取值见表 4-2-4，而群控电梯的成组系数可参考电梯厂家的建议，接近使用程度一般的同时系数。

表 4-2-4　多台电梯配电同期系数

| 电梯台数 | 1 | 2 | 3 | 4 | 5 | 6 |
|---|---|---|---|---|---|---|
| 使用程度频繁的同时系数 | 1 | 0.91 | 0.85 | 0.8 | 0.76 | 0.72 |
| 使用程度一般的同时系数 | 1 | 0.85 | 0.78 | 0.72 | 0.67 | 0.65 |

商业建筑中的电动扶梯主流为公称宽度 800mm、1000mm、1200mm，梯级或踏板宽度 600mm、800mm、1000mm，名义速度 0.5m/s，根据《自动扶梯和自动人行道的制造与安装安全规范》（GB 16899—2011）计算最大输送能力为 3600 人/h、4800 人/h、6000 人/h。将《工业与民用供配电设计》（第 4 版）中和部分常见产品的参数综合，见表 4-2-5。

**表 4-2-5 自动扶梯配电参数**

<table>
<tr><th colspan="2">扶梯宽度和提升高度</th><th colspan="2">日立 SX</th><th colspan="2">OTIS LINK</th><th colspan="2">Kindmover-V</th><th colspan="2">FUJITEC</th><th>建议配电</th></tr>
<tr><th>公称宽度/mm</th><th>提升高度/m</th><th>整定电流/A</th><th>标称容量/kW</th><th>整定电流/A</th><th>标称容量/kW</th><th>整定电流/A</th><th>标称容量/kW</th><th>整定电流/A</th><th>标称容量/kW</th><th>断路器/A</th></tr>
<tr><td rowspan="4">800</td><td>8.2</td><td rowspan="4">—</td><td rowspan="4">—</td><td rowspan="4">—</td><td rowspan="4">—</td><td rowspan="4">—</td><td rowspan="4">—</td><td>20</td><td>5.5</td><td>20</td></tr>
<tr><td>12.1</td><td>25</td><td>8</td><td>25</td></tr>
<tr><td>16.9</td><td>32</td><td>11</td><td rowspan="2">32</td></tr>
<tr><td>20.1</td><td>32</td><td>13</td></tr>
<tr><td rowspan="14">1000</td><td>4.5</td><td rowspan="3">32</td><td rowspan="3">5.5</td><td rowspan="5">25</td><td rowspan="5">7.5</td><td>30</td><td>7.5</td><td rowspan="4">20</td><td rowspan="4">5.5</td><td rowspan="3">32</td></tr>
<tr><td>5.0</td><td>30</td><td>8</td></tr>
<tr><td>5.5</td><td rowspan="4">40</td><td rowspan="4">11</td></tr>
<tr><td>5.7</td><td rowspan="4">32</td><td rowspan="4">7.5</td><td rowspan="3">40</td></tr>
<tr><td>6.5</td><td rowspan="5">25</td><td rowspan="5">8</td></tr>
<tr><td>7.0</td><td rowspan="3">32</td><td rowspan="3">9.0</td></tr>
<tr><td>7.5</td><td rowspan="4">50</td><td rowspan="4">15</td><td rowspan="8">50</td></tr>
<tr><td>8.0</td><td rowspan="3">40</td><td rowspan="3">11</td></tr>
<tr><td>8.6</td><td rowspan="6">—</td><td rowspan="6">—</td></tr>
<tr><td>9.5</td><td rowspan="2">32</td><td rowspan="2">11</td></tr>
<tr><td>12.0</td><td rowspan="4">—</td><td rowspan="4">—</td><td rowspan="4">—</td><td rowspan="4">—</td></tr>
<tr><td>14.2</td><td>32</td><td>13</td></tr>
<tr><td>16.4</td><td>40</td><td>15</td></tr>
<tr><td>20.4</td><td>50</td><td>18.5</td></tr>
</table>

（续）

<table>
<tr><th colspan="2">扶梯宽度和提升高度</th><th colspan="2">日立 SX</th><th colspan="2">OTIS LINK</th><th colspan="2">Kindmover-V</th><th colspan="2">FUJITEC</th><th>建议配电</th></tr>
<tr><th>公称宽度/mm</th><th>提升高度/m</th><th>整定电流/A</th><th>标称容量/kW</th><th>整定电流/A</th><th>标称容量/kW</th><th>整定电流/A</th><th>标称容量/kW</th><th>整定电流/A</th><th>标称容量/kW</th><th>断路器/A</th></tr>
<tr><td rowspan="12">1200</td><td>4.4</td><td rowspan="2">32</td><td rowspan="2">5.5</td><td rowspan="3">25</td><td rowspan="3">7.5</td><td rowspan="12">—</td><td rowspan="12">—</td><td>20</td><td>5.5</td><td rowspan="4">32</td></tr>
<tr><td>4.5</td><td rowspan="4">25</td><td rowspan="4">8</td></tr>
<tr><td>5.0</td><td rowspan="2">32</td><td rowspan="2">7.5</td></tr>
<tr><td>6.0</td><td>32</td><td>9.0</td></tr>
<tr><td>6.6</td><td rowspan="3">40</td><td rowspan="3">11</td><td rowspan="8">—</td><td rowspan="8">—</td><td rowspan="5">40</td></tr>
<tr><td>9.2</td><td>32</td><td>11</td></tr>
<tr><td>9.5</td><td rowspan="2">32</td><td rowspan="2">13</td></tr>
<tr><td>11.0</td><td rowspan="5">—</td><td rowspan="5">—</td></tr>
<tr><td>12.7</td><td>40</td><td>15</td></tr>
<tr><td>15.8</td><td>50</td><td>18.5</td><td>50</td></tr>
<tr><td>18.8</td><td>63</td><td>22</td><td>63</td></tr>
<tr><td>25.9</td><td>75</td><td>30</td><td>80</td></tr>
</table>

### 4.2.3 广告 LED 屏配电

LED 显示屏规格尺寸有很多，户外屏多以 P4 以上为主，户内屏多以 P3 以下为主，点间距是 LED 屏幕非常重要的一项参数，点间距越小像素越高越清晰，不同尺寸的间距和展示效果不同，要结合情况进行选择。

室内 LED 显示屏和室外 LED 显示屏的亮度要求是不一样的，一般室内 LED 显示屏的亮度范围建议在 800 ~ 1200cd/m$^2$，户外 LED 显示屏的亮度范围在 5000 ~ 6000cd/m$^2$。

产品功耗与厂家设计和产品理念有关，涉及因素很多，如灯珠亮度、扫描方式、电路设计、每平方米灯珠数量、整瓶亮度要求、驱动 IC、电源能耗转换率等，具体要看厂家给的参数数据，不同厂家有很大区别，功耗主要与屏体亮度成正比，与扫描方式成反比。行业内屏体最大功耗（开屏瞬间电流）一般控制在 $1kW/m^2$ 以内，室内屏约 $650w/m^2$，户外为 $800 \sim 950w/m^2$，平时正常使用功耗约等于最大功耗的 1/3。

户外屏建议选用空调散热，按 $10m^2/1P$ 空调来配，有些屏体可以自然通风散热，不需空调，但是如果具备条件，还是建议空调散热，好处是降低了屏体内电子元器件的温度，会提高屏体稳定性和延长屏体使用寿命。

LED 显示屏需要低压直流驱动，大型 LED 显示屏工程大量采用开关电源为显示模块提供驱动，开关电源为典型的谐波源，其谐波含量非常高，其波形为断续的尖峰波。常规负荷三相近似平衡，但 LED 显示屏系统无论怎么配置负荷分布，由于显示画面的变化，带来三相瞬时不平衡，加之谐波电流（主要是 3 次谐波）的影响导致零线的电流过大。可采用有源滤波器及 3 次谐波零线滤波器降低电压畸变率和消除 3 次谐波电流的危害。

### 4.2.4 汽车充电桩配电及有序充电

充电设备供电回路的保护应符合下列要求：向末端充电设备供电的配电线路应设置短路保护和过负荷保护；当向交流充电桩供电时，应设置 A 型或 B 型剩余电流动作保护器，其额定动作电流不大于 30mA，动作时间不大于 0.15；当选用一机多枪方式的交流桩，应选用每枪自带 A 型或 B 型剩余电流动作保护器的充电设备。

建设在室内的电动汽车充电设施应设置充电监控管理系统，集中建设在室外的电动汽车充电设施宜设置充电监控管理系统。充电设备的基本信息应能上传至充电监控管理系统，充电监控管理系统应具备对充电设备进行必要的控制和调整参数的能力。监控管理系统工作站（或服务器）应设在电动汽车充电设施所在建筑物（群）有人值班的值班室、安防中心或消防控制室内，并宜靠近充电场所，小规模分散布置的可设于云端。

商业建筑配套车库中充电桩的建设数量比较多，除了采用交流慢充外部分还采用直流快充。直流快充比交流慢充功率大、出现时间晚，在商业建筑中应用的案例较少、应用时间不长，电动汽车的充电技术也在不断发展，科学选取直流快充在商业建筑配套车库中的需用系数还需要一定时间，目前主要是依据国家、地方的相关标准或者图集。《电动汽车充电基础设施设计与安装》（18D705-2）中，30kW 直流快充的需用系数取值范围是 0.4 ~ 0.8，60kW 直流快充的需用系数取值范围是 0.2 ~ 0.7，取值范围偏大，也并未与充电桩数量有关系。《（深圳）电动汽车充电基础设施工程技术规程》（SJG 27—2021）中对直流快充的需用系数根据充电桩的数量进行了一定细分，见表 4-2-6，但未对直流快充的功率进行划分。

**表 4-2-6 直流充电设备（30kW、60kW）需用系数**

| 配电计算时所连接充电设备的数量 | 需用系数 |
|---|---|
| 1 ~ 6 | 0.7 ~ 0.8 |
| 12 | 0.6 ~ 0.7 |
| 20 | 0.5 ~ 0.6 |
| 30 | 0.4 ~ 0.5 |
| 60 | 0.3 ~ 0.4 |

由于国内的电动汽车存量和增量变化大，各城市和区域之间也有较大差异，充电桩需要系数的不确定性成为了一个备受关注的话题，也是充电桩规划、建设和管理的一个难点。用户的充电需求是不确定的，充电桩使用率、使用时间等都受用户行为的影响，用户可能会改变充电时间和充电地点，这会导致充电桩使用率和使用时间的变化，进而影响充电桩供电需用系数的计算，如果充电桩的使用峰值时段集中在某个时段，那么该时段的充电桩供电需用系数会相应增加。充电桩需用系数值取大了会造成供配电系统的浪费，取值小了会影响供配电系统的可靠性和电动汽车正常充电。

充电桩需用系数是由供需影响的，当前的电动汽车，尤其是私人用电动汽车多处于无序充电阶段，即用户随地、随时、随机充电。大规模电动汽车接入电网后对电网造成重大冲击，合理的电价机制能更有效地利用电能，最为常用的电价类型峰谷分时电价，将一日 24h 均匀合理地划分峰、平、谷三个时段。利用不同时段的电价差异使电力用户在电能消费时段和消费方式上进行引导，有序充电的概念随之产生。电动汽车有序充电是指在满足电动汽车充电需求的前提下，运用实际有效地经济或技术措施引导、控制电动汽车进行充电，对电网负荷曲线进行削峰填谷，使负荷曲线方差较小，减少了发电装机容量建设，保证了电动汽车与电网的协调发展。

如图 4-2-1 所示，采用有序充电功能，可对多个充电设备进行灵活分组，设置负载上限。当充电车辆达到充电高峰期，用电负荷达到上限时自动降功率输出，保证用电的安全。为了保证 VIP 用户的充电快捷便利性，这一部分充电桩可全部作为 VIP 分组，不做输出限制，保证 VIP 用户车辆随时充电不受影响。对于站点的所有桩，在平台都可以自由分组和设置；可以根据不同时期的用电需求改变进行灵活调整和适应。当同时充电车辆增多，电力容量不够的时候，优先保证 VIP 和高级用户，先从普通员工组进行降功率输出，然后再从高级员工组降额直至满足用电输出限额。同时，还可设置不同时间段的用电限制，削峰填谷以适应电网用电需求。每个用户组的设备数量可以灵活安排，在后台通过站点设置和设备管理进行调节。长远方案通过日后软件升级即可完成，对已安装的设备也能轻松实现。

### 4.2.5 常用设备配电

#### 1. 电动开启窗

电动开启窗宜设置风、雨感应器，并自带锁窗功能；具有消防排烟功能的电动开启窗，供电电源应满足消防电源的要求，具有自检及消防优先功能，应能在接收到来自消防控制系统或感烟感温探测器的动作信号后自动开启电动窗，并输出反馈信号；在电动开启窗附近容易接触的地方应设置手动紧急启动装置，启动按钮应为红色，并具有正常、开窗和故障三种显示。

#### 2. 自动旋转门、电动门、电动卷帘门和电动伸缩门

对于出入人流量较大、探测对象为运动物体的场所，其自动旋转门的传感器宜采用微波传感器；对于出入人流量较小的场所，其自动旋转门的传感器宜采用红外传感器或超声波传感器。自动旋转门、电动门、电动卷帘门、电动伸缩门应由就近的配电装置单独回路

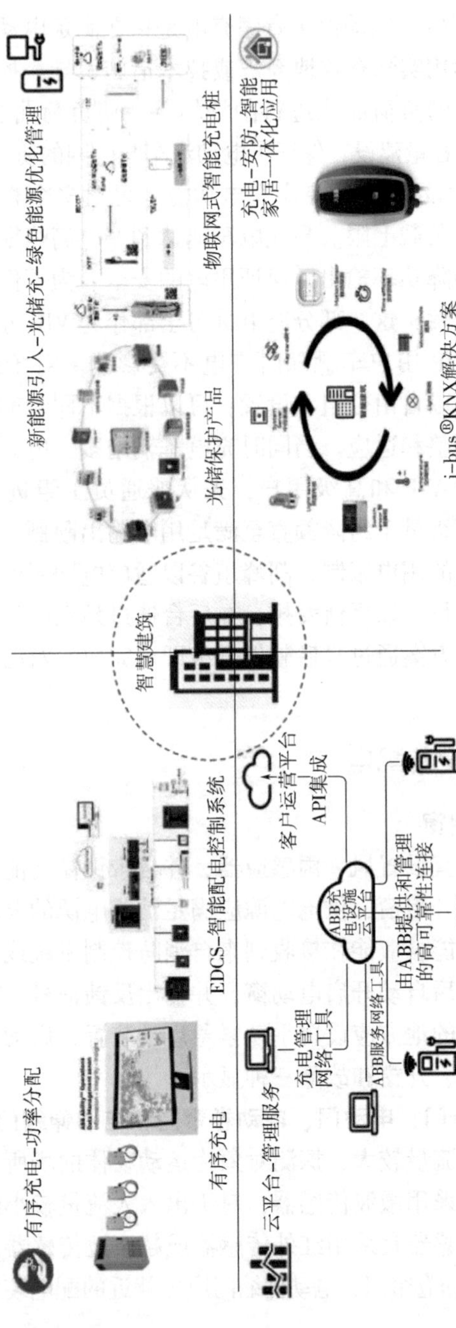


图4-2-1 电动汽车充电解决方案新技术

供电。自动旋转门、电动门控制箱应设置在操作和维护方便处，配出回路应设置过负荷保护、短路保护和剩余电流动作保护电器。传感器安装在室外时，应有防水防护措施；传感器宜远离干扰源，并应安装在不受振动的地方，否则应采取防干扰或防振措施；自动门的运行噪声不宜大于60dB；但对特别安静的场所则不宜大于45dB。

自动感应平移门其控制器接受来自感应器的检测信号，并根据电动机反馈及行程开关状态，控制传动电动机运行。电源敷线方式为AC 220V、50Hz，可由左或右两侧沿顶或地引至接线盒，由接线盒引软管至门内预留管接口。

自动旋转门其控制器位于室内侧主柱上，驱动系统由计算机处理器变频器控制，当红外探测器探测到物体时，门开始旋转。如按下紧急停止按钮，门停止转动。电源敷线方式为AC 220V、50Hz，可由顶棚上方或门的一侧引入旋转门的控制器。

两翼自动转门主控箱位于旋转门转动部分的梁上。感应器有红外线运动探测器，位于旋转门进出口上方，中央平滑门防夹感应器，位于展箱门柜距地面0.6m处；门扇防减速感应器，位于展箱门柜距地面0.6m处；门扇防停止感应器，位于距地面0.46m，距门扇0.2m处，门防撞感应器，位于旋转门转动顶棚的边缘；门柱防夹感应器，位于旋转门固定部分的华盖下部边缘。电源敷线方式为AC 220V、50Hz，功率约为25W×2，可从上方或门的一侧引入旋转门控制器，如旋转门上带有照明灯具，则需沿旋转门电源管线路再敷设一根照明线路。

电动卷帘门控制箱应设置在卷帘门附近，在卷帘门的一侧或两侧应设置手动控制按钮，其安装高度宜为中心距地1.4m。

**3. 电影院放映设备**

电影院用电负荷等级和供电系统电压偏差应符合下列规定：特级电影院应根据具体情况确定，甲级电影院（不包括空气调节设备用电）、乙级特大型电影院的消防用电、应急照明及疏散指示标志等的用电负荷应为二级负荷，其余均应为三级负荷；应急照明及疏散指示标志可采用连续供电时间不少于30min的蓄电池作备用电源；甲级及以上电影院供电系统，其照明和电力的电压偏差均应为±5%。

观影厅配电箱设置应符合下列规定：单独设置在放映室内，其用电主要由放映工艺设备及普通照明设施组成；放映工艺设备包括放映机（含播放服务器）、还音设备、排风散热装置、银幕控制系统、观影厅监控设施等；普通照明设施包括场灯照明与插座、台阶灯或座位排号灯、银幕后照明、放映口壁灯、放映室插座等组成；对于有特殊要求的观影厅可分别设置放映工艺配电箱和照明配电箱；采用影院自动化管理系统的电影院，宜将观影厅网控终端与配电箱设计为一体，实现电影自动放映。电影院公共区域配电箱宜分区设置。

以某 8 个厅的影院为例（其中 1 个 240 座 IMAX、2 个 150 座，5 个 80 座），参考配置见表 4-2-7。

**表 4-2-7　参考配置**

| 用电性质 | 供电电缆 | 电源电箱 | 备注 |
| --- | --- | --- | --- |
| 空调 | 不应低于 4 × 70 + 1 × 35 | 独立 | |
| 照明 | 不应低于 4 × 240 + 1 × 120 | 独立 | |
| 放映设备 | IMAX 厅不低于 4 × 185 + 1 × 95<br>普通厅不低于 4 × 150 + 1 × 95 | 独立 | 一用一备两路 |
| 应急照明 | 不应低于 5 × 16 | 独立 | |

### 4. 餐饮厨房设备

厨房内照明及动力配电应分开供电，在操作间、生产加工间、备餐间等应按功能房间或区间设置独立的动力配电箱总箱，便于每日开关及发生故障时紧急关断维修；厨房设备电源开关除设备上自带的开关外，应布置在干燥、便于操作的场所，并满足安装场所相应的防护等级要求。

厨房内大功率用电设备应采用单独回路供电，小功率设备宜按设备采用单独回路供电，当多个同性质设备并联供电时，各设备应设单独的控制开关，便于单独控制或设备故障时可单独维修，不影响其他设备工作。配电线路应装设过负荷保护、短路保护及剩余电流动作保护，同时配电系统应考虑三相平衡配置。对于冷柜等厨房设备应提供保证电源。

### 4.2.6 临时用电配电箱

临时用电配电箱设独立电表计量，所有配电出线回路应装设剩余电流保护装置。室外安装位置首选直接对外的物业管理用房，次选非景观重点区域或非重要景观节点的绿化处，远离人员经常活动的区域。配电箱应通过绿化进行美化，绿化高度应满足人视点完全遮挡，室外配电箱和控制箱均采用304不锈钢箱体，室内外配电箱应安装带钥匙门锁，防止儿童触碰开启；室外落地安装的配电箱防护等级不应低于IP55，且应有不小于500mm高的混凝土或金属底座，以防地面水的侵蚀，配电箱和控制箱的金属箱体等应可靠接地。

室内安装位置首选就近的配电井或配电间内，次选安装于就近的柱位，并采取装修包裹。对于中庭位置如有扶梯时，可考虑配电箱设置于首层中庭内扶梯下方，有地下室时进线电缆从地下一层穿套管引入配电箱内；无地下室的项目进线电缆沿首层顶棚内桥架敷设至扶梯附近，再从附近墙体或柱子设置桥架敷设至地面，通过垫层内封闭地面线槽引至扶梯下面的配电箱。

配电箱配置参考如下：

1）在室外广场设置户外配电箱，每个配电箱宜配置开关容量200A，箱内配置1个三相和2个单相漏电开关，2个插座。

2）在室内大堂、中庭设置配电箱，每个配电箱宜配置开关容量200A，箱内配置1个三相和2个单相漏电开关，2个插座。

3）在建筑物外侧合适位置设置户外取电点，每个点的用电容量为5kW，采用三相380V电源，设置2个单相漏电开关，2个插座。

4）对于有电动单车配送需求的租户，宜在室外隐蔽处设置户外充电单车配电箱，每个配电箱宜配置开关容量200A。

## 4.3 配电新产品

### 4.3.1 智能断路器

智能断路器是智慧配电系统、新型电力负荷管理系统的重要组成部分。由于智能的要求和定义是相对的，每个时期都略有不同。本章节的智能断路器主要是指物联网断路器、物联网智能断路器、智能量测断路器等新一代的低压电器。

《智能低压断路器》（T/CEEIA 509—2021）定义智能断路器为具有电气测量及报警、状态感知、诊断维护及健康状态指示、故障及历史记录等功能，能进行本地和/或远程监控，并具有物联网（IoT）云平台连接能力，可直接或间接接入物联网云平台，且符合网络安全要求的断路器。《物联网智能低压断路器配电技术标准》（送审稿）中物联网智能低压断路器具有电气测量及报警、状态感知、诊断维护及健康状态指示、故障及历史记录等功能，能进行本地和/或远程监控，并具有物联网（IoT）云平台连接能力，可直接或间接接入物联网云平台，目符合网络安全要求。断路器应提供用于设备识别的信息，如智能控制器、通信模块等唯一性的ID标识（序列号）、型号、固件版本和用户命名的设备名称、位置等，并可提供由本地和（或）远程终端读取。用户命名的设备名称、位置可由用户通过本地和（或）远程终端进行设置。而南方电网公司新型电力负荷管理系统对智能量测断路器明确要求是要支持DL/T 645规约。不同设计形式的断路器所应具有或由制造商宣称具有的物联网功能见表4-3-1。

**表4-3-1　智能断路器具有的物联网功能**

| 物联网功能 | | 塑壳断路器 | 万能式断路器 |
|---|---|---|---|
| 状态感知功能 | 闭合/断开状态、故障脱扣状态 | √ | √ |
| | 旋转手柄位置 | ○ | × |
| | 储能状态、抽屉机构位置、准备闭合（合闸）状态、脱扣器类型配置 | ○ | √ |
| 电气测量功能 | 电压、电流、频率、功率因素、有功功率、无功功率、视在功率 | √ | √ |
| | 有功电能、无功电能、视在电能 | ○ | √ |

（续）

| 物联网功能 | | 塑壳断路器 | 万能式断路器 |
|---|---|---|---|
| 电气测量功能 | 电压谐波和电压总谐波畸变、电流压谐波和电压总谐波畸变 | ○ | ○ |
| | 电压不平衡、电流不平衡 | ○ | ○ |
| | 功率需量、电流需量 | ○ | ○ |
| | 相序 | ○ | √ |
| | 端子连接处温度 | ○ | ○ |
| 报警功能 | 过电流 | √ | √ |
| | 过电压、欠电压 | ○ | √ |
| | 过频、欠频 | ○ | √ |
| | 电压不平衡、电流不平衡 | ○ | ○ |
| | 逆功率 | ○ | ○ |
| | 过功率 | ○ | ○ |
| | 反相序 | ○ | ○ |
| 远程控制功能 | 远程闭合/断开 | √ | √ |
| | 远程复位 | √ | √ |
| 自诊断、维护及健康状态指示功能 | 欠电压脱扣器 | ○ | √ |
| | 闭合脱扣器 | × | ○ |
| | 分励脱扣器 | ○ | ○ |
| | 储能闭合机构 | ○ | ○ |
| | 智能控制器 | ○ | √ |
| | 通信模块 | √ | √ |
| | 触头磨损率 | ○ | ○ |
| | 操作次数 | √ | √ |
| | 累计运行时间 | ○ | ○ |
| | 固件升级 | √ | √ |

（续）

| 物联网功能 | | 塑壳断路器 | 万能式断路器 |
|---|---|---|---|
| 故障记录功能 | 故障记录 | ○ | √ |
| | 脱扣记录 | √ | √ |
| 历史记录功能 | | √ | √ |
| 通信功能 | | √ | √ |

注：√为基本功能，○为可选功能，×为不适用功能。

此外，智能断路器采用的有线网络，应符合下列规定：有线通信宜支持以太网、RS485、CAN、PLC、HPLC 等通信方式；网络带宽应满足设备监测、控制与管理的通信要求；本地网络的外连接口应增设网络安全设施。智能断路器采用的无线网络，应符合下列规定：无线通信宜支持 WiFi、蓝牙、ZigBee、NB-IoT、LoRA、4G、5G 等通信技术中的一种或几种方式；无线通信应支持通道加密，蓝牙应采用 4.2 及以上版本，WiFi 应使用强密码规则且加密标准应支持 WPA2-AES，宜支持 WPA3-个人模式，不应使用易被破解的 WEP、WPA、WPA2-TKIP；无线网络宜兼容 2.4G 频段，可采用 4G/5G 网络，无线网络名称宜进行隐藏。物联网网络安全等级 3 级及以上的建筑智能配电系统应为电气专网，对于有特殊要求的建筑应仅限于组建内联网或外联网。智能断路器接入网络的安全技术应满足《信息安全技术物联网感知层接入通信网的安全要求》（GB/T 37093—2018）中规定的增强级要求；智能断路器应满足《信息安全技术 物联网感知终端应用安全技术要求》（GB/T 36951—2018）。智能断路器应用方案如图 4-3-1 所示。

## 4.3.2 新型剩余电流动作保护器

剩余电流动作保护器是低压配电系统中一种重要和常见的安全保护电器，用于防止人身触电、电气火灾及因接地故障引起的人身伤害及电气设备损坏事故，其保护可靠除了与产品本身的设计、制造、标准有关外，还与安装和使用环境条件等诸多因素有关，对人身和财产安全非常重要。通过标准和规范的不断修订，剩余电流动作保护电器可靠性有了很大的提高和明显的改善。随着科学技术的

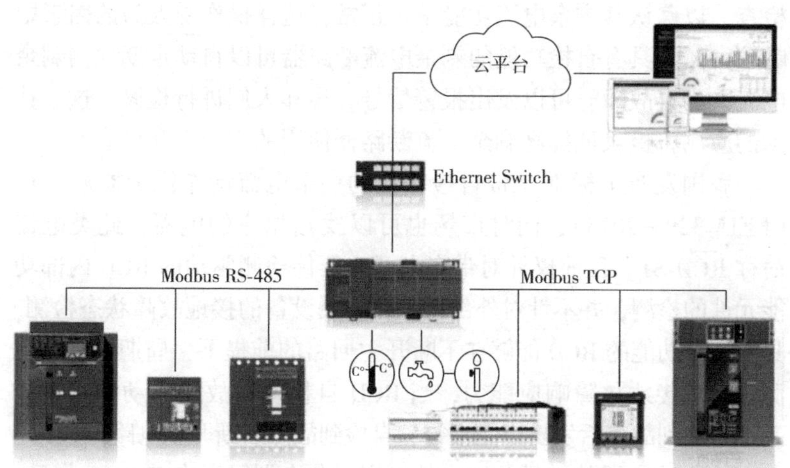


**图 4-3-1　智能断路器应用方案**

进步，剩余电流动作保护电器近几年来也取得了较大的发展，功能逐步完善、体积进一步缩小，也出现了一些新型产品。

**1. 具有极短延时的剩余电流断路器**

剩余电流动作保护电器在接通某些电气负载时会短时出现很大的瞬态泄漏电流（例如，连接在相线与保护接地间的吸收电容器），或当剩余电流动作保护电器后面的 SPD 在过电压作用下放电产生浪涌电流时，剩余电流动作保护电器往往会产生误动作。为了减少误动作，部分公司开发了具有 10ms 短延时特性的剩余电流断路器。其脱扣特性除仍符合 GB 16916.1/IEC 61008-1 中一般型的特性要求（即最大分断时间符合：$I_n$ 时小于等于 0.3s，$5I_n$ 时小于等于 0.04s）外，还能耐受波形为 8us/20us，峰值为 3000A 的冲击电流。由于有了极短延时的特性和较高的冲击耐受电流，可防止接通泄漏电流较大的负载时，或 SPD 的放电电流引起剩余电流断路器误动作，或其他的过电压引起的误动作。把具有这种特性的产品标志为 K 型或 NFN kV 型。

**2. 带自检功能的剩余电流断路器**

为了保证剩余电流断路器的可靠运行，传统的剩余电流断路器在正常运行时要求定期操作剩余电流断路器的试验按钮，对其进行检查，以确认其剩余电流功能是否正常，这样操作受人为的因素影响较大。而具有自检功能的剩余电流断路器可以自动定期检测剩余电流，当有故障时可以发出报警信号，通知人们进行检修。这一技术的应用将极大地提高剩余电流断路器使用的安全性和可靠性。

我国发布了标准《带自检功能的剩余电流动作保护器》（T/CEEIA 329—2018），同时市场也可以找到相应的电器，此类电器简称 RCD-ST。目前仅针对带有电子元器件检测驱动的 RCD 内部功能元件的检测，并不针对外部系统及相关设备的接地故障状态检测。具有自检功能的 RCD 能够在不断开主回路的前提下，周期性自动检测自身对接地故障响应能力，当 RCD 自检发现故障后动作状态如下：自检到故障后发出声光报警；自检到故障后断开主电路。

除上述电器外，目前国内外也有一些电器可以在 RCD 动作后，自主检测被保护线路中的接地故障状态，在确定没有检测到接地故障或故障已经消除后，自动闭合 RCD，但选用这些电器时，需关注线路检测时注入线路中的电流值和是否需要自动闭合 RCD 等事项，以保证系统及人身安全。

### 3. 具有自动重合闸功能的剩余电流保护断路器

具有自动重合闸功能的剩余电流保护断路器（CBAR）在雷电或瞬时对地泄漏电流引起 RCD 动作后，可自动重合闸恢复供电，是我国专门针对上述情况设计的 CBAR，见制造标准《具有自动重合闸功能的剩余电流保护断路器（CBAR）》（GB/T 32902—2016）。此类电器由专业人员操作使用。自动重合闸剩余电流断路器（CBAR）主要安装于农村电网中一些小容量变压器低压出线侧，用于无人值守的环境下暂时故障跳闸后的供电自动恢复，以保证供电的连续性。CBAR 可以具有过载、短路保护，但不应在过载、短路和手动分闸的情况下自动重合闸。

CBAR 核心结构应是符合 GB 14048.2 标准的塑壳断路器，额定电流范围最大不超过 800A，$I_{\Delta n}$小于 30mA 的剩余电流断路器不应具有重合闸功能，因此 CBAR 的额定剩余动作电流不应设为 30mA，末端用电设备支路还应根据相关规范确定是否设置用于附加防护的 RCD。

需要说明的是，自动重合闸与自动合闸是两个不同的概念。自动合闸在合闸前要检查线路是否有故障存在，没有故障时才能合闸；自动重合闸是保护电器第一次动作于跳闸后不进行检测直接合闸，合闸在故障线路上再次跳闸，之后再不动作。

《具有自动重合闸功能的剩余电流保护新路器（CBAR）》（GB/T 32902—2016）中规定：CBAR 在过电流动作后不允许自动闭合；延时型（TD 型）CBAR 因剩余电流脱扣动作后经过一定的延时后直接合闸；对地泄漏监测型（M 型）CBAR 监测下游电路并判别是否存在对地故障，如果对地泄漏电流超过 $I_{ar}$ 时不允许重合闸。上述要求与自动重合闸的概念并不一致，将其称为“具有自动重合闸功能”是否准确还有待商榷。

**4. 与附加功能组合的剩余电流保护电器**

随着物联网技术和信息技术的普及，各类智能或通信功能开始应用于 RCD 中，为确保 RCD 的基本保护功能，IEC 发布了《与附加功能组合的剩余电流保护电器》（IEC TR62710）技术报告，报告要求与 RCD 组合的附加功能应能在 RCD 主电器标准（GB/T 16916. 1 或 GB/T 16917 系列）规定的使用和安装的标准工作条件下运行。

除上述要求外，还要求这些附加功能的使用及失效，不能影响电器标准要求的 RCD 基本保护功能，与 RCD 组合的附加功能的防护等级不应小于与其组合的 RCD 的防护等级。当附加功能工作时，在接触电压限值不超过 GB/T 16895（IEC 60364）等系列标准规定的危险等级下，允许 PE 线中稳态电流不超过 1mA。

### 4. 3. 3 故障电弧保护器

《民用建筑电气设计标准》（GB 51348—2019）中第 13. 5. 5 条要求设置了电气火灾监控系统的档口式家电商场、批发市场等场所的末端配电箱应设置电弧故障火灾探测器或限流式电气防火保护器。电弧故障火灾探测器或限流式电气防火保护器一般仅用于单相回路，动作于脱扣。电弧故障探测器对接入线路中的故障进行检测，当检测到线路中存在引起火灾的故障电弧时，可以进行现场声光报警，也可以将报警信息上传到监控主机。

《民用建筑电气设计标准》（GB 51348—2019）中要求储存可燃物品的库房、商场、超市以及人员密集场所的照明、插座回路，宜装设电弧故障保护电器，配电线路的电弧故障保护应符合现行国家标准《电弧故障保护电器（AFDD）的一般要求》（GB/T 31143—2014）的有关规定。人员密集场所定义在《消防法》第七十三条、《重大火灾隐患判定方法》（GA 653—2006）第3.3条、《建筑设计防火规范》（GB 50016—2014）第5.5.19条的条文解释，与商业建筑相关的场所有：商场、市场、超市、营业厅、观众厅、电影院、公共娱乐场所中出入大厅、舞厅等。

故障电弧是电气火灾的主要原因之一，当导体被损坏或连接处不紧固，会出现局部热点，使导体附近的绝缘材料发生碳化。碳是导电元素，它使各点的电流变得过大并以一种非均匀的方式沉积，使得电流以更快速的路径传输并产生电弧。而电弧又加速了绝缘材料的碳化，久而久之，碳化到一定程度，引起电弧自燃。故障电弧需要与插拔电器或开关电器时产生的电弧、正常电弧例如电弧焊区分。故障电弧主要是连接松动或触点接触不良、线缆破损或劣化产生的电弧，其起因主要包括电缆不恰当固定或紧固力太大、破损或绝缘劣化的设备插头、电器使用不当、墙面插座松脱、紫外线照射和湿度过高等恶劣环境、啮齿类动物咬噬线缆。

为防止故障电弧的发生，保护元器件需要能识别线路上的故障电弧，区分“好弧”和“坏弧”，并在故障电弧发生的一刻及时切断回路，避免电气火灾的发生。识别故障电弧有如下方式：故障电弧信号具有不规则性（重复但非周期性）；故障电弧产生伴随着电流波形的畸变（例如：出现肩膀波形等），并在低频及高频信号的分量有失真，电流大小降低；故障电弧会导致瞬间的压降（20～50V，针对不同类型的电弧）。

目前也开始出现了集成度较高的单个产品，具备短路、过载、漏电、过压以及电弧故障保护，保护更加全面，有效降低电气火灾风险，且二合一、三合一宽度仅36mm，尺寸更小，同时满足上进线和下进线，安装更加便利，需要更小的配电箱尺寸，更低的成本。故障电弧保护器应用方案如图4-3-2所示。

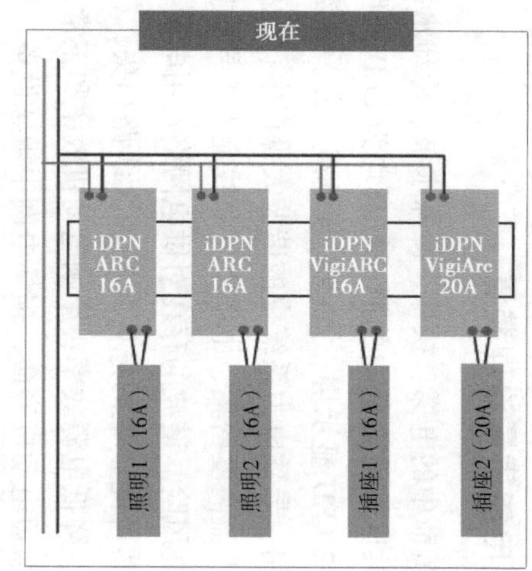


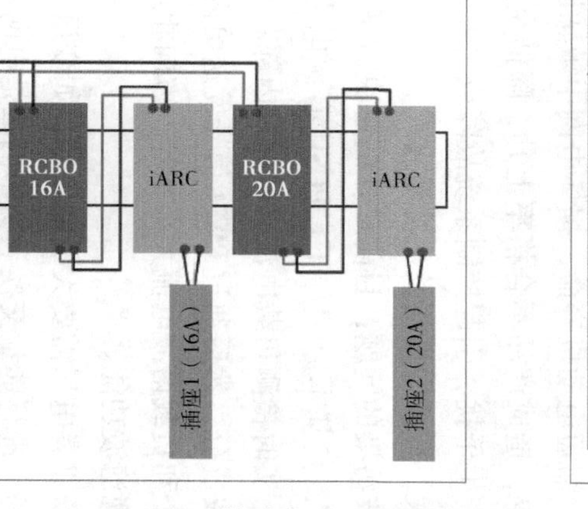


图4-3-2 故障电弧保护器应用方案

### 4.3.4 终端电能质量治理装置

商业建筑负荷中的电梯、扶梯、冷冻水泵、冷却水泵均为变频调节设备；公共区域及商铺内的照明灯具均为LED照明灯具；同时，使用了多块LED显示屏，这些变频负载、开关负载等非线性负载的大量使用，导致电力系统中的谐波大量产生。大型建筑的内部构造复杂、人流高度密集、电缆电气布线庞大，导致监管的困难和火灾发生的高风险。谐波的存在对供电网络及用电设备都将产生极大的危害，其可能产生的危害包括加大线路损失，使得电缆过热、绝缘老化、降低电源效率；影响电动机效率和正常运行，产生振动和噪声，缩短电动机寿命，损坏电网中敏感设备，引起生产设备运行不稳定，造成产品不合格率上升，降低企业效益；对通信、电子类设备产生干扰，引起控制系统故障或失灵；零序谐波导致中性线电流过大，造成中性线发热甚至火灾。

解决谐波污染的问题，目前最佳的解决方案是用PCSU（有源电力滤波器），其基本原理如下：PCSU有源电力滤波器通过外部电流互感器，实时检测负载电流，并通过内部芯片计算，提取出负载电流的谐波成分，然后通过PWM信号发送给内部IGBT，控制逆变器产生一个和负载谐波电流大小相等、方向相反的谐波电流注入电网中，实现滤波功能。

建立磁场或者电场需要大量的无功，如变压器、电动机等运行需要建立磁场，进行能量交换。功率因数是电网考核的主要电气指标之一，已经发展很多年，在此不再赘述。目前功率因数补偿装置有传统的电容电抗和新型的静止无功发生器。传统的电容补偿设备即用自身容性无功的特性补偿配电系统负载运行时的感性无功，不再赘述。新型补偿设备SVG原理如下：PQU静止无功发生器通过外部电流互感器，实时检测负载电压电流，并通过内部芯片计算，计算出系统的无功成分，然后通过PWM信号发送给内部IGBT，控制逆变器产生系统需要的无功电流，注入系统从而达到动态无功补偿的功能。

建筑行业因为大量的单相负荷应用，导致用电的三相不平衡严重。以往解决三相不平衡主要是将单相负荷尽量均匀地分布在三相电源上，但是由于用户用电的不规律性，建筑行业的三相不平衡依旧存在。现在可以用 PQU 或者 PCSU 解决，基本原理如下：PSCU/PQU 开启后，通过外接电流互感器（CT）实时检测系统电流，并将系统电流信息发送给内部控制器进行处理分析，以判断系统是否处于不平衡状态，同时计算出达到平衡状态时各相所需转换的电流值，然后将信号发送给内部 IGBT 并驱动其动作，将不平衡电流从电流大的相转移到电流小的相，最后达到三相平衡状态。

## 4.4 智能配电控制箱（柜）

### 4.4.1 智能配电箱（柜）

常规配电箱是为电气设备提供电能的配电与控制的装置，主要具有配电、双电源切换、短路及过载保护、简单的开关关控制、设备启停控制等功能。随着互联网的飞速发展，各种监测装置越来越智能，故需要集配电、控制、保护、计量、通信为一体的智能化管控箱，可完全替代常规配电箱，弥补常规配电箱在技术上的不足，在用电过程可进行有效的监测管控，满足智能化时代的配电需求。

智能用电作为电力“发、输、调、变、配、用”的重要环节，是智能电网的重要组成部分。良好的智能配电箱应具备电能数据采集测量、实现远程控制、友好的用户界面等功能。

智能配电箱（柜）是利用数字化的配电产品、多功能仪表、物联网网关等组成的配电新产品。全方位改善配电系统，降本优化、保障安全运行、提升运维效率、实现能效精细化管理。监测、报警、控制、保护，安全隐患及早期识别、运行故障及时处理，全面保障配电系统安全、可靠、稳定。智能配电箱（柜）应用方案如图 4-4-1 所示。

### 4.4.2 一体化控制箱（柜）

一体化控制箱（柜）是《民用建筑电气设计标准》（GB 51348—

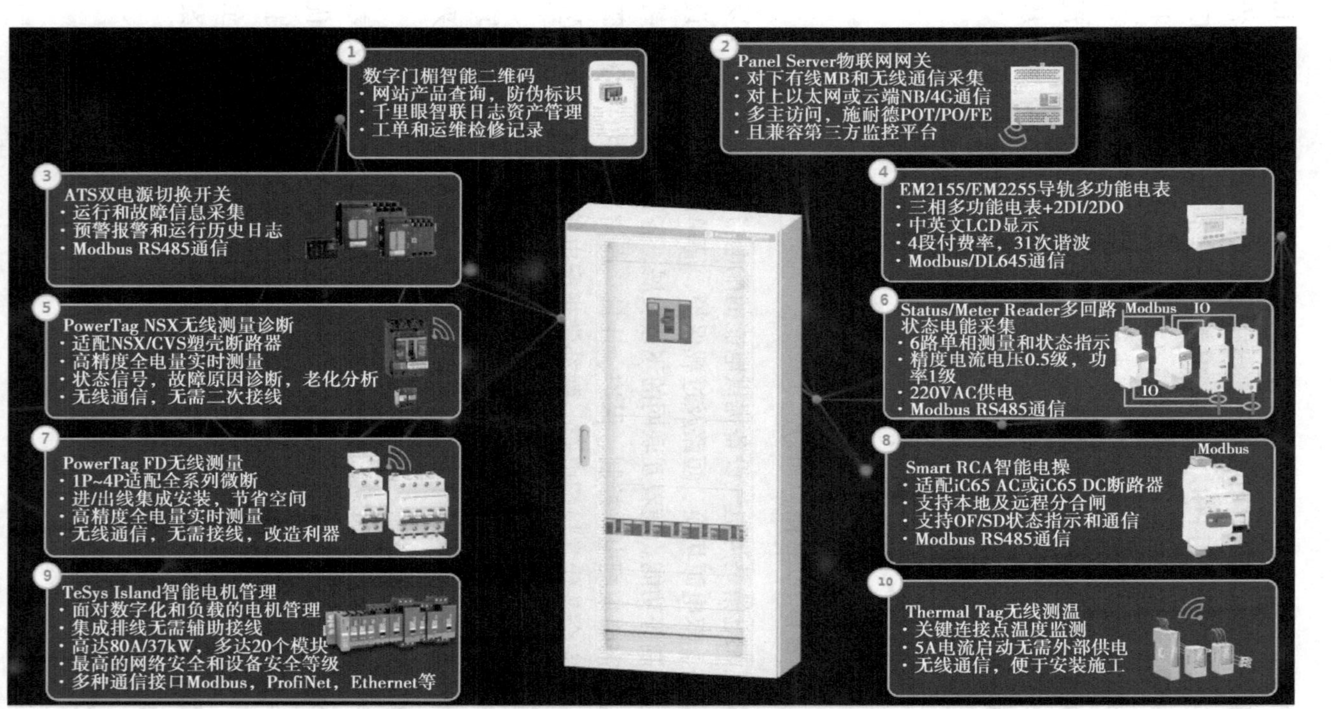


图4-4-1　智能配电箱（柜）应用方案

2019）第18.14节中建筑设备一体化监控系统的末端，其采用有效的抗干扰措施以避免强电对弱电控制元件的干扰，采用以太网方式或总线方式与设备控制器、网络控制器或管理中心平台间进行通信，采用总线方式与现场的传感器、执行器进行连接。

湖南省地方标准《建筑设备一体化监控系统设计标准》（DBJ 43/T 005—2017）、《建筑设备监控系统工程技术规范》（JGJ/T 334—2017）、《建筑设备智能一体化监控系统设计标准》（DB22/JT 162—2016）中的一体化控制箱（柜）为具有可编程和通信功能的强弱电一体化配电监控设备箱（柜），可实现对设备的供电、保护、计量，并监控设备的各种状态。

复合总线是建筑设备一体化监控系统重要的组成部分，主要用在两层网络结构的现场总线层。一般控制系统中的现场总线是工业总线，具有简单、可靠、经济实用等优点，因而应用较为广泛，但工业总线仅仅解决了总线节点设备间的通信问题，并不能解决总线所带设备自身及其所连接负载设备的供电问题。复合功能总线将传统的设备通信、设备供电、负载供电线路融合为一条总线，能同时实现每个节点的设备通信、设备供电和负载供电三种功能。复合功能总线能减少控制系统的配管、配线工程量，并能有效地解决工程中的抗共模干扰问题，在工程设计、施工、运维和控制系统的整体性能方面具有一般工业总线所不具备的突出优势。一体化控制箱（柜）应用方案如图4-4-2所示。

一体化控制箱（柜）与传统配电箱（柜）最大的区别是控制箱（柜）内配置有标准电气接口或数字通信接口，能独立运行控制算法，其控制程序具有可编辑性，可以实现机电设备的供电、保护、计量，并可监控设备的各种状态。一体化控制箱（柜）一般采用以太网方式与管理主机进行通信，当末端设备无数字通信接口时，一体化控制箱（柜）与现场受控设备之间可采用星型连接方式。

一体化控制箱（柜）集成了二次控制回路，降低了生产人工成本，减少了故障点；周期短，强弱电一体化设计、生产；简化施工，大幅缩减安装调试时间和成本，采用云技术实现不同专业远程

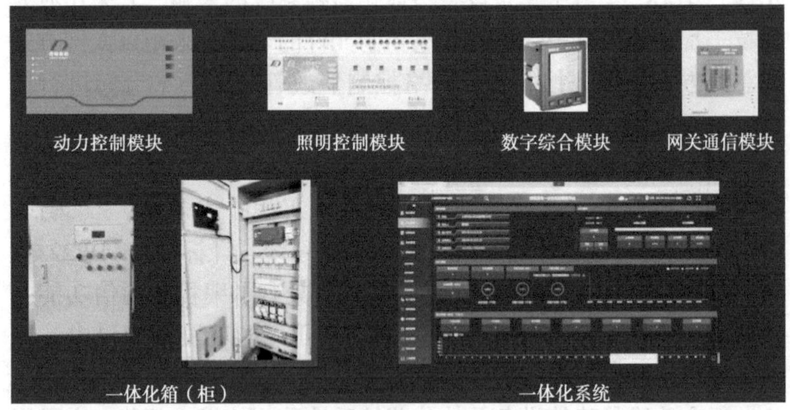

**图 4-4-2　一体化控制箱（柜）应用方案**

调试；智能调配设备的运行，有效延长设备的使用寿命；配备智能管控平台后，可实现远程监控设备运行的各项参数，通过智能分析，提供控制策略供用户灵活应用；具有预测故障及实时报警功能，并提供相应解决方案；设备高度贴合化设计，使设备高效运行，实现高效节能；运维标准化，降低后期运营成本，无需高水平专业运维人员；为智能物联网建设打下坚实基础。

# 第5章　电气照明系统

## 5.1　概述

商业建筑是为人们进行商业活动提供空间场所的建筑类型的统称。现代商业建筑内部往往有百货商店、超级市场、购物中心、专卖店等不同类型的业态。商业建筑的照明应考虑不同的业态、不同的使用需求、不同用户的体验感进行设计。

### 5.1.1　商业建筑照明标准

与商业建筑正常照明相关的标准、规范主要有《建筑节能与可再生能源利用通用规范》（GB 55015—2021）、《建筑环境通用规范》（GB 55016—2021）、《市容环卫工程项目规范》（GB 55013—2021）、《民用建筑电气设计标准》（GB 51348—2019）、《建筑照明设计标准》（GB 50034—2013）、《商店建筑设计规范》（JGJ 48—2014）、《商店建筑电气设计规范》（JGJ 392—2016）等。

与商业建筑应急照明相关的标准、规范主要有《建筑防火通用规范》（GB 55037—2022）、《民用建筑电气设计标准》（GB 51348—2019）、《消防应急照明和疏散指示系统技术标准》（GB 51309—2018）、《商店建筑设计规范》（JGJ 48—2014）、《商店建筑电气设计规范》（JGJ 392—2016）等。

#### 1. 正常照明

商业建筑正常照明标准（照度标准值、统一眩光值、照度均匀度、显色指数）见表5-1-1。

**表 5-1-1　商业建筑正常照明标准**

| 房间或场所 | 参考平面及其高度 | 照度标准值/lx | 统一眩光值（$U_{GR}$） | 照度均匀度（$U_0$） | 显色指数（$R_a$） |
|---|---|---|---|---|---|
| 一般商店营业厅 | 0.75m 水平面 | 300 | 19 | 0.6 | 80 |
| 高档商店营业厅 | 0.75m 水平面 | 500 | 19 | 0.6 | 80 |
| 一般超市营业厅 | 0.75m 水平面 | 300 | 19 | 0.6 | 80 |
| 高档超市营业厅 | 0.75m 水平面 | 500 | 19 | 0.6 | 80 |
| 仓储式超市 | 0.75m 水平面 | 300 | 19 | 0.6 | 80 |
| 专卖店营业厅 | 0.75m 水平面 | 300 | 19 | 0.6 | 80 |
| 一般室内商业街 | 地面 | 200 | 19 | 0.6 | 80 |
| 高档室内商业街 | 地面 | 300 | 19 | 0.6 | 80 |
| 农贸市场 | 0.75m 水平面 | 200 | 25 | 0.4 | 80 |
| 收款台 | 台面 | 500① | 19 | 0.6 | 80 |
| 门厅(普通) | 地面 | 100 | 22 | 0.4 | 60 |
| 门厅(高档) | 地面 | 200 | 22 | 0.6 | 80 |
| 走道(普通) | 地面 | 50 | 25 | 0.4 | 60 |
| 走道(高档) | 地面 | 100 | 25 | 0.6 | 80 |
| 楼梯间(普通) | 地面 | 50 | 25 | 0.4 | 60 |
| 楼梯间(高档) | 地面 | 100 | 25 | 0.6 | 80 |
| 厕所(普通) | 地面 | 75 | — | 0.4 | 60 |
| 厕所(高档) | 地面 | 150 | — | 0.6 | 80 |
| 电梯厅(普通) | 地面 | 100 | 22 | 0.4 | 60 |
| 电梯厅(高档) | 地面 | 150 | 22 | 0.6 | 80 |
| 自动扶梯 | 地面 | 150 | 22 | 0.6 | 60 |
| 消防及安防控制室 | 0.75m 水平面 | 500 | 19 | 0.6 | 80 |
| 变配电房 | 0.75m 水平面 | 200 | 25 | 0.6 | 80 |
| 发电机房 | 地面 | 200 | 25 | 0.6 | 80 |

①是指混合照明照度。

商业建筑正常照明标准在表 5-1-1 基础上，还有更为具体的规定，见表 5-1-2。

**表 5-1-2　商业建筑正常照明补充要求**

| 名称 | 区域 | 要求 |
|---|---|---|
| 橱窗照明 | 橱窗 | 照度宜为营业厅照度 2 ~ 4 倍 |
| 营业区照明 | 一般区域 | 垂直照度不宜低于 50lx |
| | 柜台区 | 垂直照度宜为 100 ~ 150lx |
| | 商品展示区域 | 垂直照度不宜低于 150lx |
| | 顶棚 | 照度为水平照度的 0.3 ~ 0.9 |
| 营业区亮度 | 视觉作业场所 | 与其相邻环境的亮度需要有差别时，亮度比宜为 3∶1 |
| | 墙面 | 不应大于工作区的亮度 |
| 均匀度 | 视觉作业场所 | 正常照明的照度均匀度不应低于 0.6 |
| 仓储区照明 | 大件商品区 | 水平照度标准最低值宜为 50lx |
| | | 垂直照度标准最低值宜为 30lx |
| | 一般件商品区 | 水平照度标准最低值宜为 100lx |
| | | 垂直照度标准最低值宜为 30lx |
| | 精细商品区 | 水平照度标准最低值宜为 300lx |
| | | 垂直照度标准最低值宜为 50lx |

商业建筑正常照明色温要求见表 5-1-3。

**表 5-1-3　商业建筑正常照明色温要求**

| 适用场所 | 色表特征 | 相关色温/K |
|---|---|---|
| 商场、营业厅 | 中间 | 3300 ~ 5300 |
| 高照度场所 | 冷 | >5300 |

### 2. 值班照明

值班照明是在非工作时间里，为需要夜间值守或者巡视值守的场所提供的照明，大、中型商店建筑应设置值班照明，小型商店建筑宜设置值班照明，设置场所主要有：面积超过 500m² 的商店及自选商场，面积超过 200m² 的贵重品商店，商店、金融建筑的主要出入口，通向商品库房的通道。值班照明可利用工作照明中单独控制的一部分，也可利用应急照明，对其电源没有特殊要求，对照度的要求也不高（20lx 以上）。

### 3. 警卫照明

警卫照明的目的主要是判别警卫区域的人体活动，对照度指标的要求不高，能够判别人的主要面部特征即可，通常可与该场所正常照明兼用，设置警卫照明的场所主要有：警卫区域周边的走道，警卫区域所在楼层的全部楼梯、走道，警卫区域所在楼层的电梯厅和配电设施处。

## 5.1.2 商业建筑照明方式及负荷分级

### 1. 商业建筑照明方式

按照《建筑照明设计标准》（GB 50034—2013）、《商店建筑设计规范》（JGJ 48—2014）、《商店建筑电气设计规范》（JGJ 392—2016）、《民用建筑电气设计标准》（GB 51348—2019）的规定，商业建筑照明方式一般分为一般照明、分区一般照明、局部照明、重点照明和混合照明，各照明方式比较见表 5-1-4。

表 5-1-4 商业建筑照明方式比较

| 照明方式 | 定义 | 目的 | 适用场所 |
| --- | --- | --- | --- |
| 一般照明 | 为照亮整个场所而设置的均匀照明 | 满足该场所基础性视觉活动性质的需求，不需要考虑局部特殊需求 | 室内大空间区域 |
| 分区一般照明 | 为照亮工作场所中某一特定区域而设置的均匀照明 | 满足同一场所内不同区域对一般照明的不同技术要求。比如照度、色温、显色性等技术要求 | 室内同一大空间内的不同区域 |
| 局部照明 | 特定视觉工作用的、为照亮某个局部而设置的照明 | 满足有精细视觉工作要求的作业区的照明需求 | 收款台、修理台、货架柜等 |
| 重点照明 | 为提高指定区域或目标的照度，使其比周围区域突出的照明 | 通过光的诱导作用，营造生动活泼的光气氛，增强展示物的质感与美感，提高商品的吸引力，促进消费 | 橱窗等商品展示区域 |
| 混合照明 | 由一般照明与局部照明组成的照明 | 实现更经济、更合理的作业面高照度的需求 | 作业面密度不大，照度要求高的场所 |

### 2. 重点照明系数

重点照明的效果可用重点照明系数 AF 来衡量，系数大小不同，就会引起不同的视觉效果，从而影响人们的心理。重点照明系数是指被照物体与其背景的亮度之比。重点照明系数及效果描述见表 5-1-5。

表 5-1-5 重点照明系数及效果描述

| 重点照明系数 | 效果 |
| --- | --- |
| 1:1 | 非重点照明 |
| 2:1 | 引人注目 |
| 5:1 | 低戏剧化效果 |
| 15:1 | 有较强的戏剧化效果 |
| 30:1 | 生动 |
| >50:1 | 非常生动 |

### 3. 商业建筑照明负荷分级

按照国家现行相关规范、标准的要求，商业建筑照明负荷分级见表 5-1-6。

表 5-1-6 商业建筑照明负荷分级

| 商店类型 | 照明用电负荷名称 | 负荷等级 |
| --- | --- | --- |
| 大型 | 营业厅备用照明，走道照明，应急照明，值班照明，警卫照明 | 一级负荷 |
| | 营业厅、门厅、公共楼梯及主要通道的照明 | 二级负荷 |
| | 除一级、二级以外的其他照明用电 | 三级负荷 |
| 中型 | 无 | 一级负荷 |
| | 营业厅、门厅、公共楼梯及主要通道的照明，应急照明，值班照明，警卫照明 | 二级负荷 |
| | 除一级、二级以外的其他照明用电 | 三级负荷 |
| 小型 | 无 | 一级负荷 |
| | 总建筑面积大于 $3000m^2$，小于 $5000m^2$ 的地下、半地下商业设施的应急照明 | 二级负荷 |
| | 除一级、二级以外的其他照明用电 | 三级负荷 |

注：1. 本表中未体现消防设备用房、电子信息系统机房、经营管理用计算机系统机房等房间的照明用电。
2. 表中的应急照明主要是指疏散照明和疏散指示。
3. 表中的备用照明包括正常备用照明和消防备用照明。

### 5.1.3 光源与灯具选择

商业建筑照明除了满足商场内工作和消费的基本照明需求之外，还承担着创造特定的空间效果和氛围、展示商品特有的魅力和气质、激起顾客的购物欲望等作用。因此，商业建筑对光源和灯具要求尤为重要。商业建筑对光源的要求主要是光效高、寿命长、显色性好，对灯具要求则是高效率或高效能。

主要商业建筑光源及灯具选择见表 5-1-7。

**表 5-1-7 主要商业建筑光源及灯具选择**

| 主要照明方式 | 光源类型 | 灯具选择及布置方式 | 其他要求 |
|---|---|---|---|
| 一般照明 | 营业厅宜采用细管直管形三基色荧光灯、小功率陶瓷金属卤化物灯、LED 灯等高效光源 | 对于细管直管形三基色荧光灯，通常采用灯盘等灯具；对于小功率陶瓷金属卤化物灯和 LED 灯，通常采用筒灯、吊灯等灯具。灯具通常采用均匀布置方式 | 一般照明需配合室内装饰设计 |
| 分区一般照明 | | | 光源的色温及显色性应根据该区域商品的要求确定 |
| 局部照明 | 宜采用小功率陶瓷金属卤化物灯、LED 灯等高效光源 | 可采用射灯、轨道灯、组合射灯等灯具。灯具的布置需根据视觉作业面的位置确定 | 应根据不同视觉作业面的照度要求，在一般照明或分区一般照明照度的基础上，补足照度差值 |
| 重点照明 | | 可采用射灯、轨道灯、组合射灯等灯具。灯具的布置需根据被展示物品的位置确定 | 应与装饰艺术照明有机结合<br>高档商品专业店临街向外橱窗照明的重点照明系数夜间宜为 15∶1 ~ 30∶1，白天宜为 10∶1 ~ 20∶1<br>中档商品专业店、百货商场及购物中心临街向外橱窗照明的重点照明系数夜间宜为 10∶1 ~ 20∶1，白天宜为 5∶1 ~ 15∶1<br>重点照明区域的照度与其周围背景的照度比不宜小于 3∶1 |

注：如使用 LED 灯，除对一般显色指数 $R_a$ 有要求外，还要求特殊显色指数 $R_9 > 0$。

## 5.2 商业建筑照明设计

商业建筑照明需要与工艺要求、陈列方式、内部装修、货物及顾客流程有机结合，以达到提高空间造型感和美感、显示商品特点、吸引顾客的目的。

### 5.2.1 购物中心照明

购物中心是一种使各类业态（如零售商店、超级市场以及功能各异的餐饮、文化、娱乐等服务设施）聚集在一起的商业综合体。

购物中心的照明设计具有多元性和灵活性，工作照明有一般照明、分区一般照明、局部照明、重点照明等方式（各照明方式比较见表5-1-4）。

**1. 一般照明**

一般照明提供大面积场所的均匀照明，常采用线条灯、平板灯、筒灯等灯具，大型商场的吊顶在处理上有许多方案，通常由建筑师来确定，灯具须结合室内装饰组成各种规则形状的排布。

商店内的照明，应越往里越明亮，形成一种引人入胜的心理效果。灯具应色彩鲜艳、装饰华丽或将本身并无多大装饰作用的简易灯具有机地组合成一定格局图案，如图5-2-1所示。

图5-2-1 某商店的照明实例

在营业厅照明设计中，一般照明可按水平照度设计，面积较大的营业厅可采用直管或平板 LED 灯、吊灯，灯具均匀布置作为一般照明。对布匹、服装以及货架上的商品还应考虑垂直面上的照度。

**2. 分区一般照明**

分区一般照明常用于同一场所中由于使用功能不同而分别采用不同照明标准的位置，如设置有永久性通行区的商场，通行区照度不低于工作区域照度的 1/3。

**3. 局部照明**

局部照明应用于对局部地点需要高照度或者对照射方向有特殊要求的场所，如收款台、修理台、货架柜，作业区邻近周围照度应根据作业区的照度相应减少，但不应低于 2001x，其余区域的一般照明照度不应低于 100lx。局部照明一般以投光灯为主；有条件时，宜考虑滑轨灯或照明小母排，以满足商店货架不断变化的需要，如图 5-2-2 所示。

图 5-2-2　某货架区的照明实例

### 4. 重点照明

橱窗、商品展示及陈列区等场所应考虑重点照明，需用强光来突出商品，重点照明区域的照度与其周围背景的照度比不宜小于 3∶1。重点照明的灯具一般为聚光灯、投光灯、脚光灯相配合设置。

商品展示及陈列区通过设置重点照明，使商品非常显眼，并将商品的形、色、光泽、品质等正确表现出来，把顾客的注意力吸引到商品上来，引起顾客的购买欲，如图 5-2-3 所示。

图 5-2-3 服装店陈列区的照明实例

商店主要出入口附近的橱窗，商品的展示显得特别重要，过路的顾客不关心和不顾及该商店时，能通过外部装修、广告、橱窗等形成易于接近的气氛，具有吸引顾客进店光顾的气氛。

橱窗照明通过加强灯光、彩色灯光或有规律地变换颜色来达到加强照明的艺术效果和宣传商品及美化环境的目的，完美展示商品特点，把人们的眼睛吸引住，对商品形成好感，吸引顾客进入商店内部寻找想要的商品。

## 5.2.2 超市照明

超市是一种以销售食品、日用生活品为主的零售业态，其特点是顾客在依次开架摆放的货架之中自行选购，选购完成之后再在统一的结账柜台进行付钱。

超市一般由百货区域、新鲜货物区域、水果蔬菜区域、仓储区域、办公区域、餐饮休息区域、室外和道路广告区域等构成。照明对于消费者的购物行为有很大影响，好的照明设计能引导顾客流向并创造购买环境的舒适性。

### 1. 一般照明

一般照明保障超市的基本照度，灯具可以是 LED 灯管、吊灯或吸顶灯等，比较典型的应用场所是商品货架专柜。

商品货架专柜的布灯法根据灯具与货架的关系分为平行式、垂直式、垂直复合式。平行式灯具长轴方向与货架平行，能够给货架上的商品提供很好的照明，照明利用率高，但均匀度差，容易被货架遮光；垂直式灯具长轴垂直货架，能提供卖场空间很好的照明，但照明单一无层次感，商品照度不足；垂直复合式照明层次感强，商品照度高，均匀性高，如图 5-2-4 所示。

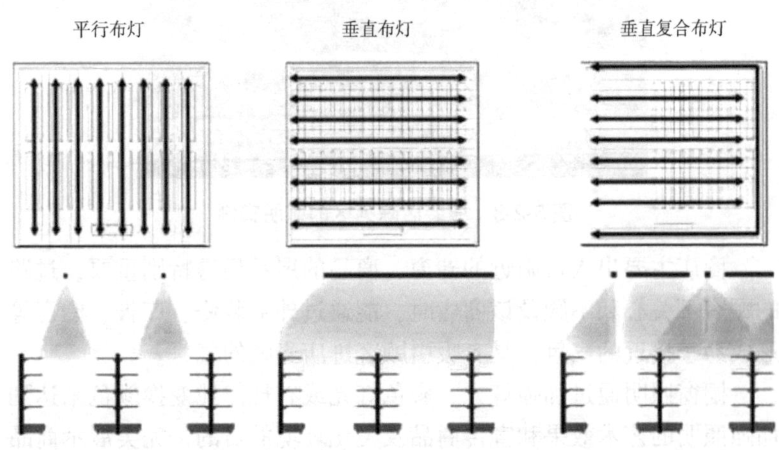


图 5-2-4　商品货架专柜的常用布灯法

### 2. 局部照明

局部照明通常只能照明一个有限的陈列区，可选用配线槽与照明灯具相结合并配以导轨灯或小功率聚光灯的设计方案，通过合适的角度照向目标，从而有效地突出被照商品的特点，增强吸引力，其优势是灵活、拆装方便，如图 5-2-5 所示。

图 5-2-5　专用陈列区的照明实例

### 3. 色温、显色性

新鲜货物区、水果蔬菜区域需要采用合适的色温突出视觉的新鲜感，采用显色性高的灯光能最大程度还原商品色彩，提高食品的诱惑力，如图 5-2-6 所示。如果蔬区可以采用 3000～4000K 的色温，营造新鲜的环境；肉制品及熟食区可选用 4000～6500K 的色温，显得更红润和诱人；面包区可选用 2700～3000K 的色温，更具食欲。

图 5-2-6　新鲜货物区的照明实例

## 5.2.3　专卖店照明

随着人们生活水平的提高，对商品的质量和服务要求也越来越高。各类商品为了提高商品质量和服务质量，满足不同消费者的需求，形成以专卖店的形式进行品牌营销、产品展示、商品销售以及售后服务等，在商场中占据重要地位。专卖店的种类也日趋繁多，比如：服装、儿童玩具、工艺品、饮食、珠宝首饰等。由于专卖店的商品种类、品牌、受众人群不尽相同，照明的风格和要求也大不相同。

与普通商业不同的是，专卖店在照度、显色性、色温、重点照明系数方面更加注重。并且，在入口、橱窗、商品等区域照明的设计手法和侧重点也大不相同。

**1. 通用型专卖店的照明设计**

光改变并营造情绪，这一点对商业空间同样适用。商店的品牌形象从销售处、门店、橱窗商品展示等体现出来，而照明对于这些都有很大的影响。照明种类的选择也决定了商店的定位，以及强化品牌的认识。

（1）入口照明

专卖店的入口一般由招牌、橱窗统一设计，主要目的是品牌宣传，重点商品展示。加深顾客对商品、品牌的印象。

入口处橱窗的照明一般设计得比室内平均照度要高一些，为1.5~2倍，光线也更聚集一些，色温的选择应当与室内相协调，并与周围商店相区别，所选用的灯具可以是泛光灯、荧光灯、霓虹灯或LED灯等。

对于广告型的商店招牌，主要采用泛光照明方式，可以在上方、下方或同时上下方进行灯具安装，一般照度在1000lx以上，照度均匀度$U_0$在0.6以上，显色指数大于80。

（2）橱窗照明

橱窗展示照明主要是为了吸引过往顾客的注意，产生使人们驻足的特效，其本身也是对商店和商品的宣传广告。市场营销的调查也证明了信号效应：越高的照度能吸引更多的行人。180lx能够让5%的行人驻足，而1200lx的照度将这个比例提高到32%，2000lx的照度能够吸引50%的人驻足。当然成功的产品展示需要的不仅仅是高亮度，光与影的刻画才是它的诉求，戏剧化的使用光与影对比的手段能让商品更加魅力。

在专卖店的橱窗设计时，要同时考虑白天和晚上的视觉效果。为了减少玻璃干扰反射的影响，展示照明的照度必须很高，一般照明为500～1000lx，重点照明为3000～10000lx，具体照度要根据周围的明亮程度而定。虽然橱窗照明中的照度比较高，但是与太阳光相比还是比较低。因此在白天展示比较重要的情况，最好将太阳光作为照明光源的一部分，从而达到既节约能源，又能取得较好展示效果的目的，此时橱窗的照明控制要求比较高了。

橱窗照明的主要方法是：

1）依靠强光突出商品，使商品能够吸引过往行人的注意力。

2）强调商品的立体感、光泽感、质感和丰富鲜艳的颜色。

3）使用动态照明吸引顾客的注意力。

4）利用彩色强调商品，使用与物体相同颜色的光照射物体，可加深物体的颜色；使用彩色光照射背景，可产生突出的气氛。

（3）店内照明

对于专卖店而言，吸引顾客进来，并给以最佳环境感觉只是第一步，真正重要的目的是将商品销售出去。无论在货柜、陈列柜或环岛展示柜，重点照明的用意总是将购物者的眼光吸引到商品上。对于大的环岛展示柜，采用宽光束的投光灯，并配合精准的窄光束射灯，可为商品提供足够的照度，以及特定范围的亮区和必要的阴影，以丰满商品形象。对于货柜上的商品，宽光束的轨道射灯或窄光束可旋转下照灯都能完成任务。当然，使用成列的荧光灯置于顶棚或放在陈列架的下侧，也能够塑造不同的效果。

（4）收银台照明

收银台照明对垂直照度和水平照度要求都比较高，形成视觉的聚焦，选用的灯具和光源应注意以下问题：

1）与室内一般照明相同，指示灯具更加集中。

2）略微增加室内装饰上的改进，灯具与室内一般照明相同。

3）完全采用另外的灯具加以突出。

**2. 商业汽车展厅照明**

汽车专卖店最重要的区域是汽车展厅区域，其照明方式主要包括自然采光、一般照明、重点照明、装饰照明和混合照明几种形式。

1）自然采光：顶部开设天窗+侧边玻璃幕墙采光，白天为展厅提供一定强度的自然光，并且达到节能的作用。

2）一般照明：在自然采光的基础上，增加一般照明可以使得展厅整体空间明亮大方，满足视觉的基本需求。

3）重点照明：重点照明定向照射展厅的展示车辆，是塑造车辆质感、流线感最直观的照明方式，也是整个照明设计中的重中之重。因为除了价格和性能因素，车辆的视觉体验是引导消费者选择购买的主要原因。

4）装饰照明：在有了一般照明的情况下，通过一些色彩和动感上的变化，如 LOGO 墙、LED 顶棚等令环境增添气氛，与整体空间和展示车辆有相得益彰的效果，给人带来不同的视觉上的享受。

5）混合照明：有顶棚吊顶造型，用筒灯做一般照明，结合射灯做重点顶棚暗藏装饰照明。无吊顶的空间，安装悬挂灯做一般照明，结合轨道射灯做重点照明，照出汽车跑车的光滑镜面的魅力。

6）汽车展厅区域照度标准：地面照度300lx，普通车型表面照度500～800lx，重点车型表面照度1000～2500lx。照明灯具类型主要由射灯、筒灯、格栅射灯、软灯带、悬挂灯、导轨射灯等组成。

### 3. 快餐店照明设计

快餐店是指销售有限菜肴品种的餐厅，菜肴可以快速制作，并且快速服务的餐厅。餐厅一般使用筒灯或者灯盘做基础照明，射灯进行纯功能性照明，简洁明快。此外，还可以用一些装饰照明或广告照明灯，创造具有现代感的就餐环境，照明环境简洁通透。

入口/服务台区域可以选择 LED 射灯重点照射，达到明亮，重点突出，容易吸引顾客视线，让顾客快速到服务台的目的。服务台区域一般会有点餐牌，点餐牌需要足够的亮度，一般采用灯箱、灯条做内透照明。

就餐区域一般选择筒灯、LED 灯盘、LED 支架做基础照明，快餐店顶棚一般较矮，尽量选择带藏光的筒灯，避免炫光出现在人的主要视线范围内。LED 灯盘、LED 支架可以提供高亮舒适的照明效果。

厨房区域主要为餐食加工，厨房内照明需要提供充足的照度来保障工作安全高效进行。采用灯盘作为主要照明，但需注意厨房为高温、高湿、易腐蚀环境，选择灯具时应能保障灯具的使用安全和寿命。

### 5.2.4 物流仓储照明

商业建筑根据规模、零售业态和需要等设置供商品短期周转的储存库房。根据使用功能和管理的需求，可分为总库房、分部库房、散仓等。

根据仓储物品种类、使用需求及货品搬运方式不同，货架或堆垛高度较高，且之间的通道净宽度较窄，一般在0.3~2.5m。某些物品要求无自然光直射，如西医药店的仓储区。

基于以上特点，在物流仓储中，对照明灯具的选择和照明配电设计中要求更加严格。在灯具选择上，为了满足货架一定的垂直照度，一般采用照度角较大的灯具，如金属卤化物灯、LED 高空间悬挂灯等。灯具安装时应注意灯具距离物品需有一定的距离，避免灯具过热，引燃周围物品，引发火灾。在照明配电设计时，照明回路应装设电弧故障保护电器，避免线路老化等因素引起的电弧滴落周围物品上方，引发火灾。

### 5.2.5 商业广场照明

商业广场主要供人们休息、行人通行之用，一般是把室内商场与露天、半露天广场结合在一起，采用步行街亮化设计，在广场中布置一些建筑小品和休闲娱乐设施，凸显绚丽活泼、色彩斑斓、豪华高雅的特点，以此刺激消费者的消费欲望，如图 5-2-7 所示。商业广场一般面积较大，人员流动较大，照明设计时重点关注的点：

1）商业广场大多位于城市繁华区域，周围的建筑灯光风格形式多样，照明设计需要与环境相协调，统一考虑照明效果，打造出独特的氛围。

2）通过虚实、明暗、轻重的灯光设置，轮廓勾勒等多种手法表现亮化的层次感。

3）在满足整体协调统一的前提下，重点显示关键部位和装饰细部的特色，例如广场周围商店的店标、商铺的橱窗及屋顶，便于引导购物。

4）商业广场的照明灯具应隐蔽安装，见光不见灯，同时注意不选频闪频率高的光源，避免给行人带来突兀的视觉冲击，也有利于广场灯光效果的氛围营造。

图 5-2-7　某商业广场的照明实景

## 5.3　智慧照明控制

### 5.3.1　系统分类

智慧照明控制系统（也可以称作智能照明控制系统）是指利用计算机技术（包括智能化信息处理技术）、无线通信数据传输技术、扩频电力载波通信技术、总线技术、信号检测技术、节能型电器控制技术等组成的控制系统，来实现对照明设备的智能化控制。

智慧照明系统主要由探测系统和控制系统组成，其主要工作原理是通过探测系统对信号的采集和处理后，由控制系统自动平滑地调节电路的电压和电流幅度，改善照明电路中不平衡负荷所带来的额外功耗，提高功率因素，降低灯具和线路的工作温度，以达到优化供电、节约能源、减少照明系统运营成本的目的。

智慧照明控制系统从传输方式上分为有线传输系统和无线传输系统，有线传输系统主要又分为通过以太网或专用有线线路传输信号的系统和通过电力线路（电力载波）传输信号的系统。

## 5.3.2 总线式智能照明控制系统

### 1. KNX 系统概述

在建筑照明领域，应用最多的是基于现场控制总线原理的KNX 总线式控制系统。KNX 总线式控制系统不仅可以实现开关控制和调光控制，还可以通过结合智能建筑控制系统提供一系列控制功能及设备，预设许多灯光场景，根据时间、场所的功能、室内外照度自动调整场景。

### 2. KNX 系统工作原理

KNX 系统中受控负载直接与控制系统驱动器连接，所有总线元件都通过 KNX 总线相互连接在一起（图 5-3-1）。当传感器探测到照度、温度等变化或某个面板的按钮被按下时，通过 KNX 总线向设定的驱动器以电信号的形式发出指令，驱动器接收到电信号后经过内置微处理器 CPU 进行信息处理后再驱动负载，实现相应的控制功能。

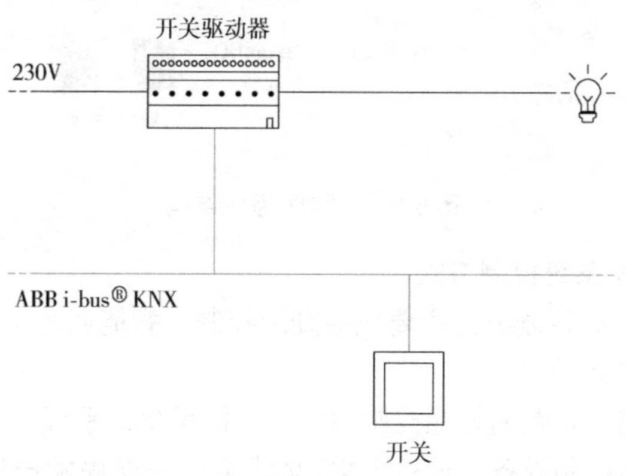


图 5-3-1 KNX 系统总线技术工作原理

### 3. KNX 系统组成

KNX 系统主要由中央控制主机、总线元件、通信网络和通信协议构成，如图 5-3-2 所示。

1）中央控制主机：中央控制主机（PC 机）通过 USB 接口模块并使用 ETS 调试软件编程，实现中控主机与 KNX 系统的通信。

2）KNX 总线元件主要分为三大类：驱动器、传感器、系统元件。

①驱动器：负责接收和处理传感器传送的信号，并执行相应的操作，如开/关灯、调节灯的亮度、升降窗帘、启停风机盘管或地暖加热调节温度等。

②传感器：负责根据现场手动操作，或探测光线、温度等的变化，向驱动器发出相应的控制信号。

③系统元件：为系统运行提供必要的基础条件，如电源供应器和各类接口。

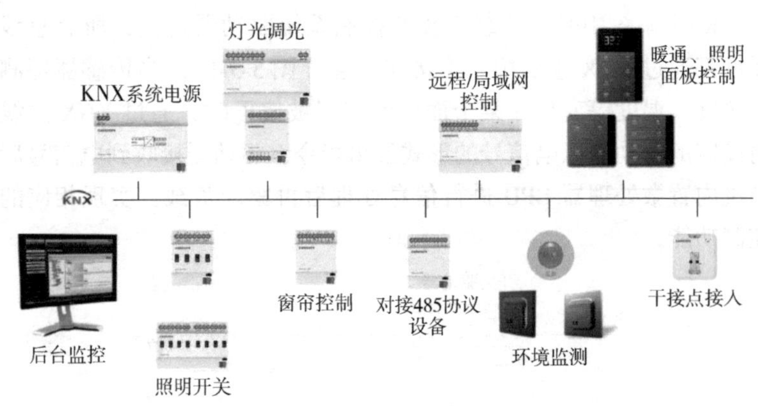


图 5-3-2　KNX 系统结构

### 4. KNX 系统控制方式

KNX 系统控制方式主要包括开闭控制、智能调光、场景控制。

（1）开闭控制

利用现场布置的智能控制面板或智能手机、平板计算机和智能手表等远程控制设备，通过 KNX 总线给开关模块发送信号，由模块执行灯具回路的通断。

（2）智能调光

系统可以实现直接调光，或根据灯光的使用情况在场景中调光。根据复杂度和要求，可集成 1 ~ 10V 或 DALI 控制，也可在需要调整光的颜色时进行 RGB 控制，如图 5-3-3 所示。

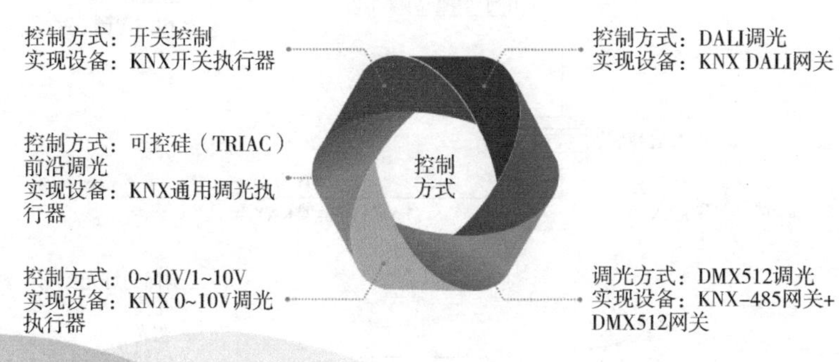


**图 5-3-3　KNX 系统控制方式**

（3）场景控制

1）多功能控制。KNX 系统可以按各种设定条件自动调节灯光亮度，从而创造最佳工作环境，并节约能源。例如可以根据入射的阳光调节人造光的强度，以保证每个房间的最佳状态；又如灯光会在人进入房间后慢慢亮起，离开后立即熄灭。

2）为场景设置灯光。可以使用百叶窗和灯光创造出一个智能的场景，实现房间的最佳利用，也可以通过 RGB 彩色灯光控制为房间营造独特魅力的灯光场景，如图 5-3-4 所示。

3）通过卷帘窗、窗户和百叶窗调节照明。通过设置传感器感知室外照度、天气，KNX 系统可以调节灯光和遮阳系统。比如，夏季根据太阳的当前位置精确调节百叶窗板条遮阳，冬季又可以通过自动控制百叶窗来利用日照，如图 5-3-5 所示。

**5. KNX 系统应用场所-办公区**

（1）公共走道

区域采用时间表结合照度及存在感应控制（传感器吸顶安装），充分利用自然光源，白天靠窗灯光回路根据自然光调节遮阳及灯光亮度，夜间保持最低照度，节约能源，若感应到有人则根据

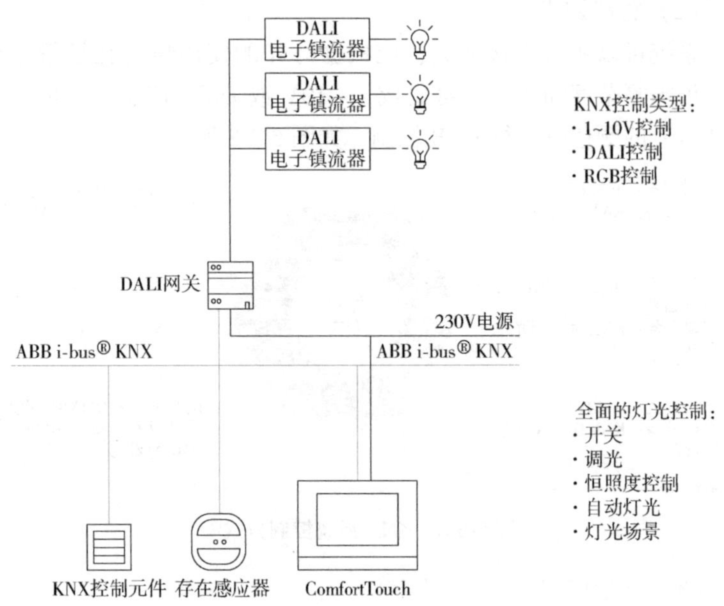


**图 5-3-4　场景灯光智能控制原理图**

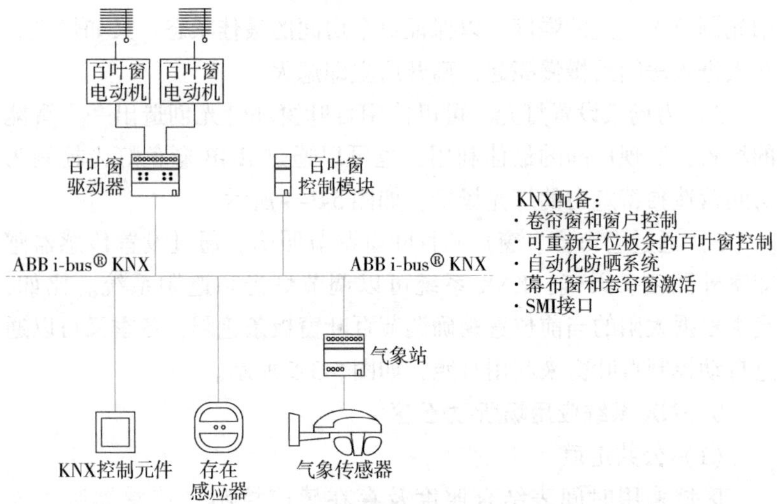


**图 5-3-5　遮阳系统智能控制原理图**

人员所在位置开启灯光照明。

移动感应器 + 自然光相结合控制能降低 40% 照明能耗。

出入口放置智能触摸面板，用于特殊情况下的就地控制，平时锁住以防误操作。一个面板上完成灯光、遮阳的控制，便捷又美观。

远程控制：中控中心可通过软件或网页控制，并可便捷地修改时间表等参数。

（2）走道及电梯厅

时间表结合存在感应及照度控制：白天时间表内打开灯光回路，夜间无人时保持最低照度节约能源，当开放式办公区域存在感应器探测到有人时打开全部回路，便于人员通行。

集中控制：中控中心可通过软件或网页控制，并可便捷地修改时间表等参数。

（3）大厅

前台放置触摸屏可随时控制灯具、空调、遮阳帘等设备，并可调用预设场景，如图 5-3-6 所示。

时间表结合照度控制：白天根据自然光调节遮阳及灯光亮度，夜间保持最低照度，节约能源；靠窗等候区域的灯光根据当前照度调节，节约能源。

集中控制：中控中心可通过软件控制，并可便捷地修改时间表等参数。

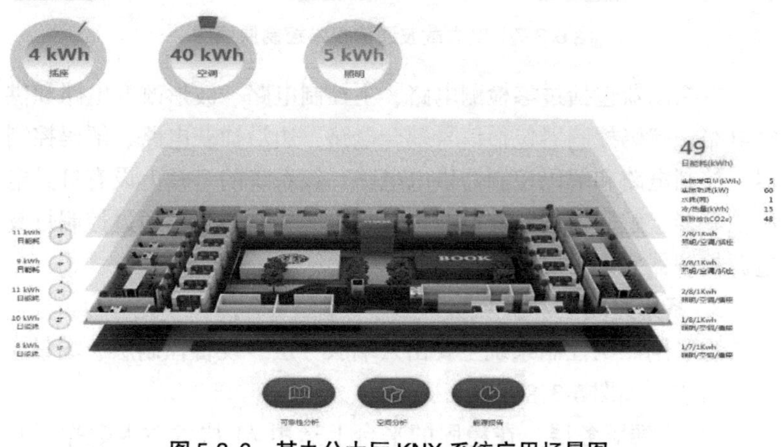


图 5-3-6　某办公大厅 KNX 系统应用场景图

## 5.3.3 物联网照明控制系统

### 1. 系统概述

物联网照明控制系统采用基于电力载波的通信技术，通过对灯具的运行数据、环境数据的采集，根据不同的区域和场景，实现整栋建筑全部光源亮度、色温、场景调节。

### 2. 系统工作原理

电力载波通信技术通过供电线路的电压波形信号调制来传输通信数据，每个灯具带独一无二的地址码，依靠连接在电力线上的主控制器和与每个被控灯具连接的解码控制器相结合来实现对多个灯进行照明控制，系统工作原理如图 5-3-7 所示。

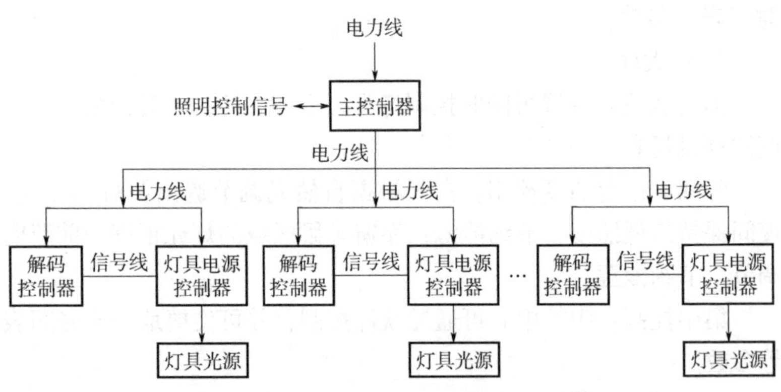


**图 5-3-7 电力载波通信技术控制原理图**

主控制器包括过零检测电路、主控制电路、波形改变电路和供电电路；解码控制器包括信号耦合电路、边沿捕获电路、解码控制器主控制电路和解码控制器供电电路。该系统的灯具上设有灯具电源控制器，解码控制器连接在该灯具电源控制器上，通过控制灯具电源控制器实现对灯具的控制。

### 3. 系统组成

物联网照明控制系统主要由云端服务层、设备控制层、场景应用层组成，如图 5-3-8 所示。

1）云端服务层：在稳固的平台上运用 AI 技术对大数据进行

分析、运用、储存。同时可以接入第三方智慧管理系统，实现各领域之间的互联。

2）设备控制层：执行云服务层下发的运行指令，负责各个照明场景的灯具控制，同时对灯具耗电量、运行数据进行采集、储存和运用。

3）场景应用层：应用于地下室、楼道、电梯厅、卫生间、办公室、庭院景观等场景。

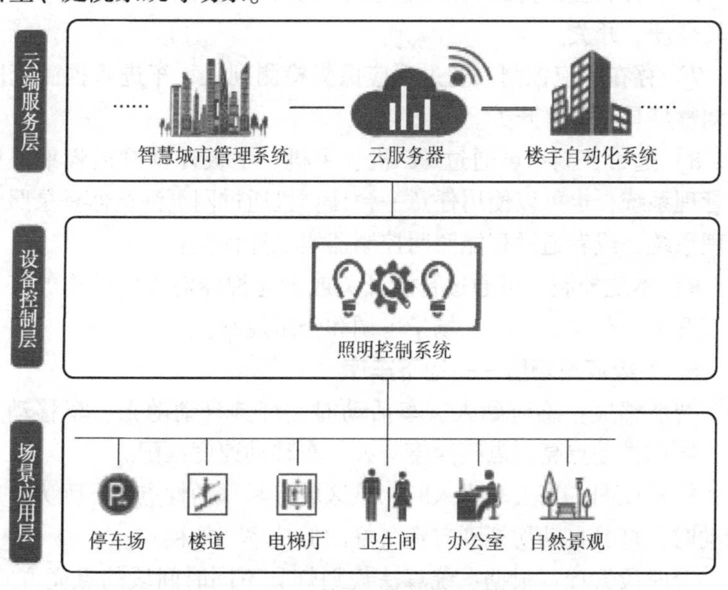


图 5-3-8　物联网照明控制系统图

### 4. 系统控制方式

物联网照明系统的控制方式主要有调光、调色温、时序控制、数字化分组、多场景照明控制、自然光感应控制、存在感应控制、远程控制、本地控制等。

1）调光：0～100%亮度调节，根据时间、场景变化，调用适合的照明亮度。

2）调色温：2700～5700K冷暖色温调节，根据昼夜节律和四季变化，调用最适合的照明色温，营造高品质的光环境空间。

3）时序控制：可按照每日工作情况设定各种丰富的灯光计划

任务，自动控制灯光，无须人工干预。

4）数字化分组：用户可根据自身需要，通过遥控器将某一区域的灯具进行划分，以实现对区域内灯光的分组控制。

5）多场景照明模式：可根据个人喜好或区域照明需求，调节灯光亮度、色温、颜色，并定义成场景，每次只需轻轻一按，即可轻松获得预设灯光设置。

6）自然光感应控制：通过感应探头检测自然光的变化来调整灯具亮度、开关。

7）存在感应控制：通过感应探头检测到人、车进入探测范围来调整灯具亮度、开关。

8）远程控制：可通过 PC 机、手机、平板计算机远程集中控制管理系统，也可以使用任意一台计算机通过网页浏览器登录照明管理系统，或者通过智能照明控制器实现远程控制。

9）本地控制：可通过智能开关或者遥控器对本区域内的灯光进行开关，色温、亮度、场景可调和分组控制。

**5. 系统应用场所——地下车库**

智能感应：感应到人、车活动时，灯具自动随人、车移动方向，向前推动点亮，点亮速度与人、车移动速度匹配。

按需照明：当人车进入时，该区域灯具联动性点亮；无人、车活动时，灯具自动切换到自定义好的低功率节能模式。

分时段管理：根据系统算法规划灯具不同时间段的点亮方式，每盏灯可以设定 24 种照明方式。

集成联动：个性化配置设备之间的联动关系，通过场景传感器来调用相关设备。

仿真平台：可视化操作界面、支持设备在线 OTA、远程控制、远端调试、远端排错、数据采集、故障预警、异常数据重点分析。

某车库物联网照明控制系统应用场景图如图 5-3-9 所示。

## 5.3.4 其他照明控制系统

无源无线照明控制系统是采用无源产品的、基于无线通信方式控制的新型智能照明控制系统。系统由无源无线开关、无源无线传感器、控制模块、网关系统四部分组成，如图 5-3-10 所示。

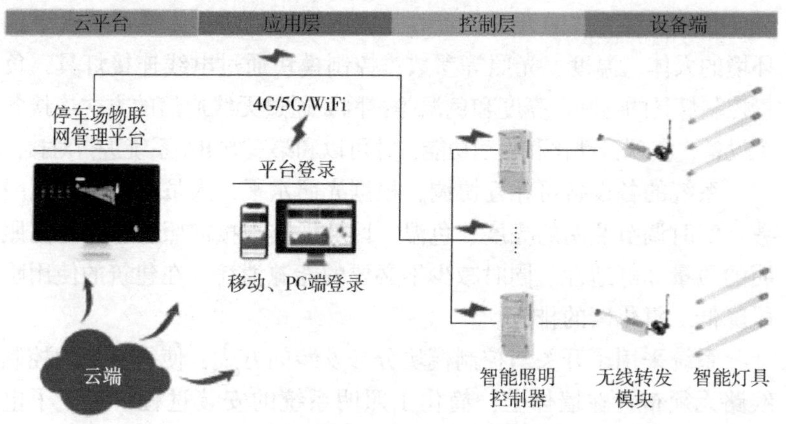


**图 5-3-9　某车库物联网照明控制系统应用场景图**

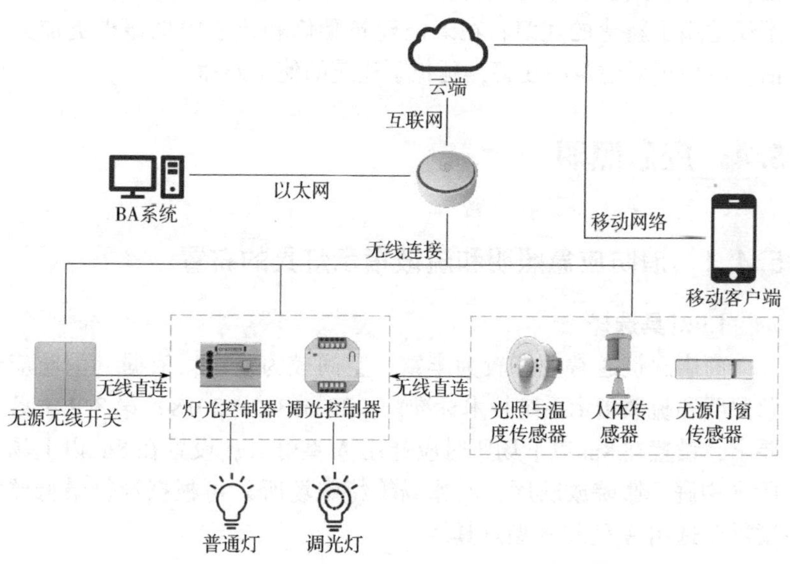


**图 5-3-10　某无源无线照明控制系统应用场景图**

无源无线的开关和传感器使用微能量的采集技术，能从人的微小动作和自然环境中采集能量而实现自我供电。产品内部无须内置电池、无须外部供电，可以长久免维护的使用。因为无须使用电池，也减少了电池对环境的污染。

其中无源无线的开关负责收集人的按压动作；传感器负责采集环境的人体、温度、光照等参数；控制模块通过电线连接灯具，负责控制灯具的通断、亮度和色温等；网关通过无线通信的方式连接各个设备，实现自动化和联动功能，并可以和第三方 BA 系统进行对接。

系统的各设备可相互协调，根据光照水平、人员活动等环境因数，实时调节照明的亮度、色温、区域，实现按需照明，并提高照明的质量和舒适性。同时减少不必要的能源消耗，在建筑的使用阶段降低二氧化碳的排放。

系统采用了开关与控制模块分开安装的方式，使得灯具的控制线路无须布置在墙体上，简化了照明系统的安装过程，减少了电线、线管等耗材的使用，在建筑建设阶段降低了二氧化碳的排放量，降低了安装的时间和成本。另外因其免布控制线的特点，系统不仅适用于新建的建筑，在老旧建筑翻修和改造中也显得更加灵活，减少了对建筑的伤害，延长了建筑的使用寿命。

## 5.4 应急照明

### 5.4.1 消防应急照明和疏散指示灯具的布置

#### 1. 灯具选择

商店建筑通常业态较为丰富、空间较为复杂，依据《消防应急照明和疏散指示系统技术标准》（GB 51309—2018）第 3.2.1 条要求，设置在 8m 以下场所时应选用 A 型灯具；设置在 8m 以上场所（中庭、影院放映厅、溜冰场等特殊场所）可根据计算最低照度需要选用 A 型或 B 型灯具。

#### 2. 灯具布置

（1）设置场所

商店建筑的以下场所需要设置疏散照明：

1）封闭楼梯间、防烟楼梯间及其前室、消防电梯间的前室或合用前室、避难走道、避难层（间）。

2）建筑面积大于200m²的营业厅、餐厅等人员密集的场所。

3）建筑面积大于100m²的地下或半地下公共活动场所。

4）公共建筑内的疏散走道。

《建筑设计防火规范》（GB 50016—2014）第10.3.2条规定了建筑内疏散照明的地面最低水平照度：对于疏散走道、人员密集场所，不应低于3.0lx；对于疏散楼梯间、前室或合用前室、避难走道及前室、避难层、避难间、消防专用通道，不应低于10.0lx；其他场所不应低于1.0lx。

总建筑面积大于5000m²的地上商店、总建筑面积大于500m²的地下或半地下商店应在疏散走道和主要疏散路径的地面上增设能保持视觉连续的灯光疏散指示标志或蓄光疏散指示标志。

（2）灯具布置示例

商店建筑内应急照明灯的设置应保证为人员在疏散路径及相关区域的疏散提供最基本的照度，如图5-4-1所示。

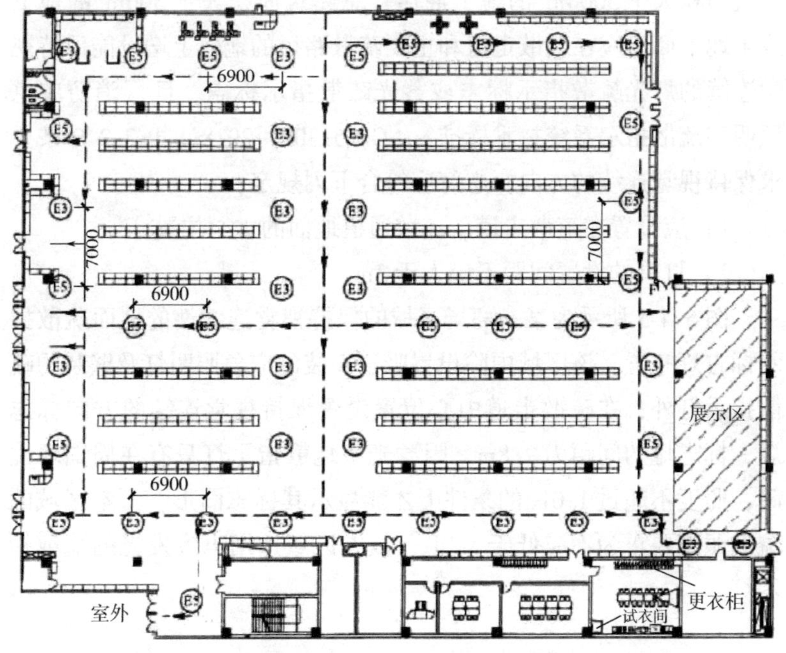


图5-4-1　建筑面积 >200m² 的营业厅疏散照明布置示例

室内商铺的应急照明及疏散指示灯具布置详见图 5-4-2，其中，面积 $<50m^2$ 的商铺可不设置出口标志灯；面积 $\geq 50m^2$ 的商铺应设置疏散照明灯和出口标志灯；当商铺内最远端距离疏散出口的视距 $>20m$ 时，应在墙面或适宜部位设置方向标志灯；室内步行街的宽度 $d \leq 10m$ 时，应在步行街的两侧墙面上均设置方向标志灯。

对于商店建筑，其室内的应急照明及疏散指示布灯位置如图 5-4-3 所示。当疏散方向与指示灯方向垂直时，平行于疏散方向的疏散标志灯与垂直于疏散方向的标志灯距离应 $\leq 20m$，因此，可采用在疏散出口处设置垂直的指示灯和在疏散通道方向的墙面上安装方向标志灯结合的方式形成疏散指示方案。

位于首层的商业网点，其通往室外的安全出口门上方应设置安全出口标志灯，如图 5-4-4 所示。

《建筑设计防火规范》（GB 50016—2014）第 10. 3. 6 条要求总建筑面积大于 $5000m^2$ 的地上商店、总建筑面积大于 $500m^2$ 的地下或半地下商店应在疏散走道和主要疏散路径的地面上增设能保持视觉连续的灯光疏散指示标志或蓄光疏散指示标志。且《消防应急照明和疏散指示系统技术标准》（GB 51309—2018）第 3. 2. 9 条要求保持视觉连续的方向标志灯应符合下列规定：

1）应设置在疏散走道、疏散通道地面的中心位置。

2）灯具的设置间距不应大于 3m。

图 5-4-5 所示为某一商场区域的保持视觉连续性的地面疏散指示标志灯布置。该区域内除设置吸顶安装的应急照明灯及壁装的疏散指示灯外，在疏散走道中心位置设置保持视觉连续的方向标志灯，标志灯的间距为 2. 8m。因蓄光型疏散指示灯只有在周围环境暗，照度不超过 1. 0lx 的条件下才能显示其标志图形，而本区域的疏散照度要求为不应低于 5. 0lx，故本区域选用电致发光的疏散指示灯。

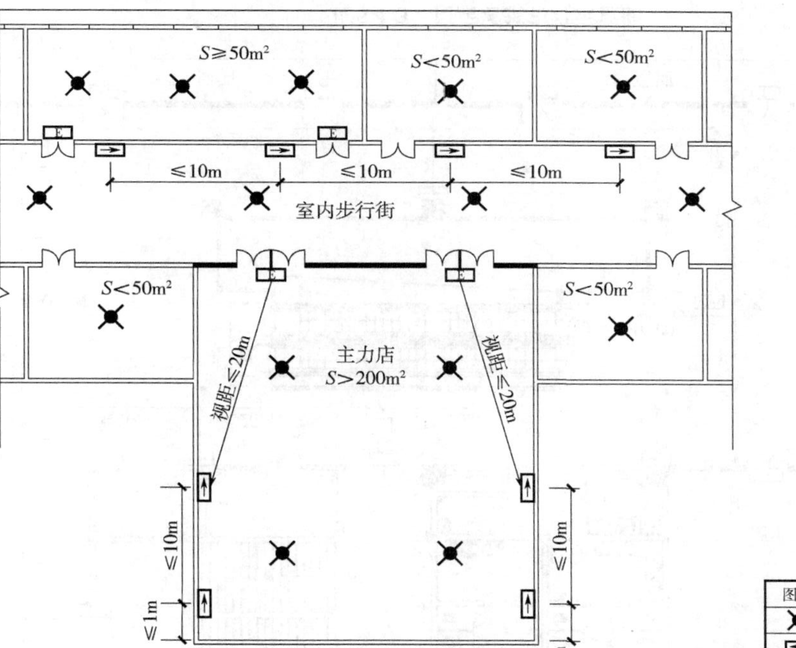


| 图例 | 说明 |
| --- | --- |
|  | 集中电源疏散照明灯（A型） |
|  | 方向标志灯（左向） |
|  | 方向标志灯（右向） |
|  | 疏散出口标志灯 |

图5-4-2　室内步行街两侧商铺布灯示意图

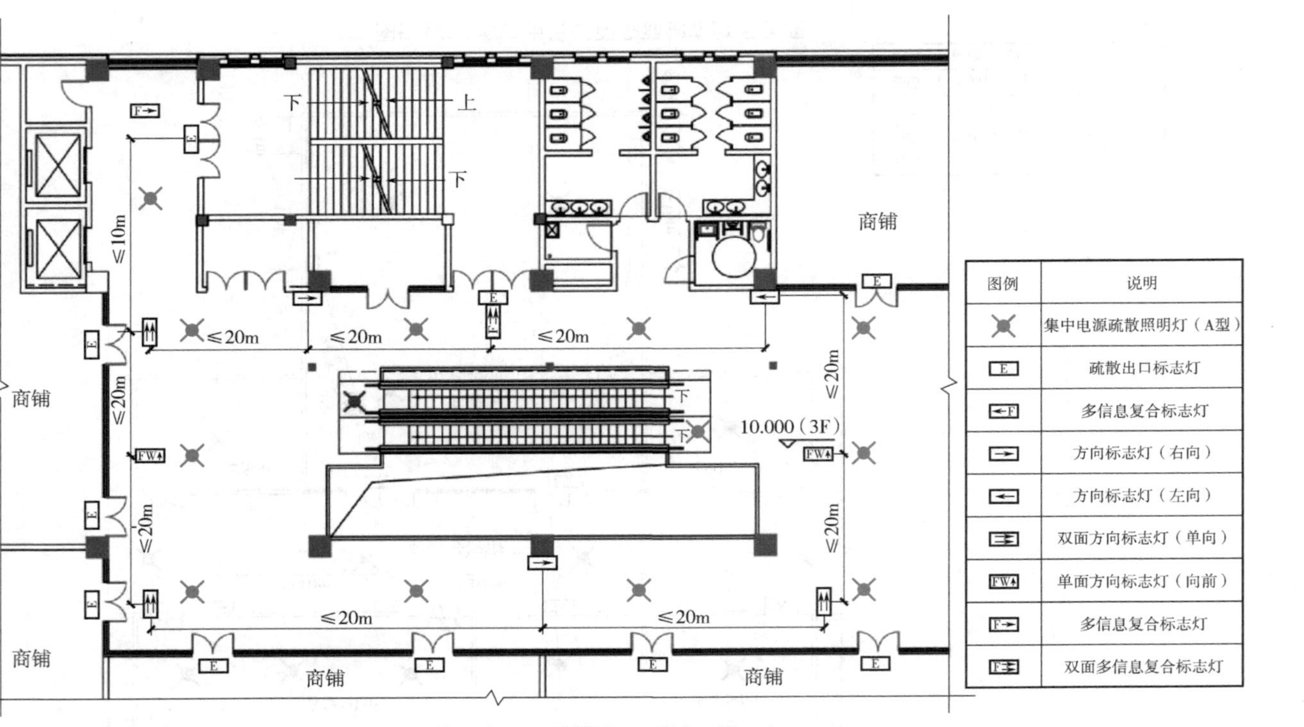


图5-4-3　商店建筑布灯示意图

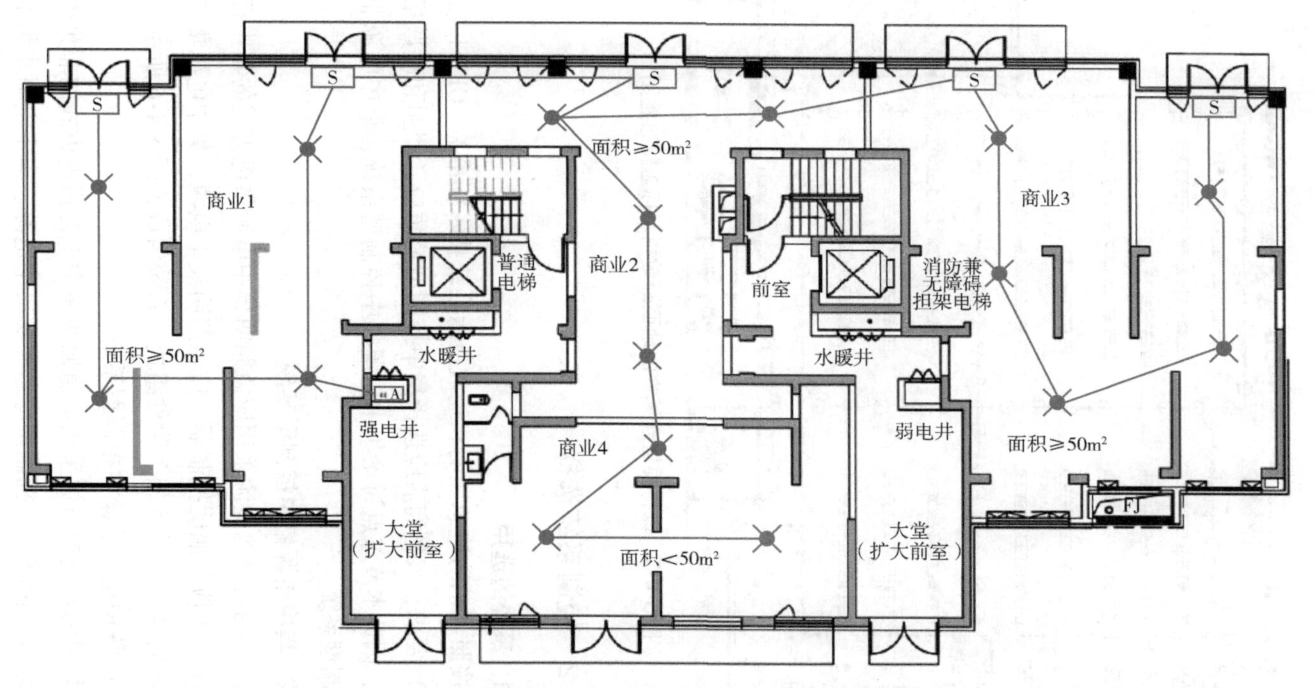

图5-4-4　首层商业网点集中电源集中控制型布灯示意图

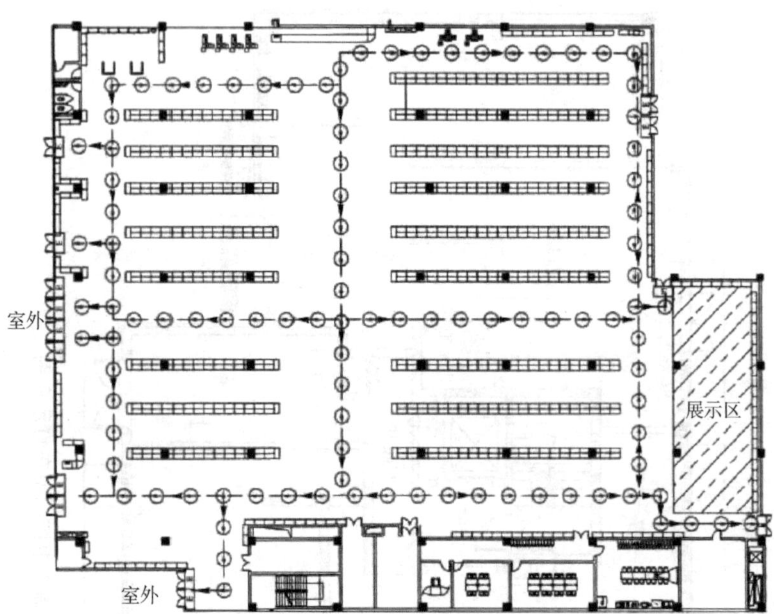


图 5-4-5　保持视觉连续性的地面疏散指示标志灯布置图

## 5.4.2　控制系统选择

### 1. 系统的选用

按照《消防应急照明和疏散指示系统技术标准》（GB 51309—2018）要求，大型商店应选择集中控制型消防应急照明和疏散指示系统，因此本节重点讨论集中电源集中控制型系统、集中电源非集中控制型系统。

### 2. 集中电源集中控制型系统

灯具的蓄电池电源采用应急照明集中电源供电方式的集中控制型系统，由应急照明控制器、应急照明集中电源、集中电源集中控制型消防应急灯具及相关附件组成。系统组成如图 5-4-6 所示。

### 3. 集中电源非集中控制型系统

灯具的蓄电池电源采用应急照明集中电源供电方式的非集中控制型系统，由非集中控制型应急照明集中电源、集中电源非集中控制型消防应急灯具及相关附件组成。系统组成如图 5-4-7 所示。

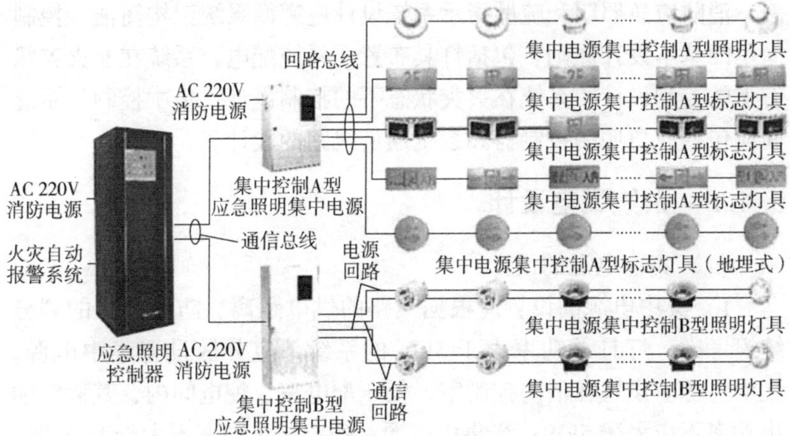


**图 5-4-6　集中电源供电方式的集中控制型系统组成**

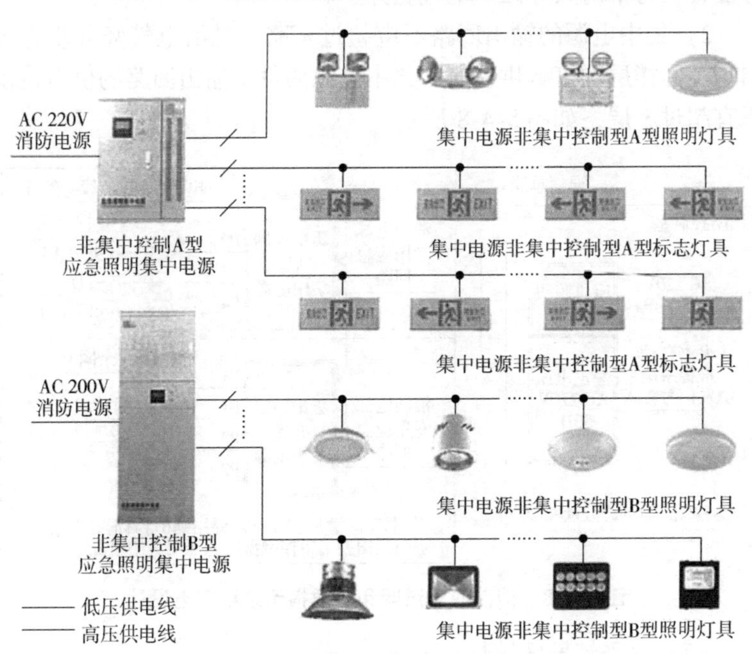


**图 5-4-7　集中电源供电方式的非集中控制型系统组成**

4. 系统设计内容及原则

消防应急照明和疏散指示系统设计应遵循系统架构简洁、控制简单的基本设计原则，包括灯具布置、系统配电、系统在非火灾状态下的控制设计、系统在火灾状态下的控制设计；集中控制型系统尚应包括应急照明控制器和系统通信线路的设计。

## 5.4.3 系统配电设计

（1）集中电源的设计

1）集中电源的设置应根据线路的供电距离、防火分区的划分统筹考虑。灯具总功率大于 5kW 的系统，应分散设置集中电源。集中电源应设置在消防控制室、低压配电室、配电间内，其额定输出功率不应大于 5kW；当集中电源、额定输出功率不大于 1kW 时，可设置在每个防火分区的电气竖井中。

2）集中电源的输出回路不应超过 8 路，且沿电气竖井垂直方向为不同楼层的灯具供电时，集中电源的每个输出回路的供电范围不宜超过 8 层，如图 5-4-8 所示。

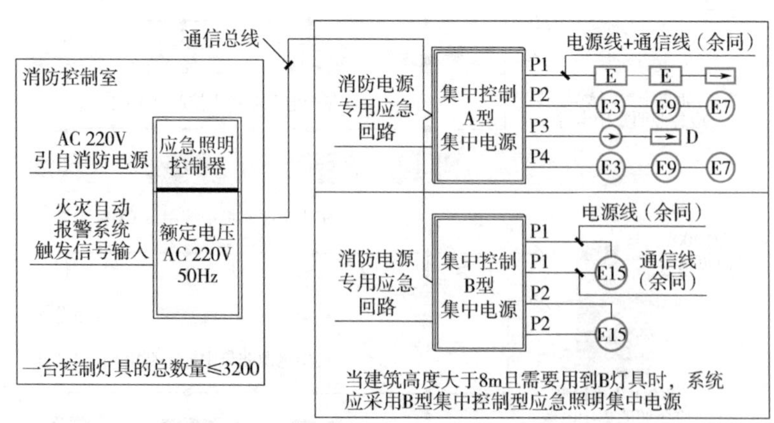


图 5-4-8　消防应急照明和疏散指示系统配电设计

（2）水平疏散区域灯具配电

1）应按防火分区、同一防火分区的楼层等为基本单位配置配电回路；不同防火分区不能共用同一配电回路。

2）防烟楼梯间前室及合用前室内设置的灯具应由前室所在楼层的配电回路供电。

3）配电室、消防控制室、消防水泵房、自备发电机房等发生火灾时仍需工作、值守的区域和相关疏散通道，应单独设置配电回路。

（3）竖向疏散区域灯具配电

1）封闭楼梯间、防烟楼梯间、室外疏散楼梯应单独设置配电回路。

2）敞开楼梯间内设置的灯具由灯具所在楼层或就近楼层的配电回路供电。

## 5.5 特殊照明

### 5.5.1 夜景照明系统

**1. 概述**

根据《城市夜景照明设计规范》（JGJ/T 163—2008）术语解释，夜景照明是指除体育场场地、建筑工地和道路照明等功能性照明以外，所有室外公共活动空间或景物的夜间景观的照明，也称景观照明。

与夜景照明相关的国家规范标准有：

1）《城市夜景照明设计规范》（JGJ/T 163—2008）。

2）《城市照明节能评价标准》（JGJ/T 307—2013）。

3）《城市景观照明设施防雷技术规范》（GB/T 40250—2021）。

4）《城市照明自动控制系统技术规范》（CJJ/T 227—2014）。

5）《城市照明建设规划标准》（CJJ/T 307—2019）。

本节适用于城市新建、改建和扩建的建筑物、构筑物、特殊景观元素、商业步行街、广场、公园、广告与标识等景物的夜景照明设计。

**2. 光源灯具及附件的选择**

泛光照明宜采用金属卤化物灯或高压钠灯；内透光照明、轮廓照明宜采用紧凑型荧光灯或发光二极管（LED）；商业步行街、广告等对颜色识别要求较高的场所宜采用金属卤化物灯或其他高显色性光源；园林、广场的草坪灯宜采用紧凑型荧光灯、发光二极管（LED）或小功率的金属卤化物灯；自发光的广告、标识宜采用发光二极管（LED）、场致发光膜（EL）等低耗能光源；通常不宜采用高压汞灯，不应采用自镇流荧光高压汞灯和普通照明白炽灯。

在满足眩光限制和配光要求条件下，应选用效率高的灯具。其中泛光灯灯具效率不应低于65%。安装在室外的灯具外壳防护等级不应低于IP54；埋地灯具外壳防护等级不应低于IP67；水下灯具外壳防护等级应符合下列规定：

灯具及安装固定件应具有防止脱落或倾倒的安全防护措施；对人员可触及的照明设备，当表面温度高于70℃时，应采取隔离保护措施。

荧光灯应配用节能型电感镇流器；高压钠灯、金属卤化物灯应配用节能型电感镇流器；在电压偏差较大的场所，宜配用恒功率镇流器；光源功率较小时可配用电子镇流器。

**3. 照明评价指标**

（1）照度及亮度

建筑物、构筑物和其他景观元素的照明评价指标应采取亮度或与照度相结合的方式。步道和广场等室外公共空间的照明评价指标宜采用地面水平照度（简称地面照度 $E_h$）和距地面1.5m处半柱面照度（$E_{sc}$）。照度或亮度值均应为参考面上的维持平均照度或维持平均亮度值。照明设计时，应根据环境特征、灯具的防护等级和擦拭次数按表5-5-1中选定相应的维护系数。

**表5-5-1　维护系数**

| 灯具防护等级 | 环境特征 | | |
|---|---|---|---|
| | 清洁 | 一般 | 污染严重 |
| IP5X、IP6X | 0.65 | 0.6 | 0.55 |
| IP4X及以下 | 0.6 | 0.5 | 0.4 |

注：1. 环境特征可按下列情况区分：

清洁：附近无产生烟尘的工作活动，中等交通量，如大型公园、风景区。

一般：附近有产生中等烟尘的工作活动，交通量较大，如居住区及轻工业区。

污染严重：附近有产生大量烟尘的工作活动，有时可能将灯具尘封起来，如重工业区。

2. 表中维护系数值以一年擦拭一次为前提。

(2) 色温及显色性

夜景照明光源色温、显色性可以分为三档，见表 5-5-2、表 5-5-3。

**表 5-5-2 夜景照明光源的色表分组**

| 色表分组 | 色温/相关色温/K |
|---|---|
| 暖色表 | <3300 |
| 中间色表 | 3300 ~ 5300 |
| 冷色表 | >5300 |

**表 5-5-3 夜景照明光源的显色性分级**

| 显色性分级 | 一般显色指数 $R_a$ |
|---|---|
| 高显色性 | >80 |
| 中显色性 | 60 ~ 80 |
| 低显色性 | <60 |

(3) 均匀度、对比度、立体感及眩光的限制

建筑物和构筑物的入口、门头、雕塑、喷泉、绿化等，可采用重点照明突显特定的目标，被照物的亮度和背景亮度的对比度宜为 3 ~ 5，且不宜超过 10 ~ 20。当需要突出被照明对象的立体感时，主要观察方向的垂直照度与水平照度之比不应小于 0. 25。夜景照明中不应出现不协调的颜色对比；当装饰性照明采用多种彩色光时，宜事先进行验证照明效果的现场试验。

眩光应符合表 5-5-4 相关的规定。

**表 5-5-4 夜景照明灯具的眩光限制值**

| 安装高度/m | $L$ 与 $A^{0.5}$ 的乘积 |
|---|---|
| $H \leqslant 4.5$ | $LA^{0.5} \leqslant 4000$ |
| $4.5 < H \leqslant 6$ | $LA^{0.5} \leqslant 5500$ |
| $H > 6$ | $LA^{0.5} \leqslant 7000$ |

注：1. $L$ 为灯具在与向下垂线成 85°和 90°方向间的最大平均亮度（$cd/m^2$）。

2. $A$ 为灯具在与向下垂线成 90°方向的所有出光面积（$m^2$）。

### 5.5.2 喷水池照明系统

**1. 概述**

喷泉作为景观最常见的元素之一，其照明在景观照明设计中应用也极为广泛。灯具一般安装于水面以下 30 ~ 100mm，安装于水面上时需注意发光面不应朝向人行区域，避免产生炫光。

**2. 光源灯具及附件的选择**

喷泉照明灯具应选用密闭型，一般由固定支架、防水压盖、密闭玻璃组成。当需要彩色光源时，透光玻璃内可以增加滤色片，通过切换滤色片颜色实现灯光颜色调控。

光源可以选用 LED 灯、汞灯、金属卤化物灯等。灯具常见的电压等级为 12V 以及 220V，其中 12V 安全电压灯具多用于泳池等人员与水大面积接触的场所，220V 电源多用于大型水景设施高功率投光灯具等设备供电。

调光装置按照控制方式可以分为自动式和手动式，区别在于灯光控制信号是预先设置还是由管理人员灵活调整。按照调光原理可以分为转筒式、凸轮式、针孔式、磁带式等。

### 5.5.3 logo 及标识照明系统

**1. 概述**

在城市总体规划中对广告标识有总的规划和安排，广告、标识是城市夜景照明的重要组成部分，因此必须符合城市夜景照明专项规划中对广告、标识照明的要求。应根据广告、标识的种类、结构、形式、表面材质、色彩、安装位置以及周边环境特点，选择相应的照明方式。

**2. 设计要求**

标识照明应选择高效、节能的照明灯具和电器附件；选用显色指数大于 80、发光效能大于 50lm/W 的光源；自发光的广告、标识宜选用发光二极管。广告与标识照明不应产生光污染，不应干扰通信、交通等公共设施的正常使用，不应影响机动车的正常行驶。

不同环境区域、不同面积的广告与标识照明的平均亮度最大允许值应符合表 5-5-5 的规定。

**表 5-5-5　不同环境区域、不同面积的广告与标识照明的平均亮度最大允许值**

（单位：cd/m²）

| 广告与标识照明面积/m² | 环境区域 | | | |
|---|---|---|---|---|
| | $E_1$ | $E_2$ | $E_3$ | $E_4$ |
| $S \leqslant 0.5$ | 50 | 400 | 800 | 1000 |
| $0.5 < S \leqslant 2$ | 40 | 300 | 600 | 800 |
| $2 < S \leqslant 10$ | 30 | 250 | 450 | 600 |
| $S > 10$ | — | 150 | 300 | 400 |

# 第6章　线路及布线系统

## 6.1　概述

### 6.1.1　分类、特点及要求

线路及布线系统是建筑电气系统的重要组成部分，承担着输送和分配电能的重要任务，其安全性和可靠性是建筑物安全可靠运行的重要保障和基础。线路及布线系统的合理设计，能够避免电气火灾的发生，也能节约电力资源，合理造价。

商业建筑属于消防法中的公众聚集场所，也就是《中华人民共和国消防法》(2021 年修订版)、《建筑设计防火规范》（GB 50016—2014）（2018 版）和《人员密集场所消防安全管理》（GB/T 40248—2021）中定义的人员密集场所。商业建筑具有人员密度高、业态种类多、管理界面复杂、火灾疏散困难等特点，线路及布线系统的设计也显得至关重要，选用阻燃、烟毒、耐火、绝缘性能好、低电阻率的线缆及母线，对于提高商业建筑供电安全性和可靠性、设备节能运行和供电质量具有较大的意义。线路及布线系统设计要做到技术先进、经济合理、安全适用、便于施工和维护等要求。

### 6.1.2　本章主要内容

本章对商业建筑线缆的阻燃、燃烧、耐火性能的选择进行分析，结合最新国家规范标准对商业建筑中非消防线缆、消防线缆及母线的选择做了相关介绍，总结了在商业建筑中常见的几类布线方式及特殊场所的线缆敷设要求，并对于智能电缆、智能母线、光电混合缆等几类线缆新产品在商业建筑中的应用做了相关的阐述和展望。

## 6.2 线缆的选择

### 6.2.1 线缆选择的一般要求

**1. 线缆的结构及选择要求**

线缆的结构主要由导体、绝缘层、屏蔽层和护层这四个结构部分组成。根据《电力工程电缆设计规范》（GB 50217—2018）、《民用建筑电气设计标准》（GB 51348—2019）、《商店建筑设计规范》（JGJ 48—2014）、《商店建筑电气设计规范》（JGJ 392—2016）等国家、行业现行规范标准的要求，以下对线缆四个结构功能分类和在商业建筑中的选择要点做简要介绍。

（1）导体的选择

导体是线缆产品发挥其使用功能的主体构件，是传输电力或传递信息的，即在导体上要通过电流或传导电磁波，光缆则以传输光波的光导纤维作为导体。用作线缆的导体材料，通常有电工铜、铝合金等。

商业建筑内人员密集场所，消防负荷的配电干线及控制电缆等应采用铜芯导体。商店建筑营业区零售业态变化大，低压线路密集，装修改造频繁，火灾危险性大，配电分支线路由于导体截面比较小（截面面积在10mm$^2$及以下），为保证其供电的安全，必须采用铜芯导体。对于商业建筑内非人员密集场所，如地下汽车库、停车楼内，出于节省资源、节约能源的考虑，结合项目实际情况除消防负荷外的配电干线也可采用电工级铝合金材质的导体。需要注意的是采用铝合金电缆需要使用专用铝合金电缆接头，对电气设备连接端子为铜端子时需解决好铜铝过渡问题，防止接头处产生电化学腐蚀，并增强安装工艺质量的监督和运维工作。

(2) 绝缘层的选择

绝缘层是在导体外层起着电绝缘作用的构件。即保证传输的电流或电磁波只沿着导体行进而不流向外面，导体上具有的电位（对周围物体形成的电位差，即电压）能被隔离。因此绝缘层是保证导体正常传输功能，又确保外界物体和人身安全的重要构件。常用的绝缘材料有聚氯乙烯（PVC）、交联聚乙烯（XLPE）、乙丙橡胶、硅橡胶、云母等。

在商业建筑人员密集场所或有低毒性要求的场所，应选用交联聚乙烯或乙丙橡胶等无卤绝缘电缆，不应选用聚氯乙烯绝缘电缆。绝缘导体应符合工作电压的要求，室内敷设塑料绝缘电线不应低于0.45kV/0.75kV，电力电缆不应低于0.6kV/1kV。

(3) 屏蔽层的选择

屏蔽层是一种将线缆产品中电磁场与外界的电磁场进行隔离的构件。有的线缆产品在其内部不同线对（或线组）之间也需要相互隔离，可以说屏蔽层是一种“电磁隔离屏”。多年来，大家习惯把屏蔽层作为护层结构的一部分，笔者认为将屏蔽层单独作为一个构件更合适，其原因是除了屏蔽层的功能是电磁隔离（即线缆产品中传递的信息不外泄、不对外界仪器仪表或别的线路产生干扰），外界的各种电磁波也不会通过电磁耦合进入线缆产品中之外，还因为屏蔽层不光设置于产品外部，还置于每一线对或多对数电缆的分组之间。随着信息传递系统电线电缆的快速发展，以及大气中存在的电磁波干扰源越来越多，促使有屏蔽结构的品种成倍增长；大家对将屏蔽层作为线缆产品中的一个基本构件的认识，已趋于认同。

商业建筑线缆金属屏蔽类型选择，应按可能的电气干扰影响采取综合抑制干扰措施，并应满足降低干扰或过电压的要求。强电回路控制电缆，除位于高压配电装置或与高压电缆紧邻并行较长需抑制干扰外，可不含金属屏蔽；智能化信号、控制回路的控制电缆，当位于存在干扰影响的环境又不具备有效抗干扰措施时，应具有金属屏蔽，控制和保护设备的直流电源电缆应采用屏蔽电缆。电缆具有钢铠、金属套时，应充分利用其屏蔽功能。

（4）护层的选择

护层是对线缆产品整体特别是对绝缘起保护作用的构件。由于绝缘材料要求优良的电绝缘性能，所用材料纯度很高、杂质含量极微，往往无法兼顾其对外界的保护能力；因此对于外界（即安装、使用场合）各种机械力承受或抵抗，耐大气环境、耐化学药品，对生物有害防止，以及减少火灾危害等都必须由各种护层结构来承担。所以，护层是电线电缆能在各种外部环境条件下长期正常工作的保证性构件。护层分为金属护层、橡塑护层及组合护层。常用的护层材料有聚氯乙烯、聚乙烯、聚烯烃、铜护层、铝护层等。

在商业建筑人员密集场所或有低毒性要求的场所，应选用聚乙烯或乙丙橡胶等无卤外护层，不应选用聚氯乙烯外护层。外护层材料应与电缆最高允许工作温度相适应；在商业设施等安全性要求高且鼠害严重的场所，塑料绝缘电缆应具有金属包带或钢带铠装。

线缆绝缘和护层材料的不同直接影响线缆的电气性能（电压等级、接地形式、绝缘水平、载流量、动热稳定性等）以及环境适应性（抗拉、耐冲击、耐腐蚀、耐气候、老化性能、阻燃、耐火、耐辐射、防虫咬等）。在商业项目设计中，根据《商店建筑设计规范》（JGJ 48—2014）要求，大型和中型商店建筑的营业厅，线缆的绝缘和护层应采用低烟低毒阻燃型，此外应结合商业建筑所处的环境条件和具体使用要求，选择合适的线缆。

**2. 线缆性能的分类**

根据现行国家规范、负荷性质以及敷设场所不同要求，商业建筑线缆绝缘及护层的主要性能要求重点体现在以下几个方面：

1）无卤（W）：燃烧时释出气体的卤素（氟、氯、溴、碘）含量均小于或等于1.0mg/g的特性。

2）低烟（D）：燃烧时产生的烟雾浓度不会使能见度（透光率）下降到影响逃生的特性。

3）低毒（U）：燃烧时产生的毒性烟气的毒效和浓度不会在30min内使活体生物产生死亡的特性。

4）阻燃（Z）：在规定试验条件下，试样被燃烧，撤去火源后，火焰在试样上的蔓延仅在限定范围内且自行熄灭的特性，即具有阻止或延缓火焰发生或蔓延的能力。阻燃性能取决于护层材料。

5）耐火（N）：在规定试验条件下，在火焰中被燃烧一定时间内能保持正常运行特性的线缆。

6）燃烧性能：材料燃烧或遇火时所发生的一切物理和化学变化，这项性能由材料表面的着火性和火焰传播性、发热、发烟、炭化、失重以及毒性生成物的产生等特性来衡量。

### 6.2.2 线缆阻燃及燃烧性能

我国现行的阻燃线缆标准主要有国家标准《电缆及光缆燃烧性能分级》（GB 31247—2014，以下简称GB 31247）、国家推荐标准《阻燃和耐火电线电缆或光缆通则》（GB/T 19666—2019，以下简称GB/T 19666）。

GB 31247参考了欧洲（EN）电缆燃烧性能分级体系的技术内容，是我国第一部国家强制性电缆及光缆燃烧性能分级标准。该标准规定的判据和相关附加等级要求，综合考虑了电缆燃烧热释放速率、燃烧热释放总量、产烟速率、产烟总量、产烟毒性、燃烧滴落物和火焰蔓延程度等燃烧特性参数，这些参数的测定可以更真实地反映电缆在实际火灾条件下的燃烧情况，对电缆燃烧性能等级的评价更加科学合理，其评价结论有更强的实际指导意义。该标准的制定使我国阻燃电缆及光缆的分级标准同国际最新的分级标准接轨，标准将电缆及光缆燃烧性能等级分为A级（不燃电缆）、$B_1$级（阻燃1级电缆）、$B_2$级（阻燃2级电缆）、$B_3$级（普通电缆）；同时该标准还增加了附加分级，包括燃烧滴落物/微粒等级（$d_0$、$d_1$、$d_2$），烟气毒性等级（$t_0$、$t_1$、$t_2$），腐蚀性等级（$a_1$、$a_2$、$a_3$）等。

GB/T 19666对阻燃定义、燃烧特性代号、阻燃类别、成束阻燃性能要求、无卤性能、低烟特性等做了详细规定，将阻燃线缆分为有卤阻燃 A 类（ZA）、有卤阻燃 B 类（ZB）、有卤阻燃 C 类（ZC）、有卤阻燃 D 类（ZD）和无卤低烟阻燃（WDZ，单根试验）、无卤低烟阻燃 A 类（WDZA）、无卤低烟阻燃 B 类（WDZB）、无卤低烟阻燃 C 类（WDZC）、无卤低烟阻燃 D 类（WDZD）。

国家标准 GB/T 19666 与 GB 31247 都是对电缆性能的分级要求，一个是燃烧特性、一个是燃烧性能。线缆的阻燃性能仅强调燃烧性能中的火焰蔓延指标，而低烟无卤线缆仅考虑烟密度和毒性指标，只有燃烧性能指标比较全面，接近欧盟标准 EN 13501-6。实际上燃烧性能 + 附加分级已经涵盖了电缆的阻燃、低烟、无卤、低毒等电缆燃烧特性。这也是《民用建筑电气设计标准》（GB 51348—2019）采纳 GB 31247 的主要原因，符合燃烧性能分级的电缆已能满足民用建筑对电缆阻燃、低烟、无卤、低毒等的要求。

### 6.2.3 线缆的耐火性能

耐火电缆是具有规定的耐火性能（如线路完整性、烟密度、烟气毒性、耐腐蚀性）的电缆，与阻燃电缆有显著区别。耐火电缆有较好的耐燃烧性能，但造价较高。耐火电缆的主要标准有：《阻燃和耐火电线电缆或光缆通则》（GB/T 19666—2019），《阻燃及耐火电缆 塑料绝缘阻燃及耐火电缆分级和要求 第 2 部分：耐火电缆》（GA 306.2—2007）。

《民用建筑电气设计标准》（GB 51348—2019）对于在民用建筑中敷设的电线电缆，根据其敷设的场所从燃烧性能和耐火性能予以考量。《建筑设计防火规范》（GB 50016—2014）第 10.1.10 条条文解释要求“阻燃电缆”和“耐火电缆”为符合国家现行标准《阻燃及耐火电缆 塑料绝缘阻燃及耐火电缆分级和要求》（GA 306.1～2—2007）的电缆。

### 6.2.4 商业建筑非消防线缆的选择

商业建筑属于人员密集场所，非消防线缆的选择需充分考虑到火灾时产烟毒性的影响，根据《民用建筑电气设计标准》（GB 51348—2019）相关条文规定，商业建筑各场所电力电缆燃烧性能等级要求见表6-2-1，通信电缆和光缆燃烧性能等级要求见表6-2-2。

**表6-2-1 商业建筑各场所电力电缆燃烧性能等级要求**

| 建筑物和场所类型及用线 | 线缆燃烧性能等级要求 |
|---|---|
| 建筑高度超过100m的公共建筑 | 应选择燃烧性能$B_1$级及以上、产烟毒性为$t_0$级、燃烧滴落物/微粒等级为$d_0$级的电线电缆 |
| 避难层(间)明敷的电线和电缆 | 应选择燃烧性能不低于$B_1$级、产烟毒性为$t_0$级、燃烧滴落物/微粒等级为$d_0$级的电线电缆和A级电缆 |
| 人员密集的公共场所 | 应选用燃烧性能$B_1$级、产烟毒性为$t_1$级、燃烧滴落物/微粒等级为$d_1$级的电线电缆 |
| 其他一类公共建筑(非人员密集的公共场所) | 应选择燃烧性能不低于$B_2$级、产烟毒性为$t_2$级、燃烧滴落物/微粒等级为$d_2$级的电线电缆 |
| 长期有人滞留的地下建筑 | 应选择烟气毒性为$t_0$级、燃烧滴落物/微粒等级为$d_0$级的电线电缆 |

注：建筑物内水平布线和垂直布线选择的电线和电缆燃烧性能宜一致。

**表6-2-2 商业建筑各场所通信电缆和光缆燃烧性能等级要求**

| 建筑物和场所类型及用线 | 敷设方式 | 线缆燃烧性能等级要求 |
|---|---|---|
| 建筑高度大于或等于100m的公共建筑；建筑高度小于100m大于或等于50m且面积超过10万$m^2$的公共建筑(含商业建筑) | 水平敷设 | 应采用通过水平燃烧试验要求的通信电缆或光缆 |
| | 垂直敷设 | 应采用不低于$B_1$级的通信电缆或光缆 |
| 其他公共建筑(含商业建筑) | 水平及垂直敷设 | 宜采用$B_2$级的通信电缆或光缆 |

注：$B_1$、$B_2$、$B_3$级为《电缆及光缆燃烧性能分级》（GB 31247—2014）规定的燃烧性能分级。

当配电线路在桥架内或竖井内成束敷设受非金属含量限制不能满足阻燃要求时，应选择敷设不受非金属含量限制的电缆（该电缆应符合《电缆及光缆燃烧性能分级》GB 31247—2014 规定的A

级不燃性电缆)，并应符合现行国家标准《电缆和光缆在火焰条件下的燃烧试验》（GB/T 18380. 33 ~ GB/T 18380. 36—2022）的有关规定。

## 6. 2. 5 商业建筑消防线缆的选择

根据《建筑物电气装置》（IEC 60364）火灾防护的规定，消防配电线路应保证火灾时消防设备持续运行时间的要求，因此应按消防设备持续供电时间要求的不同，选用不同耐火等级的电线、电缆或耐火母线槽。根据《民用建筑电气设计标准》（GB 51348—2019）等相关规范规定，商业建筑各场所消防线缆的选择要求见表6-2-3，消防用电设备在火灾期间最少持续供电时间见表6-2-4。

**表6-2-3 商业建筑各场所消防线缆的选择要求**

| 消防系统分类 | 建筑物和场所类型及用线 | 线缆燃烧性能等级及选择要求 |
|---|---|---|
| 火灾自动报警系统与智能化相关系统 | 人员密集场所疏散通道采用的火灾自动报警系统的报警总线 | 应选择燃烧性能 $B_1$ 级的电线、电缆 |
| | 其他场所的报警总线 | 应选择燃烧性能不低于 $B_2$ 级的电线、电缆 |
| | 消防联动总线及联动控制线 | 应选择耐火铜芯电线、电缆 |
| | 超高层建筑避难层(间)与消控中心的通信线路、消防广播线路、监控摄像的视频和音频线路 | 应采用耐火电线或耐火电缆 |
| 消防供配电系统 | 总变电所至分变电所的35kV、20kV或10kV的电缆 | 应采用耐火电缆和矿物绝缘电缆 |
| | 消防负荷的应急电源采用10kV柴油发电机组时 | 输出的配电线路应采用耐压不低于10kV的耐火电缆和矿物绝缘电缆 |
| | 消防控制室、消防电梯、消防水泵、水幕泵及建筑高度超过100m民用建筑的疏散照明系统和防排烟系统的供电干线 | 电能传输质量在火灾延续时间内应保证消防设备可靠运行 |
| | 大型商店建筑内消防设备配电线路的干线及分支干线 | 应采用矿物绝缘类不燃性电缆 |

（续）

| 消防系统分类 | 建筑物和场所类型及用线 | 线缆燃烧性能等级及选择要求 |
| --- | --- | --- |
| 消防供配电系统 | 高层建筑的消防垂直配电干线计算电流在630A及以上 | 宜采用耐火母线槽供电 |
| | 为多台防火卷帘、疏散照明配电箱等消防负荷采用树干式供电时 | 宜选择分支矿物绝缘电缆 |
| | 电压等级超过交流50V以上的消防配电线路在吊顶内或室内接驳时 | 应采用防火防水接线盒，不应采用普通接线盒接线 |

**表6-2-4　商业建筑消防用电设备在火灾期间最少持续供电时间**

| 消防用电设备名称 | 持续供电时间/min |
| --- | --- |
| 火灾自动报警装置 | ≥180(120) |
| 消火栓、消防泵及水幕泵 | ≥180(120) |
| 消防电梯 | ≥180(120) |
| 消防应急照明 | 疏散照明≥90(100m及以上公共建筑的疏散走道)、60(人员密集场所、避难间、避难走道)、30(非人员密集100m以下公共建筑) |
| | 备用照明≥90(屋顶消防救护用直升机停机坪)、180(避难层、消控室、电话总机房、配电室、发电站、消防水泵房、防排烟机房) |
| 防排烟设备 | ≥90、60、30 |
| 火灾应急广播 | ≥90、60、30 |
| 自动喷水系统 | ≥60 |
| 水喷雾和泡沫灭火系统 | ≥30 |
| $CO_2$ 灭火和干粉灭火系统 | ≥30 |

注：1. 防排烟设备火灾时应大于等于疏散照明时间。

2. 表中120min为建筑火灾延续时间2h的参数。

3. 根据《消防给水及消火栓系统技术规范》（GB 50974—2014）表3.6.2的规定，高层建筑中的商业建筑火灾延续时间为180min，其他商业公共建筑为120min。

国内建筑消防系统主要采用阻燃、耐火及耐火+（敲击、喷水）三类电线电缆产品。在通常情况下，阻燃电缆只是具有一定的难燃性或不延燃；耐火电缆（有机绝缘及护套）是在一定时间（750℃，90min）内维持线路通电运行；耐火 +（敲击、喷水）电缆在火场温度950℃情况下，仍能在规定时间（180min）内保持线路完整性。《民用建筑电气设计标准》（GB 51348—2019）规定在火灾情况时（火场温度可能达到950℃），消防备用照明、消防泵、消防电梯、消防控制室等至少保持180min正常工作，目前只有矿物绝缘类电缆能满足要求。我国矿物绝缘类耐火电缆有十几种形式，以下介绍几种常见的矿物绝缘类耐火电缆的结构形式：

1）氧化镁矿物绝缘的耐火电缆（BTTZ，俗称刚性矿物绝缘电缆，图6-2-1），结构为：导体（单芯或多芯）+氧化镁绝缘+铜护套→挤包聚合物外护套（可选）。产品标准：《额定电压750V及以下矿物绝缘电缆及终端》（GB/T 13033—2007）。

2）云母带绕包矿物绝缘耐火电缆（RTTZ，俗称柔性矿物绝缘电缆，图6-2-2），结构为：导体+绕包云母带→成缆+绕包云母带或类似的带材→铜护套氩弧焊轧纹→挤包聚合物外护套（可选）。产品标准：《额定电压0.6kV/1kV及以下云母带矿物绝缘波纹铜护套电缆及终端》（GB/T 34926—2017）。

3）陶瓷化硅橡胶绕包带作为耐火层的耐火电缆（BBTRZ），结构为：导体+挤包聚合物绝缘+绕包陶瓷化硅橡胶绕包带→成缆+绕包陶瓷化硅橡胶绕包带+内衬层（可选）→铠装（可选）→挤包聚合物外护套，该产品为企业标准。

4）具有分相铝护套带挤出聚合物绝缘层和云母带的耐火电缆BTLY（NG-A），结构：导体+绕包云母带+挤包聚合物绝缘+分相铝护套→成缆+内衬层（可选）→铠装（可选）→挤包聚合物外护套，该产品为企业标准。

5）高性能陶瓷化硅橡胶绝缘耐火电缆（RTXMY），结构：导体+挤包陶瓷化硅橡胶绝缘缆+内衬层（可选）→铠装（可选）→挤包聚合物外护→套成，该产品为企业标准。

以上常见的矿物绝缘类耐火电缆已有国家标准的只有两种（BTTZ、RTTZ），BBTRZ电缆、BTLY（NG-A）电缆、RTXMY电缆这三种电缆均有企业标准，在项目中也有采用。

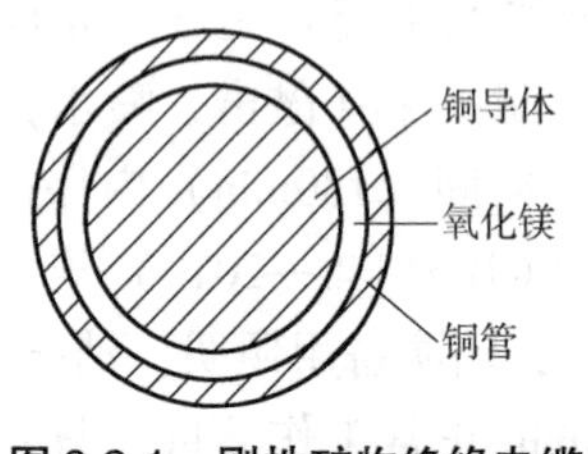


图 6-2-1　刚性矿物绝缘电缆结构示意图

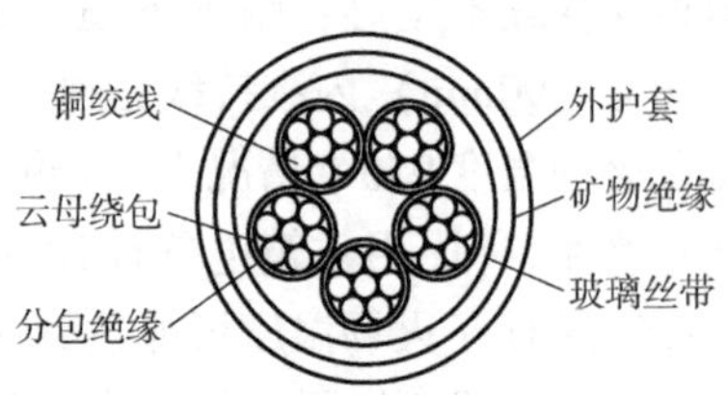


图 6-2-2　柔性矿物绝缘电缆结构示意图

## 6.2.6　母线的选择

对于中大型商业建筑，多个楼层商户用电负荷较大，用绝缘电缆作为主干线已不能满足供电需求，通常配电主干线需要选用母线槽。从负荷大小并结合经济性选择电缆供电或母线槽，一般当配电干线电流在 630A 以上时可考虑采用封闭式母线槽作为低压配电干线。母线槽是一种新型配电导体，具有结构紧凑、传输电流大、动热稳定性好、使用寿命长等优点。以下对母线槽在商业建筑中的选择做相关介绍：

1）母线槽按绝缘方式选择分为密集绝缘母线槽、空气绝缘母线槽和空气附加绝缘母线槽，其中以密集绝缘母线槽为主，占比约 75%。

2）按功能分类选择分为馈电式、插接式和滑接式母线槽。其中馈电式母线槽常用于发电机或变压器与配电屏的连接线路，或者配电屏之间的连接线路。插接式母线槽用在商业楼层引出电源支路应用较多，插接引出线电流不宜大于 630A，电流更大时可用固定分支端口。

3）按外壳形式及防护等级选择，母线槽外壳有表面喷涂的钢板、塑料及铝合金三种材料，最多见的是表面喷涂钢板式。

4）按防火要求选择分为阻燃母线槽、耐火母线槽。目前普通金属外壳密集绝缘母线槽由于采用了具有阻燃性能的绝缘材料，都已满足阻燃性能要求。耐火母线槽主要用于消防水泵、消防电梯等着火时需要持续供电 3h 的消防用电设备。目前市场耐火母线槽有三种：空气绝缘型、密集绝缘型、矿物质密集型，均满足供火

950℃，持续通电 3h 的试验标准。

此外一些具有专用性能的母线槽产品也相继进入市场，如防水母线槽、照明母线槽、风力发电专用母线槽、直流母线槽等。

## 6.3 布线系统

### 6.3.1 概述

商业建筑内的布线系统应根据建筑物结构、环境特征、使用要求、用电设备分布及所选导体的类型等因素综合确定。布线系统的选择与敷设，应避免因环境温度、外部热源以及非电气管道等因素对布线系统带来的损害，并应防止在敷设过程中因受撞击、振动、电线或电缆自重和建筑物变形等各种机械应力带来的损害。

商业建筑内的电力电缆、控制电缆及智能化线缆敷设应符合下列规定：

1）不应采用裸露带电导体布线。

2）除塑料护套电线外，其他电线不应采用直敷布线方式。

3）明敷的导管、电缆桥架应选择燃烧性能不低于 $B_1$ 级的难燃材料或不燃材料制品。

商业建筑内通常采用竖井布线、电缆桥架布线、导管布线、管廊布线、电缆沟布线、预制分支电缆及 T 接电缆布线、耐火电缆及矿物绝缘电缆布线及母线槽布线等。

**1. 竖井布线**

商业建筑特别是大型商业综合体建筑项目的用电负荷种类繁多、用电灵活性要求较高，电气竖井宜按照建筑防火分区设置，每个防火分区至少设置一处电气竖井，竖向宜对齐。强、弱电竖井应分开设置，位置应靠近负荷中心。

电气竖井面积根据商业建筑的规模及商业业态分布情况确定，对于大型商业综合体建筑项目，商业区域的强电竖井不宜小于 $10m^2$，弱电竖井不宜小于 $5m^2$，建议布置在商业后场区域。电气竖井应避免邻近烟道、热力管道和其他散热量大或潮湿的区域。

商业建筑在建成运营后，根据招商、运营情况的变化，商铺用电量可能会增多，因此电气竖井内宜预留一部分空间，以便于后期新增配电桥架及电缆。电气竖井内各配电箱、柜前的操作距离不宜小于0.8m。

同一竖井内的高低压电缆和应急电源的电气线路，相互之间应保持不小于0.3m的安全距离或采取隔离措施，高压线路应设有明显标志。

大型商业综合体建筑内的影院、超市业态应设置独立的配电间，其他主力店建议设置独立的配电小间。

竖井布线的其他要求参见相关规范。

**2. 电缆桥架布线**

一级负荷及消防设备负荷的供电电缆，主用电源电缆及备用电源电缆建议分开不同桥架敷设。如采用同桥架敷设，桥架应采用防火隔板分开。

桥架之间、桥架与其他设备管道的间距应满足电缆敷设及施工维修保护的要求。大型商业综合体项目在运营过程中受招商及店铺改造的影响较多，后期增加配电电缆的可能性较大。因而电缆桥架多层敷设时，层间距离应满足敷设和维护需要，并符合下列规定：

1）电力电缆的电缆桥架间距不应小于0.3m。

2）电信电缆与电力电缆的电缆桥架间距不宜小于0.5m，当有屏蔽盖板时可减少到0.3m。

3）控制电缆的电缆桥架间距不应小于0.2m。

4）最上层的电缆桥架的上部距顶棚、楼板或梁等不宜小于0.15m。

电缆桥架避免安装在气体管道和热力管道的上方及液体管道的下方。屋面敷设的电缆桥架建议选用耐腐蚀性高、防水性好的封闭金属桥架，同时安装高度不宜小于300mm，桥架底部建议设排水孔。室内潮湿场所采取电缆桥架敷设时，应优先选用防潮防腐材料制造的桥架，例如高分子合金电缆桥架或塑料电缆桥架。当采用钢制电缆桥架时，其板厚不应小于 1.5mm。如采用防潮防腐漆做涂刷处理，涂刷不应少于三次。

商业建筑电缆桥架布线除需符合相关设计规范的要求以外，还应注意以下特点：

1）桥架内电缆总截面面积不宜超过桥架横截面面积的 25%，以预留扩容条件。

2）桥架应结合商铺平面动线敷设，同时和装修顶面造型结合。桥架穿越防火卷帘分隔时，应与装饰专业、土建专业协调一致。桥架建议设置在商场公共区域，不宜设置在商铺内，以免影响后期维护。

3）桥架路由布置应与给水排水、暖通、弱电等设备专业综合设计确定，以满足商业综合体项目对于室内净高的控制要求。

电缆桥架与各种管道平行或交叉时，其最小净距应符合表 6-3-1 的规定。

**表 6-3-1　电缆桥架与各种管道的最小净距**（单位：m）

| 管道类别 | | 平行净距 | 交叉净距 |
|---|---|---|---|
| 一般工艺管道 | | 0.4 | 0.3 |
| 具有腐蚀性气体管道 | | 0.5 | 0.5 |
| 热力管道 | 有保温层 | 0.5 | 0.3 |
| | 无保温层 | 1.0 | 0.5 |

### 3. 导管布线

室内干燥场所线路穿管明敷或暗敷时，应采用壁厚不小于 1.5mm 的镀锌钢导管 JDG 管，镀锌方式可选择热镀锌或热浸镀锌。

室内潮湿场所线路穿管明敷时，应优先选用防潮防腐材料制造的导管，如不锈钢导管、燃烧性能分级为 $B_1$ 级的刚性塑料导管等。当采用金属导管敷设时，应采用壁厚不小于 2.0mm 的热镀锌焊接钢管。同时建议采用防潮防腐漆做涂刷处理，且涂刷不少于三次。

室外埋地线路可选用刚性塑料导管，引出地（楼）面的管路应采取防止机械损伤的措施。

大型商业综合体项目中，建议按照毛坯区域及装修吊顶区域采取不同的敷设方式。建议按照以下措施实施：

1）地下车库内配电系统及消防系统（火灾自动报警系统、应急照明及疏散指示系统）的分支管线管暗敷于楼板或墙体、柱内。

2）商铺内的配电系统及消防系统管线明敷，消防系统的管线应刷防火涂料。

3）商业建筑的后场公区（不设置吊顶）内的配电系统及消防系统管线暗敷。

4）商业建筑的前场公区（设置吊顶）内的配电系统及消防系统管线明敷，消防系统的管线应刷防火涂料。

以上敷设方式主要针对水平末端电气分支管线，竖向管线应结合敷设管径大小、建筑装饰方案综合考虑，以暗敷为主。当管径较大确需明敷时，应考虑建筑美观性而加以装饰处理。

智能化系统的管线建议以明敷为主。门禁、商铺信息箱等点位及楼梯间的竖向管线宜采用暗敷。

管路敷设距离较长、转弯较多时，宜加装拉线盒或者加大管径。

#### 4. 管廊布线

商业综合体建筑中如碰到多个单体且地下车库不能连通时，可采用室外电缆埋管敷设。当管线较多时，建议采用机电管廊形式布置管线，以便于施工安装以及后期维护。电气专业应与给水排水专业、暖通专业及智能化专业共同协商考虑设置机电管廊。电力管线与热水管、蒸汽管同侧敷设时，应满足表 6-3-1 中的要求。机电管廊中各类管线之间的最小净距可参照图 6-3-1 中的剖面图。

#### 5. 电缆沟布线

商业综合体建筑供电回路繁多，变电所内的电缆建议采用电缆沟形式敷设。高压、低压电缆应分开电缆沟布置，高、低压电缆沟建议预留连通套管，用于变电所内控制信号的敷设。

高压电缆沟宽度不宜小于 600mm，深度不宜小于 800mm。低压电缆沟宽度不宜小于 1000mm，深度不宜小于 1000mm。

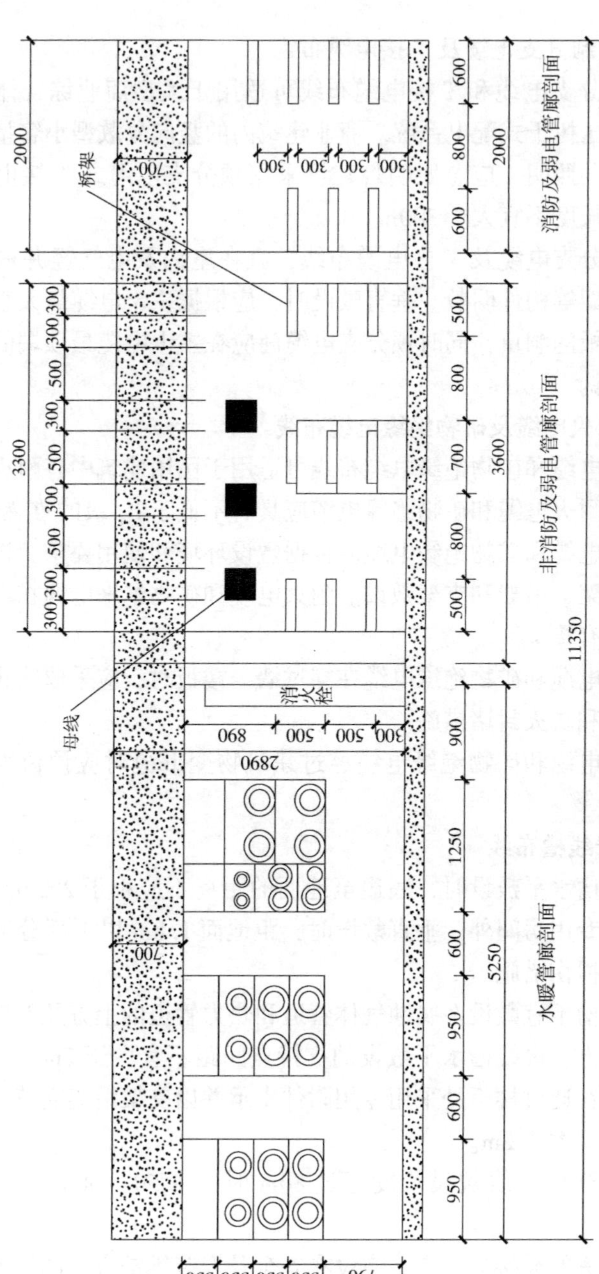


图6-3-1 典型机电管廊中各类管线的最小净距

**6. 预制分支电缆及 T 接电缆布线**

预制分支电缆和 T 接电缆布线可适用于大型商业综合体建筑物室内低压树干式配电系统。商业建筑内的竖向分散型小容量用电负荷如公共照明、应急照明灯建议采用预分支电缆或 T 接电缆供电，传输长度不宜大于 300m。

预制分支电缆及 T 接电缆布线，宜在室内及电气竖井内采用支架或梯架等构件明敷。垂直敷设时，应根据主干电缆最大直径预留穿越楼板的洞口，同时预分支电缆尚应在主干电缆最顶端的楼板上预留吊钩。

**7. 耐火电缆及矿物绝缘电缆布线**

耐火电缆和矿物绝缘电缆布线可适用于民用建筑中有耐火要求的场所。耐火电缆和矿物绝缘电缆应具有不低于 $B_1$ 级的难燃性能。

耐火电缆和矿物绝缘电缆应根据敷设环境和使用要求，选择采用电缆桥架、吊架和支架敷设。耐火电缆和矿物绝缘电缆在电缆桥架内不宜有接头。

耐火电缆和矿物绝缘电缆在穿过墙、楼板时，应采取防止机械损伤措施和防火封堵措施。

耐火电缆和矿物绝缘电缆经过建筑物变形缝时应预留电缆的裕量。

**8. 母线槽布线**

母线槽水平敷设时，底边至地面的距离不应小于 2.2m。除敷设在电气专用房间外，垂直敷设时，距地面 1.8m 以下部分应采取防止机械损伤措施。

母线槽不宜敷设在腐蚀气体管道和热力管道的上方及腐蚀性液体管道下方。母线槽水平敷设的支持点间距不宜大于 2m。垂直敷设时，应在通过楼板处采用专用附件支承并以支架沿墙支持，支持点间距不宜大于 2m。

当母线槽直线敷设长度超过 80m 时，每 50 ~ 60m 宜设置膨胀节。

母线槽的插接分支点，应设在安全及安装维护方便的地方。为便于商业项目后期增加、扩展用电负荷，母线槽宜在电气竖井内按楼层预留插接口。

多根母线槽并列水平或垂直敷设时，各相邻母线槽间应预留维护、检修距离。

母线槽外壳及支架，应做全长不少于 2 处与保护联结导体相连。水平为 30m 连接一次，垂直每三层楼连接一次。

母线槽随线路长度的增加和负荷的减少而需要变截面面积并满足线路保护电器动作灵敏度时，应采用变容量接头及母线槽。

### 6.3.2 特殊场所的线缆敷设

#### 1. 商业活动推广点位线缆敷设

商业综合体建筑中，通常在室内主次中庭、室外主次广场需设置商业推广活动的电源。

室内主次中庭预留电源位置建议设置在扶梯下端或就近的配电间内。设置在扶梯下端时，配电线路建议采用金属线槽或桥架沿本层吊顶内敷设，沿扶梯下方明敷至预留电源接口处。明敷段线路宜与内装方案结合，兼顾建筑美观性。设置在就近的配电间内时，配电线路建议采用临时明敷管线的敷设方式，并在线路敷设全路径覆盖梯形硬质塑料或金属盖板，以保护商场内行人及线路安全。

室外主次广场预留电源位置建议设置在绿化带内或扶梯下端。设置在绿化带中时，配电线路宜穿热镀锌钢管暗敷于绿化带下方，管线应避开室外给水排水管线，不宜设置在硬质铺装路面下方。设置在扶梯下端时，配电线路建议采用金属线槽或桥架沿本层吊顶内敷设，沿扶梯下方明敷至预留电源接口处。明敷段线路宜与内装方案结合，兼顾建筑美观性。

#### 2. 室内多种经营点位线缆敷设

商业综合体建筑中，沿主通道间隔合适距离预留多种经营点位电源，具体位置及数量宜根据项目情况设置。动线末端建议预留多种经营点位电源，靠柱子或墙边敷设。根据预留电源大小的不同，可采取桥架、线槽或穿管形式敷设。预留电源不超过 10kW 时，末端建议设置插座盒，配电管线经楼板或建筑装饰面层暗敷。预留电源大于10kW时，末端建议设置插座箱，配电管线宜采用桥架或明管敷设于下一层吊顶内，穿越楼板后设于本层楼面，电缆头应进行绝缘、防水、耐磨处理，其具体安装方式可参考图6-3-2。

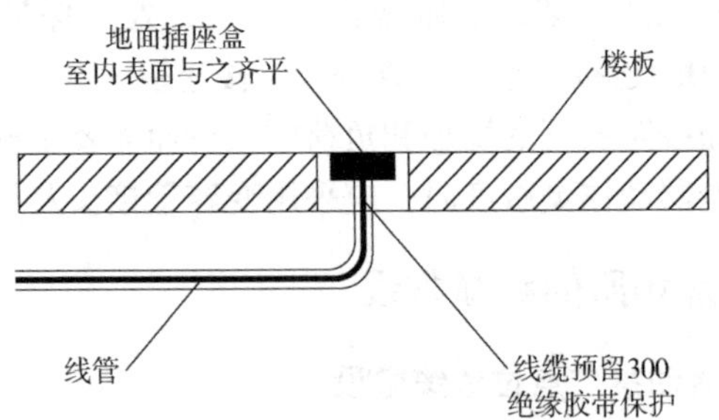


**图6-3-2　多种经营点位电源的安装示意图**

插座盒（箱）宜安装在墙面、柱上或与地面完成面做平。地埋插座盒（箱）宜采用旋盖形式，避免后期插座盒盖弹起产生绊倒行人的风险，防水等级应达到IP65。

**3. 室内电动吊钩的线缆敷设**

商业综合体建筑内的主要采光顶建议每处预留4～6个电动吊钩电源，每处2kW，配电管线宜与采光顶形式结合布置，可采用金属管明敷或隐藏式安装，或金属线槽沿采光顶四周吊顶内敷设。

**4. 室内外LED屏的线缆敷设**

商业综合体建筑室内外的LED屏通常容量较大，建议采用单独回路电缆放射式供电。电缆经桥架敷设至LED屏背面的控制箱处。

**5. 装配式商业建筑的电缆敷设**

装配式商业建筑的电气设备与管线宜采用集成化技术、标准化设计，当采用集成化新技术、新产品时，应有可靠依据。

装配式商业建筑布线系统应满足《低压配电设计规范》（GB 50054—2011）的相关要求。预制构件内暗敷导管宜选择中型及以上阻燃塑料管（PC）、中型可弯曲金属导管（KJG，现浇混凝土内的可弯曲金属导管应选择重型）。阻燃塑料管外径不宜大于Φ25，KJG外径不宜大于Φ25.2。

电气线路采用导管布线时，直接连接的导管尽量采用相同的管材。预制构件内导管与外部导管的连接应采用标准接口。在预制构件内暗敷的末端支线，应在预制构件内预埋导管，在现场进行穿线。

电气导管暗敷时，外护层厚度不应小于15mm；消防配电线路暗敷时，应穿管并应敷设在不燃烧结构内，保护层厚度不应小于30mm。

## 6.4 线缆新产品

### 6.4.1 智能电缆

商业综合体建筑项目是城市中具有重要功能的建筑体，应优先运用新技术、新产品，以使其发挥更多的社会作用，提供更加智慧、完备的服务，同时也更有利于建筑体自身的运营及维护。商业综合体建筑项目中宜推荐使用智能电缆。

**1. 光纤复合电缆**

光纤复合电缆是针对电力系统的智能电缆，可利用电缆中的光缆，监测电缆本身的运行温度情况，同时还可以监测沿途的电缆敷设环境温度、周围施工机械的振动与火灾情况。另外消防线缆是建筑领域供电系统的重要组成部分，对于电缆敷设长度上的温度、距离等信息的实时在线监测，对整个建筑系统的安全具有重要的意义。传统电缆报警系统采用点式监测，一定面积内设计一个监测点，而光纤复合电缆利用分布式光纤测温系统（DTS）对正常工况或火灾工况下电缆缆芯温度进行监测，起到复合监测、故障报警定位以及火灾预警作用。由光纤复合电缆、预警主机、测温软件、可视化界面等系统组成。

光纤复合电缆系统可独立设置预警温度、温升速率、电缆断线等报警指标。当报警指标的变量在报警阈值上下波动时，其安全状态发生转移，并触发安全事件。光纤复合电缆系统具有反应快，精度高、定位准的特点。光纤复合电缆系统典型功能见表6-4-1。

表 6-4-1 光纤复合电缆系统典型功能

<table>
<tr><th>序号</th><th>系统典型功能</th><th colspan="2">指标</th></tr>
<tr><td>1</td><td>运行温度实时在线监测</td><td colspan="2">电缆运行温度的最大值、最小值、平均值</td></tr>
<tr><td>2</td><td>热温点的测量和定位</td><td colspan="2">温度异常点的测量和定位</td></tr>
<tr><td>3</td><td>数据通信功能</td><td colspan="2">符合 IEC 61850 的规定</td></tr>
<tr><td>4</td><td>通道数</td><td colspan="2">32</td></tr>
<tr><td>5</td><td>最大监测距离和定位精度</td><td colspan="2">10km、±0.5m</td></tr>
<tr><td>6</td><td>温度分辨率和温度精度</td><td colspan="2">0.1℃、±1℃</td></tr>
<tr><td rowspan="3">7</td><td rowspan="3">报警功能</td><td>温度超限报警</td><td>70～85℃</td></tr>
<tr><td>温升速率报警</td><td>相邻测量周期内温升超过 5℃</td></tr>
<tr><td>断线报警</td><td>线路挖断报警</td></tr>
<tr><td>8</td><td>数据保存及事件识别</td><td colspan="2">数据完整存储、自动保存、备份，异常事件识别</td></tr>
</table>

### 2. 智能芯片电力电缆

智能芯片电力电缆是在电缆内植入射频识别技术（RFID）芯片，将现代先进的传感测量技术、信息通信技术与物理电网高度集成而形成的新型配电网，利用先进的传感技术实现配电网设备感知、状态和环境感知，为配电设备的综合评价及辅助决策提供数据支撑。通过构建基于 RFID 技术的配电网实物资产管理及设备状态监测评估系统，一方面打破以前设备资产管理混乱、人工工作量庞大、技术手段低的现状，以强化配电网设备数据化和信息化管理，另一方面实现全配电网设备的状态监测、实时告警分析，有效降低配电网故障次数，降低运维成本，全面提升配电网精细化管理水平。系统主要由置入电缆的智能芯片、天线、读写器、系统服务器组成。

智能芯片电力电缆系统主要功能包括将低功率芯片置入电缆以实现电缆智能化，在实现电缆温度和载流量的实时监测的同时，还能实现电缆制造、出厂检测和安装敷设情况的信息存储和调用。以上信息通过无线传输，利用云计算，在客户手机（APP）上实现实时查阅和监控，且该系统具有低成本、安全、可靠的特性，为电力系统能源传输和信息调配与管理及建设能源互联网提供了基本条件。

## 6.4.2 智能母线

母线是输配电系统中的重要组成部分，商业综合体建筑项目中通常都会使用密集型母线槽为商业用电或大型机电设备供电。

智能母线是指在影响母线运行安全的关键部位设置相应的传感器，如在母线插接箱中安装电力监控仪表、在母线连接器部位安装测温传感器等，通过传感器将采集到的相关运行数据传输至监控平台，能实时监控运行状态，同时还预留标准接口和协议可满足不同平台的无缝对接需求，实现母线的数字化管理和运维。

智能母线和其他智能化系统一样，其产品功能设置、测量点位布置都要充分考虑用户的具体使用需求，不仅是单纯的产品的集成，更重要的是前端设备、后端应用平台、系统功能的综合。

智能母线一般由三个部分组成：母线及现场层设备、通信层设备和应用层设备。母线及现场层设备是指母线产品本身及其安装的相关传感器设备。通常情况下，传感器设备可分为母线槽连接处的测温设备、始端箱和插接箱的电力监控设备，而常规电力监控设备集成了电力参数测量、温度监测、开关量监测、漏电监测、继电器输出等功能，而测温设备可实时检测母线连接处的温度数据，并且这些设备都具有有线通信或无线通信接口。通信层设备是指将现场层的设备通过有线或无线接口接入数据传输设备，例如通信管理机、网关、边界控制器、交换机等，其作用是连接现场层设备与应用层设备的通道，同时还需将现场层设备的接口和通信协议进行转换和统一。应用层设备包括服务器、监控大屏、监控计算机、平板计算机、手机等，其作用是将采集数据与用户进行信息交互，并将信息展示给用户，同时接收用户的信息输入并反馈。

智能母线以各类传感器和监控设备为基础、以相关数据转换设备为依托、以多种展示方式为特色，实现母线产品的“可感、可知、可控”，让传统母线产品成为智能化产品。通过智能母线的运用，能够降低母线故障率，提前预知母线异常情况，实时了解母线预警和维护保养等信息，时刻感知母线运行状态；能够提高运维效率，采用各类定制化界面查看母线运行信息，并对母线未来状态进行预测，给出对应维护保养建议，保证母线运行安全；能够提升管理母线的能力，具有完善报警记录和历史记录查询功能，实现对母线事故追忆和数据反演。

## 6.4.3 光电混合缆

光电混合缆是一种集成了光纤和导电铜线的混合形式的电缆，可以用一根线缆同时解决数据传输和设备供电的问题。光电混合缆包括绝缘后的电力导体、光电融合体、阻水填充物和护套。光电混合缆主要用于完成交换机与 AP 或远端模块之间的连接，用一根线缆同时完成 AP 或远端模块的数据传输和 PoE 供电。

### 1. 光电混合缆的诞生

在通信线缆中，按照介质的不同可以分为以光纤为传输介质的光缆和以铜线为传输介质的铜缆。光纤利用光的全反射原理进行数据传输，具有带宽大、损耗低、传输距离长等优点，但是光纤的材料是玻璃纤维，是电的绝缘体，无法支持 PoE 供电。而铜线利用金属作为传输介质，利用电磁波原理进行数据传输，既可以传输数据信号，又可以输送电力信号。但是铜线在传输过程中会存在热效应，因此损耗较大，不适合于长距离的数据传输，在网络综合布线规范中，明确要求，双绞线的链路总长度不能超过 100m。未来需要一种线缆在支持带宽的长期演进的同时解决 PoE 供电的问题，而光电混合缆就是一种比较合理的解决方案。

光电混合缆将光纤和铜导线集成在一根线缆中，它使用光纤传输数据信号，使用铜线传输电力信号，取两者之所长，既可以完成高速率的数据传输，又可以完成长距离的设备供电。光电混合缆的界面示意图如图 6-4-1 所示，它把光纤和铜导线集成到一根线缆中，通过特定的结构和保护层设计，确保光信号和电能信号在传输

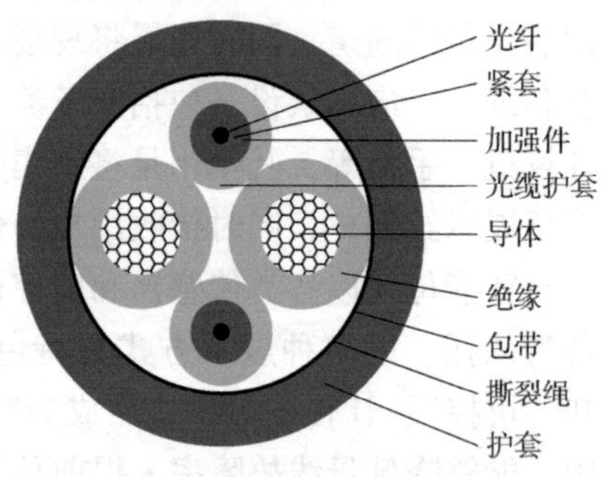

图 6-4-1　光电混合缆的界面示意图

过程中不会互相干扰。

**2. 光电混合缆的使用场景**

光电混合缆主要用于交换机与AP或者远端模块之间的连接，如图6-4-2所示。对于交换机和AP之间的连接，传统的方案是使用双绞线，这样既能完成数据的传输，也可以完成AP的PoE供电。但是，随着WiFi技术的演进，对交换机和AP之间这段线缆的要求越来越高，需要这段线缆同时解决高速数据传输和长距离PoE供电的问题。

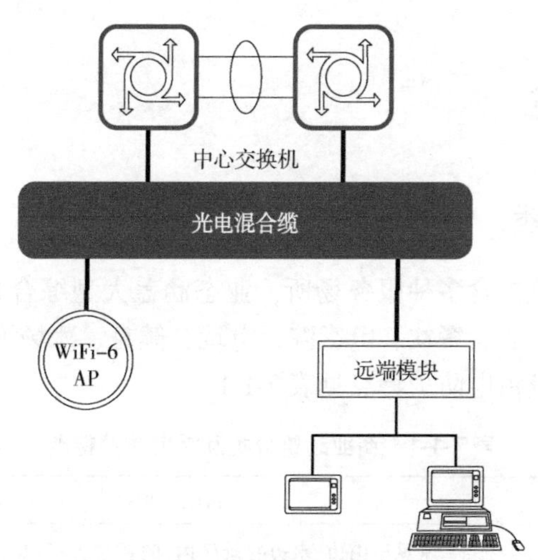


**图6-4-2　光电混合缆的使用场景**

光电混合缆可以同时实现长距离PoE供电和高速的数据传输，其传输距离取决于直流电型号在铜线上的供电距离。不同供电容量下光电混合缆的传输距离可参照表6-4-2，设计时可根据具体情况选择。

**表6-4-2　不同供电容量下光电混合缆的传输距离**

| 供电容量/W | 光电混合缆的传输距离/m |
| --- | --- |
| 15 | 3000 |
| 30 | 1600 |
| 60 | 650 |

# 第7章　防雷与接地系统

## 7.1　概述

### 7.1.1　分类、特点及要求

商业建筑内含多种服务场所，业态涵盖大型综合超市、百货、专业店、专卖店、餐饮、电影院、电玩、健身、冰场等商业功能复杂。其分类及雷电防护特点见表7-1-1。

表7-1-1　商业建筑分类及雷电防护特点

| 建筑分类 | 雷电防护特点 |
| --- | --- |
| 单层（仿）古建商业街 | 常见于山边、水边的景区内，防雷装置可以有效保护古建筑物本身的安全，也能保护人员的安全 |
| 多层商业建筑 | 常见于城市里，高度较低但外立面多采用石材或玻璃幕墙，一般业主不愿意采用明露的避雷装置，借助幕墙金属构建及设置防雷装置保证人员和建筑物内部设备的安全 |
| 高层商业建筑 | 一般高层公共建筑防雷设计，屋面女儿墙采用明敷避雷装置，高于60m的建筑物设置均压环，避雷装置可以有效保护人员和建筑物的安全 |

### 7.1.2　本章主要内容

本章根据商业建筑特点，对雷电防护、接地系统进行讨论，并对新一代防雷技术进行介绍，给出相应的应用案例。

## 7.2 雷电防护

### 7.2.1 商业建筑的防雷分类

#### 1. 建筑物的防雷分类

根据《建筑物防雷设计规范》(GB 50057—2010)的规定，建筑物防雷类别可划分为三类，第一类防雷建筑物主要是指有爆炸、爆轰危险的建筑物，这类不适用于民用建筑。民用建筑电气设计常见的是第二类、第三类防雷建筑物。商业建筑属于人员密集的公共建筑，需要根据其建筑物类型、功能，结合年预计雷击次数来确定是哪类防雷建筑物，见表7-2-1。

表7-2-1 商业建筑防雷分类

| 防雷分类 | 商业建筑 |
| --- | --- |
| 第二类 | 符合“国家级重点文物保护的建筑物”,如古镇建筑群的商业步行街、历史建筑改造后的商场 |
| | 符合“国家级的飞机场、国宾馆,国家级档案馆等”特别重要的建筑物,这种要求的建筑物常见于会展建筑、大型火车站、飞机场配套的商业部分 |
| | 高度超过100m的超高层商业建筑;大型商店建筑 |
| | 建筑物年预计雷击次数大于0.05次/a的购物中心、百货商场、超级市场等;年预计雷击次数大于0.25次/a的菜市场、商品仓储库房等 |
| 第三类 | 高度超过20m,且不高于100m的建筑物;中型商店建筑 |
| | 建筑物年预计雷击次数大于或等于0.01次/a,且小于或等于0.05次/a的购物中心、百货商场、超级市场;年预计雷击次数大于或等于0.05次/a,且小于或等于0.25次/a的菜市场、商品仓储库房等 |

注：GB 50057—2010附录A给出了年预计雷击次数的计算方法。当建筑物外形不规则、屋顶高度不同时，应沿建筑物周边逐点算出最大扩大宽度，其等效面积应按每点最大扩大宽度外端的连接线所包围的面积计算。

城市中的商业建筑多见于类似裙房商业、多层商业为主，当然还有商业步行街或者建筑群类型。当商业建筑物出现有二、三类防雷类别兼有的情况，应按GB 50057—2010第3.5.1条确定。

## 2. 电子信息系统雷电防护分级

根据《建筑物电子信息系统防雷技术规范》（GB 50343—2012），建筑物电子信息系统雷电防护从高到低划分为 A、B、C、D 四个等级。

1）《商店建筑电气设计规范》（JGJ 392—2016）规定，商业建筑防雷设计前宜进行雷电电磁环境风险评估，根据其规模、电子信息系统的重要性、使用性质和价值按表 7-2-2 确定雷电防护等级并采取相应的防雷措施。

表 7-2-2　按商业性质确定电子信息系统雷电防护等级

| 雷电防护等级 | 设置电子信息系统的场所 |
| --- | --- |
| B 级 | 大型商店建筑、高档商品专业店的智能化系统机房、火灾自动报警系统总机房等 |
| C 级 | 中型商店建筑、中档商品专业店的智能化系统机房、火灾自动报警系统总机房等 |
| D 级 | 小型商店建筑智能化系统机房等；除 B、C 级以外一般用途电子信息设备 |

2）在 GB 50343—2012 附录 A 给出了建筑物及入户设施年预计雷击次数 $N = N_1 + N_2$ 的计算方法，以及电子信息系统设备可接受的年平均最大雷击次数 $N_c$。当 $N \leqslant N_c$ 时，不需安装电子信息系统防雷装置；当 $N > N_c$ 时，应安装电子信息系统防雷装置。防雷装置的拦截效率为 $E = 1 - N_c/N$，并按照表 7-2-3 确定电子信息系统雷电防护等级。

表 7-2-3　按防雷装置的拦截效率确定电子信息系统雷电防护等级

| 防雷装置的拦截效率 $E$ | 电子信息系统雷电防护等级 | 防雷装置的拦截效率 $E$ | 电子信息系统雷电防护等级 |
| --- | --- | --- | --- |
| $E > 0.98$ | A 级 | $0.8 < E \leqslant 0.9$ | C 级 |
| $0.9 < E \leqslant 0.98$ | B 级 | $E \leqslant 0.8$ | D 级 |

按以上两种方法分别进行评估，从严就高采取相应的防雷保护措施。商业建筑大部分可确定的雷电防护等级为 B 级或 C 级，个别体量较小的商业建筑可为 D 级。

## 7.2.2 商业建筑物的防雷措施

根据商业建筑物的特点，结合确定的防雷等级统筹选择综合防雷措施，一般常见的防雷措施主要有防直击雷、侧击雷、雷电反击、雷电波感应、雷电波侵入。

### 1. 防直击雷

1）采用装设在建筑物上的接闪网/带或接闪杆或由其混合组成的接闪器，沿屋角、屋脊、屋檐和檐角等易受雷击的部位的外墙外表面或屋檐边垂直面外敷设，并应在整个屋面按规范要求设置防雷网格。

商业建筑为金属屋面时，在满足表7-2-4中要求的前提下，宜利用其屋面金属板作为接闪器，金属板应无绝缘被覆层（薄油漆保护层、1mm厚沥青层、0.5mm厚聚氯乙烯层不属于），板间的连接应是持久的电气贯通，可采用铜锌合金焊、熔焊、卷边压接、缝接、螺钉或螺栓连接。

表7-2-4 可作为接闪器的金属屋面最小厚度

| 金属材质 | 铜板 | 铝板 | 不锈钢、热镀锌钢及钛板 | 锌板 | 铅板 |
| --- | --- | --- | --- | --- | --- |
| 金属板下无易燃物 | 0.5mm | 0.65mm | 0.5mm | 0.7mm | 2mm |
| 金属板下有易燃物 | 5mm | 7mm | 4mm | — | — |

2）商业建筑中凸出屋面的放散管、风管、烟囱等物体一般常见为非爆炸危险气体、蒸汽或粉尘的放散管、呼吸阀、烟囱。故防雷保护对于金属物体可不装接闪器，但应和屋面防雷装置相连，在屋面接闪器保护范围之外的非金属物体应装接闪器（接闪针）保护，并和屋面防雷装置相连。

3）商业建筑存在玻璃屋面时，应征询使用方意见。当将其纳入防雷装置保护范围内时，应在其上方布置防雷网格；当允许其不在防雷装置保护范围内时，玻璃屋面的金属框架在满足GB 50057—2010的相关要求下，可利用金属框架作为接闪器的一部分并与屋面防雷装置做可靠电气贯通，在玻璃屋面下方宜设防跌落保护措施。

4）防雷引下线包括专设引下线和专用引下线，宜利用钢筋混凝土屋面、梁、柱内的钢筋、幕墙的金属立柱作为引下线，沿建筑物外围、内庭院四周均匀对称布置，且不应少于两根。具体要求见下表 7-2-5。

表 7-2-5　防雷引下线设置要求

| 分类 | 第二类<br>防雷建筑物 | 第三类<br>防雷建筑物 | 备注 |
| --- | --- | --- | --- |
| 间距 | 18m | 25m | 柱跨较大，在跨距端设引下线，引下线平均间距≯规定值 |
| 材料规格 | 明敷：优先采用圆钢：$\phi$≥8mm，扁钢厚度≥2.5mm，截面面积≥50mm$^2$<br>暗敷：圆钢 $\phi$≥10mm；扁钢截面面积≥80mm$^2$ | | 其他材料规格要求按《建筑物防雷设计规范》（GB 50057—2010）表 5.2.1 的规定选取 |
| 专设引下线 | 宜沿建筑物外墙明敷，并应以较短路径接地，对外观要求较高者可暗敷，但截面面积应加大一级。敷设在木结构上时，其金属支撑架必须采用隔热层与木结构之间隔离。经过木质构件时，与木质构件的间距≥50mm | | 无建筑物混凝土内钢筋利用时 |
| 冲击接地电阻 | 10Ω | 30Ω | — |
| 防腐措施 | 热镀锌、涂漆、不锈钢、铜材、暗敷、加大截面 | | — |
| 与建筑物内金属设施的间隔距离 $S_{a3}$/m | ≥$0.06k_c l_x$ | ≥$0.04k_c l_x$ | $l_x$—引下线计算点到连接点的长度（m）<br>$S_{a3}$≥3m |
| 距地面≥0.5m下，每根引下线所连接的钢筋表面积总和 $S$/m$^2$ | ≥$4.24k_c^2$ | ≥$1.89k_c^2$ | 利用基础内钢筋网作为接地体时，$k_c$—分流系数 |

## 2. 防侧击雷

1）二类防雷建筑，高度超过 45m 时，三类防雷建筑，高度超过 60m 时，当以各自的滚球半径球体从屋顶沿建筑物外表面向地面垂直下降接触到的凸出外墙的物体，应设置接闪器保护。

2）建筑物高度大于 45m、小于 100m 时，结构圈梁中的钢筋应每 3 层（不超过 20m）连成闭合环路作为均压环，并应同防雷装置引下线连接。高度 100 ~ 250m 区域内每间隔不超过 50m 与防雷装置连接一处，高度 0 ~ 100m 区域内在 100m 附近楼层与防雷装置连接。当建筑物高度为 250m 及以上时，结构圈梁中的钢筋应每层连成闭合环路作为均压环，并应同防雷装置引下线做电气连接。

3）高度超过 60m 的二类或三类防雷建筑物，其上部占高度 20% 并超过 60m 的部位应采取侧击雷防护措施，按照屋顶要求在其侧面设置接闪器，接闪器应重点布置在墙角、边缘和显著凸出的物体上。竖直敷设的金属管道及金属物的顶端和底端应与防雷装置连接，250m 及以上部分应每 50m 与防雷装置连接一次。

4）对于有玻璃幕墙的建筑物，玻璃幕墙金属框架应相互电气贯通，自成体系，并就近与防雷引下线可靠连接，连接处不同金属间应采取防电化学腐蚀措施。

**3. 防雷电反击**

当引下线和接地装置对产生的高电位发生了对就近金属物或电气和电子系统线路的反击雷电电流时，应采取如下措施：

1）当金属物或线路与引下线之间有自然或人工接地的钢筋混凝土构件、金属板、金属网等静电屏蔽物隔开时，金属物或线路与引下线之间的间隔距离可不受限制。

2）金属物或线路与引下线之间的间隔距离应按表 7-2-5 所列 $S_{a3}$公式计算确定。

3）当金属物或线路与引下线之间有混凝土墙、砖墙隔开时，其击穿强度应为空气击穿强度的 1/2。当间隔距离不能满足表 7-2-5 所列 $S_{a3}$的要求时，金属物应与引下线直接相连，带电线路应通过电涌保护器与引下线相连。

4）第三类防雷建筑物时，电子系统的室外线路引入的终端箱处要求安装 $D_1$ 类高能量试验类型的 SPD，当无法确定其短路电流时选用 1.0kA；当要求安装 $B_2$ 类 SPD 时其短路电流选用 50A。

4. 防雷电波感应

1）建筑物内的设备、管道、构架等主要金属物，应就近接到防雷装置或共用接地装置上。

2）平行敷设的管道、构架和电缆金属外皮等长金属物，其净距小于100mm时应采用金属线跨接，跨接点的间距不应大于30m；交叉净距小于100mm时，其交叉处也应跨接。当长金属物的弯头、阀门、法兰盘等连接处的过渡电阻大于0.03Ω时，连接处应用金属线跨接。对有不少于5根螺栓连接的法兰盘，在非腐蚀环境下，可不跨接。

3）建筑物内防雷电波感应的接地干线与接地装置的连接不应少于两处。

5. 防雷电波侵入

（1）第二类防雷建筑

1）当低压线路全长采用埋地电缆或敷设在架空金属线槽内的电缆引入时，在入户端应将电缆金属外皮、金属线槽接地；在电缆与架空线连接处，应装设避雷器或电涌保护器，并应与电缆的金属外皮或钢导管及绝缘子铁脚、金具连在一起接地，其冲击接地电阻不应大于10Ω。

2）在电气接地装置与防雷接地装置共用或相连的情况下，应在低压电源线路引入的总配电箱处装设Ⅰ级试验的电涌保护器。当Dyn0型或Dyn11型接线的配电变压器设在本建筑物内或附设于外墙处时，应在变压器高压侧装设避雷器；在低压侧的配电柜上，当有线路引出本建筑物时应在母线上装设1级SPD；当无线路引出本建筑物时可在母线上装设2级SPD。

3）在电子系统线路从建筑物外引入的终端箱处安装电涌保护器防雷电波侵入。

4）当采用线路屏蔽将两栋独立的LPZ1连在一起时，可不在相应的低压电气线路和电子线路上安装SPD。

（2）第三类防雷建筑

1）对电缆进出线，应在进出端将电缆的金属外皮、钢管等与电气设备接地装置相连。当电缆转换为架空线时，应在转换处装设避雷器；避雷器、电缆金属外皮和绝缘子铁脚、金具等应一起接地，其冲击接地电阻不宜大于30Ω。

2）对低压架空进出线，应在进出处装设避雷器并与绝缘子铁脚、金具连在一起接到电气设备的接地装置上。当多回路架空进出线时，可仅在母线或总配电箱处装设一组避雷器或其他形式的过电压保护器，但绝缘子铁脚、金具仍应接到接地装置上。

3）进出建筑物的架空金属管道，在进出处应就近接到防雷或电气设备的接地装置上或独自接地，其冲击接地电阻不宜大于30Ω。

**6. 其他防雷措施**

1）在建筑物引下线附近保护人身安全需采取的防接触电压和跨步电压的措施，见表7-2-6。

**表7-2-6　引下线附近防接触电压和跨步电压的措施**

| 序号 | 防接触电压 | 防跨步电压 |
| --- | --- | --- |
| 1 | 用建筑物四周或建筑物内金属构架和结构柱内的钢筋作为自然引下线时，其专用引下线的数量不少于10处，且所有自然引下线之间通过防雷接地网互相电气导通 | |
| 2 | 引下线3m范围内土壤地表层的电阻率不小于50kΩ·m，例如，采用5cm厚沥青层或15cm厚砾石层的这类绝缘材料层通常满足本要求 | |
| 3 | 外露的引下线，其距地面2.7m以下的导体用耐受冲击100kV（1.2/50μs波形）的绝缘层隔离，例如采用至少3mm厚的交联聚乙烯层隔离 | 用网状接地装置对地面做均衡电位处理 |
| 4 | 用护栏和（或）警告牌使接触引下线的可能性降至最低限度 | 用护栏、警告牌使进入距引下线3m范围内地面的可能性减小到最低限度 |

2）在利用大部分钢柱和（或）钢筋混凝柱子作引下线同时利用其基础的钢筋作为接地体或在基础下面混凝土垫层内敷设人工环形基础接地体的条件下可不考虑跨步电压的危险。

3）固定在建筑物上的节日彩灯、航空障碍信号灯及其他用电设备和线路，应根据建筑物的重要性采取相应的防止雷电波侵入的措施。

## 7.2.3 雷击电磁脉冲防护措施

雷击电磁脉冲是指被雷电击中的装置的电位升高进而产生的电磁辐射干扰。其防护措施包括防雷等电位联结、屏蔽及合理布线、协调配合的电涌保护器、隔离界面等。

### 1. 防雷区的划分

防雷区的划分见表7-2-7。

表7-2-7 防雷区的划分

| 防雷区 | 定义 | 防雷区 | 定义 |
|---|---|---|---|
| $LPZ0_A$区 | 区内的各物体都可能遭到直接雷击并导走全部雷电流，区内的雷击电磁场强度没有衰减 | LPZ1区 | 区内的各物体不可能遭到直接雷击，且由于在界面处的分流，流经各导体的电涌电流比$LPZO_B$区内的更小，区内的雷击电磁场强度可能衰减，衰减程度取决于屏蔽措施 |
| $LPZ0_B$区 | 区内的各物体不可能遭到大于所选滚球半径对应的雷电流直接雷击，以及本区内的雷击电磁场强度仍没有衰减 | LPZ2…n 后续防雷区 | 需要进一步减小流入的电涌电流和雷击电磁场强度时，增设的后续防雷区 |

### 2. 防雷等电位联结

当建筑物内设有需要防雷击电磁脉冲的电气和电子系统时，应将建筑物的金属支撑物、金属框架或钢筋混凝土的钢筋等自然构件、金属管道、配电的保护接地系统等与防雷装置做防雷等电位联结，与接地装置组成一个网格状低阻抗等电位接地系统，并在需要之处预埋等电位连接板。

穿过雷电防护分区界面的金属物和系统均应在各区界面处做等电位连接，从不同方向、地点进入建筑物的各种电力、通信管线及给水排水、热力、空调管道等，均应就近连接到建筑物的等电位联结带上。

在LPZ1入口处应分别设置适配的电源和信号电涌保护器，使电子信息系统的带电导体实现防雷等电位联结。当电源采用TN系统时，建筑物内必须采用TN-S系统。

（1）防雷等电位联结 S 和 M 形式

等电位连接的结构形式分为 S 型、M 型或它们的组合（其中 S 是单点接地，M 是网格多点接地）。电气和电子设备的金属外壳、机柜、机架、金属管、槽、屏蔽线缆金属外层、电子设备防静电接地、安全保护接地、功能性接地、浪涌保护器接地端等均应以最短的距离与 S 型结构的接地基准点或 M 型结构的网格连接。

S 型结构一般宜用于电子信息设备相对较少的机房（面积 100$m^2$ 以下）或局部的系统中，如消防、建筑设备监控系统、扩声等系统。

M 型结构一般适用于电子信息系统分布于较大区域，设备之间有许多线路进入系统内部时，网格大小宜为 0.6～3m。

在一个复杂系统中，可以结合两种结构（星形和网格形）的优点，构成组合 1 型（$S_s$ 结合 $M_m$）和组合 2 型（$M_s$ 结合 $M_m$），如图 7-2-1 所示。

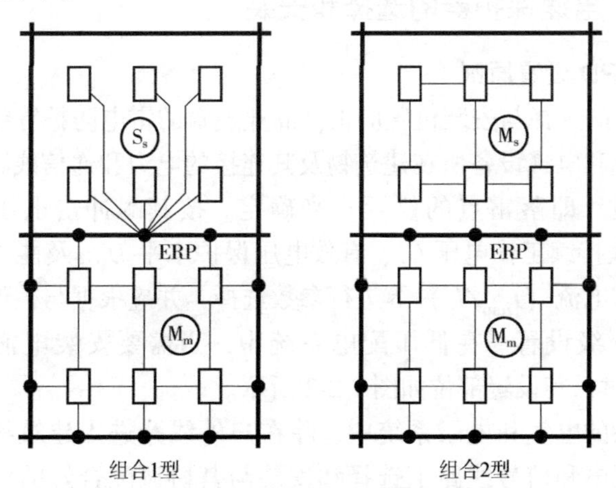


**图 7-2-1　等电位连接的组合**

（2）等电位接地端子板

在跨越防雷区，如在 $LPZ0_A$ 或 $LPZ0_B$ 区与 LPZ1 区交界处应设置总等电位接地端子板。每层楼宜设置楼层等电位接地端子板；电子信息系统设备机房应设置局部等电位接地端子板。各类等电位接地端子板之间的连接导体宜采用多股铜芯导线或铜带。连接导体截面面积应能承受设备短路电流、屏蔽体感应电流、SPD 最大泄放电流的总和，并留有一定的余量，其截面面积不应小于 16mm$^2$。

各接地端子板应设置在便于安装和检查的位置，不得设置在潮湿或有腐蚀性气体及易受机械损伤的地方。等电位接地端子板的连接点应满足机械强度和电气连续性的要求。

各类等电位接地端子板之间的连接导体的最小截面面积：垂直接地干线采用多股铜芯导线或铜带，最小截面面积 50mm$^2$；楼层等电位连接端子板与机房局部等电位连接端子板之间的连接导体，材料为多股铜芯导线或铜带，最小截面面积 25mm$^2$；机房局部等电位连接端子板之间的连接导体材料用多股铜芯导线，最小截面面积 16mm$^2$；机房内设备与等电位连接网格或母排的连接导体用多股铜芯导线，最小截面面积 6mm$^2$；机房内等电位连接网格材料用铜箔或多股铜芯导体，最小截面面积 25mm$^2$。

### 7.2.4 电涌保护器的选择和安装

#### 1. SPD 设置原则

SPD 的选择与安装位置应根据商业建筑的雷电防护等级，结合电气系统和电气设备所在建筑物及其连接的电力和通信线路遭受雷击的类型（即落雷点的位置）来确定。按其耐冲击电压额定值 $U_w$、最大持续工作电压 $U_c$、有效电压保护水平 $U_{P/F}$及能承受预期通过的雷电流（$I_{imp}/I_n$）等进行参数选择，并应根据与被保护设备的距离分级设置。在低压配电系统中，当需要安装电涌保护器（SPD）时，其设置部位如图 7-2-2 所示。

复杂的电气和电子系统中，除在户外线路进入建筑物处设置外，在配电和信号线路上选择和安装与其协调配合好的电涌保护器。电涌保护器应与同一线路上游的电涌保护器在能量上配合，电涌保护器在能量上配合的资料应由制造商提供。若无此资料，Ⅱ级试验的电涌保护器，其标称放电电流不应小于 5kA；Ⅲ级试验的电涌保护器，其标称放电电流不应小于 3kA。

#### 2. 电涌保护器的选择

（1）电源线路的 SPD 设计

1）220V/380V 三相配电中，SPD 的选择应与其接地形式和接

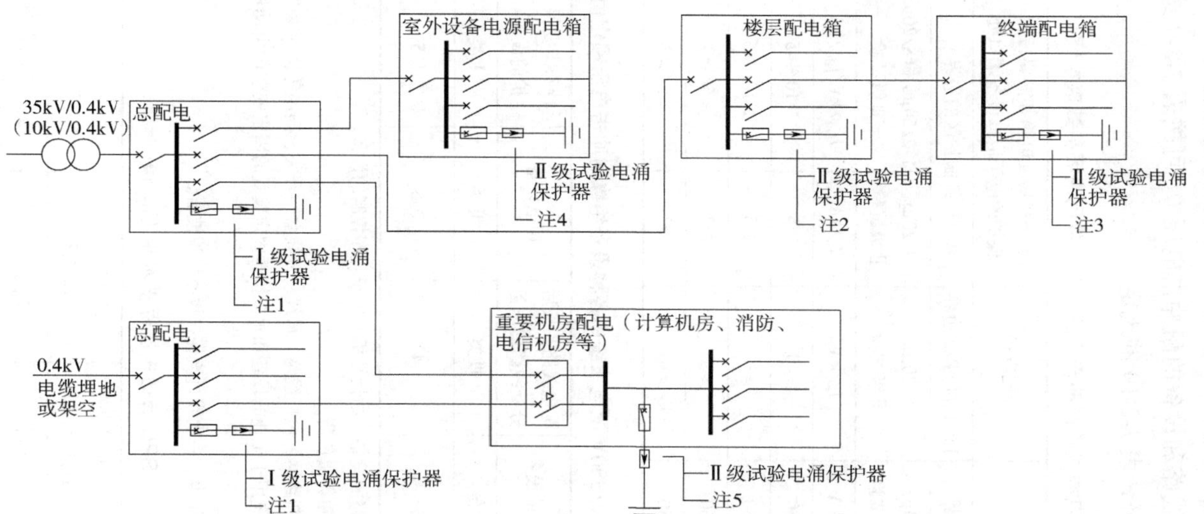


图7-2-2　电涌保护器设置部位

注：1. 总配电箱，作为电源系统的第一级保护，$U_p \leqslant 2.5$kV。
2. 楼层配电箱，作为电源系统的第二级保护，$U_p \leqslant 2.0$kV。
3. 普通房间的终端配电箱，作为电源系统的第三级保护，$U_p \leqslant 1.5$kV。
4. 室外设备电源配电箱，需保护的室外设备，作为电源系统的第一级保护，$U_p \leqslant 2.5$kV。
5. 重要机房或设备电源配电箱处，作为电源系统的第二级保护，$U_p \leqslant 1.5$kV。$I_n$值参照表7-2-8分配电箱Ⅱ级试验参数选择。

地方式一致，其冲击电流和标称放电电流参数推荐值宜符合表 7-2-8 的规定，需要保护的线路和设备的耐冲击电压 $U_w$ 可按表 7-2-9 选用，$U_{P/F}$值的选取应符合表 7-2-10 的规定。

**表 7-2-8　电源线路电涌保护器冲击电流和标称放电电流参数推荐值**

| 雷电防护等级 | 总配电箱 | | 分配电箱 | 设备机房配电箱和需要特殊保护的电子信息设备端口处 | |
|---|---|---|---|---|---|
| | LPZ0 和 LPZ1 边界 | | LPZ1 和 LPZ2 边界 | 后续防护区的边界 | |
| | 10/350μs Ⅰ级试验 | 8/20μs Ⅱ级试验 | 8/20μs Ⅱ级试验 | 8/20μs Ⅱ级试验 | 1. 2/50μs 和 8/20μs Ⅲ级试验 |
| | $I_{imp}$ | $I_n$/kA | $I_n$/kA | $I_n$/kA | $U_{oc}$/kV/$I_{BC}$/kA |
| A | ≥20 | ≥80 | ≥40 | ≥5 | ≥10/≥5 |
| B | ≥15 | ≥60 | ≥30 | ≥5 | ≥10/≥5 |
| C | ≥12. 5 | ≥50 | ≥20 | ≥3 | ≥6/≥3 |
| D | ≥12. 5 | ≥50 | ≥10 | ≥3 | ≥6/≥3 |

**表 7-2-9　建筑物内 220V/380V 配电系统中各种设备绝缘耐冲击电压额定值**

| 设备位置 | 电源处的设备 | 配电线路和最后分支线路的设备 | 用电设备 | 特殊需要保护的设备 |
|---|---|---|---|---|
| 耐冲击电压类别 | Ⅳ类 | Ⅲ类 | Ⅱ类 | Ⅰ类 |
| 耐冲击电压额定值 $U_w$/kV | 6 | 4 | 2. 5 | 1. 5 |

注：Ⅰ类—含有电子电路的设备，如计算机有电子程序控制的设备。

Ⅱ类—如家用电器和类似负荷。

Ⅲ类—如配电盘，断路器，包括线路、母线、分线盒、开关、插座等固定装置的布线系统，以及应用于工业的设备和永久接至固定装置的固定安装的电动机等的一些其他设备。

Ⅳ类—如电气计量仪表、一次线过流保护设备、滤波器。

**表 7-2-10　SPD 有效电压保护水平 $U_{P/F}$值**

| 序号 | 屏蔽情况 | 被保护设备距 SPD 线路距离 | SPD 有效电压保护水平 | 备注 |
|---|---|---|---|---|
| 1 | 线路无屏蔽 | ≤5m | $U_{P/F} \leq U_w$ | 考虑末端设备的绝缘耐冲击过电压额定值 |
| 2 | 线路有屏蔽 | ≤10m | $U_{P/F} \leq U_w$ | |

（续）

| 序号 | 屏蔽情况 | 被保护设备距SPD线路距离 | SPD有效电压保护水平 | 备注 |
|---|---|---|---|---|
| 3 | 无屏蔽措施 | >10m | $U_{P/F} \leqslant (U_w - U_i)/2$ | 考虑振荡现象和电路环路的感应电压对保护距离的影响 |
| 4 | 空间和线路屏蔽或线路屏蔽并两端等电位联结 | >10m | $U_{P/F} \leqslant U_w/2$ | 不计SPD与被保护设备之间电路环路感应过电压 |

注：$U_w$—被保护设备绝缘的额定冲击耐受电压。

$U_i$—雷击建筑物时，SPD与被保护设备之间的电路环路的感应过电压（kV）。

2）电涌保护器的最大持续运行电压不应小于表7-2-11所规定的最小值；在电涌保护器安装处的供电电压偏差超过所规定的10%以及谐波使电压幅值加大的情况下，应根据具体情况对限压型电涌保护器提高表7-2-11所规定的最大持续运行电压最小值。

**表7-2-11　电涌保护器的持续运行电压 $U_c$ 最小值**

| 安装位置 | 配电系统的特征 | | | | |
|---|---|---|---|---|---|
| | TT系统 | TN-C系统 | TN-S系统 | 引出中性线的IT系统 | 不中性线引出的IT系统 |
| 每一相线与中性线间 | $1.15U_0$ | 不适用 | $1.15U_0$ | $1.15U_0$ | 不适用 |
| 每一相线与PE线间 | $1.15U_0$ | 不适用 | $1.15U_0$ | $\sqrt{3}U_0$① | 线电压 |
| 中性线与PE线间 | $U_0$① | 不适用 | $U_0$① | $U_0$① | 不适用 |
| 每一相线与PEN线间 | 不适用 | $1.15U_0$ | 不适用 | 不适用 | 不适用 |

注：$U_0$ 是低压系统相线对中性线的标称电压，即相电压220V。

①故障下最坏的情况，所以不需要计及15%的允许误差。

（2）信号线路的SPD设计

电子信息系统的信号传输线路、计算机网络数据线路上SPD的选择，应根据线路的工作频率、传输介质、传输速率、传输带宽、工作电压、接口形式、特性阻抗等参数，选用电压驻波比和插入损耗小的适配的电涌保护器。当电子信息系统设备由TN交流配电系统供电时，其配电线路必须采用 TN-S 系统的接地形式。进出建筑物的信号线缆，宜选用有金属屏蔽层的电缆，并宜埋地敷设，在直击雷非防护区（$LPZ0_A$）或直击雷防护区（$LPZ0_B$）与第一防护区（LPZ1）交界处，电缆金属屏蔽层应做等电位联结并接地。电子信息系统应安装适配的信号线路电涌保护器，电涌保护器的接地端及电缆内芯的空线对应接地。

信号线路上所接入的电涌保护器的类别及其冲击限制电压试验用的电压波形和电流波形应符合表 7-2-12、表 7-2-13 的规定。

**表 7-2-12　信号线路电涌保护器性能参数**

| 参数要求 \ 缆线类型 | 非屏蔽双绞线 | 屏蔽双绞线 | 同轴电缆 |
|---|---|---|---|
| 标称导通电压 | $\geqslant 1.2U_n$ | $\geqslant 1.2U_n$ | $\geqslant 1.2U_n$ |
| 测试波形 | (1.2/50μs、8/20μs)混合波 | (1.2/50μs、8/20μs)混合波 | (1.2/50μs、8/20μs)混合波 |
| 标称放电电流 | ≥1kA | ≥0.5kA | ≥3kA |

注：$U_n$—额定工作电压。

**表 7-2-13　信号线路天馈线路 SPD 性能参数**

| 名称 | 插入损耗/dB | 电压驻波比 | 响应时间/ns | 用于收发通信系统的 SPD 平均功率 | 特性阻抗/Ω | 传输速率/bps | 工作频率/MHz | 接口形式 |
|---|---|---|---|---|---|---|---|---|
| 数值 | ≤0.5 | ≤1.3 | ≤10 | ≥1.5 倍系统平均功率 | 应满足系统要求 | | | |

注：信号线用 SPD 应满足信号传输速率及带宽的需要，其接口应与被保护设备兼容。

### 3. SPD 后备保护装置

当 SPD 本体损坏、劣化短路，内部熔丝、脱离器失效时易发生起火、爆炸的风险，使得主电路中断供电、造成人员和财产的损失。传统的过电流保护电器（如断路器、熔断器）在耐受高的冲击放电电流以及分断 SPD 内置热保护所不能断开的工频电流方面存在不足，应在 SPD 支路前端安装低压电涌保护器专用保护装置。功能对比见表 7-2-14。

表 7-2-14　传统与专用 SPD 后备保护装置的功能对比

| 产品类型 | SCB（后备保护装置） | MCB（微断） | MCCB（塑壳断路器） | FUSE（熔断器） |
| --- | --- | --- | --- | --- |
| 外形尺寸 | 小型化，18mm 模数 | 18mm 模数 | 较大 | 适中 |
| 保护原理 | 通过时间区分工频短路和电涌电流，动作时间固定 | 通过电流大小决定动作时间 | 通过电流大小决定动作时间 | 通过电流大小决定动作时间 |
| 电涌耐受能力 | 较高，满足 10/350μs 波形，25kA 及 8/20μs 波形，120kA | 较小，在电涌的冲击下动静触头之间会产生很大的电动斥力，电涌越大，电动斥力就越大，MCB 越容易脱扣 | 可根据需要选择，不受限 | 可根据需要选择，不受限 |
| 短路分断能力 | 最高达 100kA | 最高达 15kA | 最高达 70kA | 最高达 120kA |
| 残压 | 较低 | 高 | 高 | 较低 |
| 主要功能特点 | 更广的工频过电流短路保护能力，小短路电流的保护效果优于其他类型产品，触头不能承受大电流，产品稳定性受影响 | 低动作电流的雷击耐受特性优于熔丝，电涌耐受能力受限 | 电涌耐受能力较高，可多次分断 | 容易满足电涌耐受能力的要求，稳定性较好，不可重复使用 |

SPD 专用保护装置的选择还应满足以下要求：

1）能分断 SPD 安装处线路的预期短路电流。

2）能耐受 SPD 安装处的电涌电流（$I_{max}$、$I_{imp}$ 或 $U_{oc}$），此冲击电流不断开。

3）能够瞬时断开电源出现暂时过电压或 SPD 出现劣化引起的大于 5A 的危险泄漏电流。

# 7.3 接地系统

## 7.3.1 高、低压配电系统接地形式的选择

### 1. 高压配电系统不同接地形式特点

10kV 电力系统，通常有中性点不接地、中性点经消弧线圈接地和中性点经低电阻接地三种方式，其接地形式特点见下表 7-3-1。

表 7-3-1 高压配电系统接地形式特点

| 中性点运行方式 | 不接地 | 经消弧线圈接地 | 经低电阻接地 |
|---|---|---|---|
| 单相接地电流大小 | 10A 及以下 | 10～150A | 150～500A |
| 特点 | 1)供电可靠性高;可带单相接地故障点运行 2h<br>2)非故障相对地电压升高到正常时的$\sqrt{3}$倍<br>3)单相接地时,易出现间歇性电弧引起的谐振过电压,幅值可达电源相电压的 2.5～3 倍,危及整个网络的绝缘<br>4)单相接地故障电流是正常运行时每相电容电流的 3 倍<br>5)若单相接地电流大于 10A 而小于 30A 时,有可能产生不稳定的间歇性电弧,随着间歇性电弧的产生将引起幅值较高的弧光接地过电压;若接地电流大于 30A 时,将会产生稳定的电弧,可能导致烧毁设备,引起两相甚至三相短路<br>6)需加装小电流选线装置 | 1)供电可靠性高;可带单相接地故障点运行 2h<br>2)非故障相对地电压升高到正常时的$\sqrt{3}$倍<br>3)单相接地时,易产生串联谐振过电压,出现间歇性电弧,幅值可达电源相电压的 2.5～3 倍<br>4)减小流过接地点的电容电流,降低故障相电压的恢复速度,减小电弧重燃可能性<br>5)易产生串联谐振过电压,使中性点电压升高,危害到设备的绝缘<br>6)系统扩容时,需增大消弧线圈的容量<br>7)需加装小电流选线装置 | 1)单相接地故障电流大,需快速断开线路,供电可靠性差<br>2)单相短路电流有可能超过三相短路电流,影响断路器分断能力的选择<br>3)可以降低单相接地时非故障相的过电压,避免使单相接地发展为两相故障<br>4)过电压水平低,电缆和设备可以采用较低的绝缘水平,节省投资<br>5)便于选择简单灵敏的继电保护设备;自动清除故障,运行维护方便 |
| 备注 | 超过 10A,宜采用经消弧线圈接地 | 宜将单相接地电流控制在 10A 以内,并允许单相接地运行 2h | 应考虑跳闸停运的影响,并注意与重合闸的配合;为了保证供电可靠性,应考虑负荷转移问题 |

高压供配电系统、装置或设备的下列部分应接地：

1）有效接地系统中部分变压器、谐振接地、低电阻接地以及高电阻接地系统的中性点所接设备的接地端子。

2）高压并联电抗器中性点接地电抗器的接地端子。

3）电动机、变压器和高压电器等的金属底座和外壳。

4）发电机中性点柜的外壳、发电机出线柜、封闭母线的外壳和变压器、开关柜等（配套）的金属母线槽等。

5）配电、控制和保护用的屏（柜、箱）等的金属框架。

6）箱式变电站和环网柜的金属箱体等。

7）变电站电缆沟和电缆隧道内，以及地上各种电缆金属支架等。

8）电力电缆接线盒、终端盒的外壳，电力电缆的金属护套或屏蔽层，穿线的钢管和电缆桥架等。

9）高压电气装置传动装置。

10）附属于高压电气装置的互感器的二次绕组和铠装控制电缆的外皮。

**2. 低压配电系统不同接地形式特点**

低压配电系统有 TN、TT、IT 三种接地形式，第一个字母表示电源端与地的关系，第二个字母表示电气装置的外露可导电部分与地的关系，其接地形式特点见表 7-3-2。

**表 7-3-2　低压配电系统接地形式特点**

| 接地形式 / 比较项 | TN-C | TN-S | TN-C-S | TT | IT |
|---|---|---|---|---|---|
| 接地故障回路阻抗 | 低 | 低 | 低 | 高 | 最高<br>（第一次接地） |
| RCD 适用 | 不适用 | 可选 | 可选 | 适用 | 适用<br>（第二次接地） |
| 设备就地设接地极 | 没有 | 没有 | 可选 | 适用 | 适用 |
| PE 导体成本 | 最少<br>（PEN 兼用） | 最高 | 高 | 低 | 低 |
| 断中性线危害 | 最高 | 高 | 高 | 高 | 不建议设中性线 |
| EMC | 差 | 好 | 中 | 好 | 好 |
| 安全风险 | 断 PEN 线 | 断 N 线 | 断 N 线 | 绝缘击穿 | 二次故障过电压 |

低压配电系统下列电气设备情况应接地：

1）采用封闭金属外皮的电线、电缆，金属桥架布线或钢管布线的。

2）在未隔离或防护的潮湿环境中。

3）在易爆炸及易燃环境内。

4）运行时任一端电压在150V以上者。

5）对于固定设备的控制器，不论电压高低（24V及以下除外），均应将其外露导电部分（或金属外壳）接地。

6）根据低压电源工作接地制式的要求采取不同的接地方式。如TN系统，低压设备外壳接地通过PE（或PEN）接至低压电源的中性点；TT系统，低压设备外壳通过接地端子直接接地。

7）配电设备的钢架、配电设备的底座、电动机的金属底板、启动控制设备等。

## 7.3.2 建筑物总等电位联结和辅助等电位联结

### 1. 总等电位联结

建筑物等电位联结主要用于安全保护目的，用于防人身电击、电气火灾、雷电灾害等。商业建筑应设置总等电位联结，并将下列部分通过等电位联结导体进行连接：

1）电源进线箱PE/PEN母排。

2）接地装置的接地导体。

3）各类公用设施的金属管道，电缆的金属外皮等。

4）外部防雷装置的引下线。

5）建筑物可连接的金属构件，包括混凝土结构中的钢筋、电梯轨道等。

商店建筑的电源进线处、防雷区界面处应设总等电位联结端子板，建筑物内各总等电位联结端子板之间应相互连接或与建筑物的基础钢筋网连接。

### 2. 辅助等电位联结

辅助等电位联结是一种附加的安全防护措施，用于下列情况：

1）在局部区域，当自动切断供电的时间不能满足电击防护要求。

2）在特殊场所（例如浴室、游泳池超级市场和菜市场内水产售卖区等潮湿场所等）存放危险品的仓储库房、销售危险品的商铺等场所，需要有更低接触电压要求的防电击措施。

3）具有防雷和电子信息系统抗干扰要求的场所，例如电子信息机房等。

辅助等电位联结导体应连接区域内可同时触及的固定电气设备的外露可导电部分和外接可导电部分，如果可行也包括钢筋混凝土结构内的主筋。

辅助等电位联结导体截面应满足下列要求：

1）连接两个外露可导电部分的保护联结导体，其电导不应小于接到外露可导电部分的较小的保护接地导体的电导。

2）连接外露可导电部分和装置外可导电部分的保护联结导体，其电导不应小于相应保护接地导体一半截面面积所具有的电导。

3）作辅助联结用的单独敷设的保护联结导体的最小截面面积应满足以下规定：有防机械损伤保护时，最小为 2.5$mm^2$ 铜或 16$mm^2$ 铝；无防机械损伤保护时，最小为 4$mm^2$ 铜或 16$mm^2$ 铝。在实际工程中通常采用铜导体。

### 7.3.3 变电室和柴油发电机房的接地

在变电室、发电机房、控制室、储油间等房间，距地 0.5m 沿四周设置一圈 40mm × 4mm 热镀锌扁钢作为保护接地干线，同时设置等电位端子箱、临时接地接线柱等。并将机房内正常不带电的金属外壳、柴油发电机基础（外壳）、配电（控制）柜基础、变压器基础（外壳）、电缆沟金属支架、燃油系统的设备及管道等做可靠电气连接。

在进行变电室接地设计时，应确保接地装置的接触电压和跨步电压不超过允许值。

燃油系统的设备及管道、储油间的排风系统可导电部件应设置导除静电的接地装置，做法详见《接地装置安装》（14D504）。

1. 变电室接地

变压器低压侧中性点接地可分为“直接接地”“一点接地”两种方式。

1）采用“一点接地”方式时，中性点接地一般在进线柜或母联柜内，在变压器处仅考虑外壳接地，此时变压器引出的4芯导体为3P+PEN，在低压柜内通过连接PEN和PE母排实现变压器中性点的一点接地。低压主进开关和母联开关均为3极。正常情况下，N线工作电流不会在接地导体中产生杂散电流；发生接地故障时，故障电流的流经路径也能满足导体热稳定的要求。变压器中性点一点接地方式是最经济、最合理的方式。

2）变压器中性点采用直接接地方式时，为防止出现杂散电流，进线开关和母联开关应采用4极开关。从变压器引出的5芯导体为3P+N+PE，由于4极开关可断开N母排，系统无法配出TN-C和TN-C-S系统。

2. 柴油发电机房的接地

1）当柴油发电机和变电室贴邻布置时，柴发机组可与变压器采用一点接地方式。柴发机组中性点不直接接地，而是通过变电室低压柜内的接地连接点实现一点接地。变压器与柴油发电机中性点之间的PEN母排全程绝缘，柴油发电机引至低压配电柜的电缆采用4芯；柴发与市电之间的转换开关采用一点接地后，第四极是PEN而非N，既不能断开，也不能插入开关，故转换开关应采用3P。

2）当柴油发电机和变电室贴邻布置时的两台成组出现的变压器采用“一点接地”时，柴油发电机采用直接接地，市电与柴油发电机的转换开关应采用4P，此时变压器引出的4芯母线为3P+PEN；柴油发电机引出的5芯母线为3P+N+PE。

3）变压器与柴油发电机位于不同建筑内（不同接地系统），相距20m以上，要求如下：柴油发电机组的中性点直接接地；柴油发电机房引至变电所低压配电柜的电缆采用4芯；柴油发电机与市电之间的转换开关采用4P。

## 7.3.4 电子信息机房的接地

### 1. 机房接地要求

电子信息机房的功能接地、保护接地、防静电接地、防雷接地等宜与建筑物供配电系统共用接地装置，接地电阻值按系统中最小值确定，一般不大于 1Ω。

建筑物的总接地端子（MET）可引出铜质接地干线，电子信息系统应以最短距离与其连接后并接地。当系统设备较多时，接地干线应敷设成闭路环。

当建筑内设有多个电子信息机房时，各机房接地端子箱引出的接地干线应在弱电间（弱电竖井）处与竖向接地干线汇接。弱电间（弱电竖井）应设接地干线和接地端子箱，接地干线宜采用不小于 $25mm^2$ 的铜导体与机房接地端子箱联结；弱电竖井内的接地干线应至少每三层与楼板内钢筋做一次等电位联结。

电子信息系统信号回路接地系统的形式，应根据电子设备的工作频率和接地导体长度，确定采用 S 型接地、M 型接地或 SM 混合型接地。推荐采用接至共用接地系统的网状联结网络，如图 7-3-1 所示。

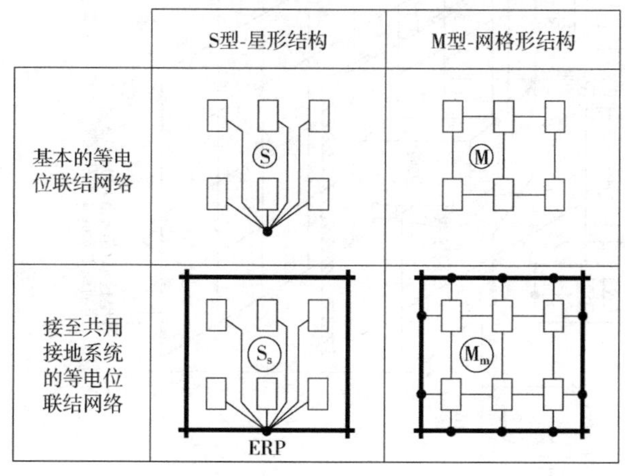


图 7-3-1　电子信息系统等电位联结网络的结构形式

### 2. 机房接地做法

图 7-3-2 为电子信息机房接地做法示例，适用于机柜较多的机

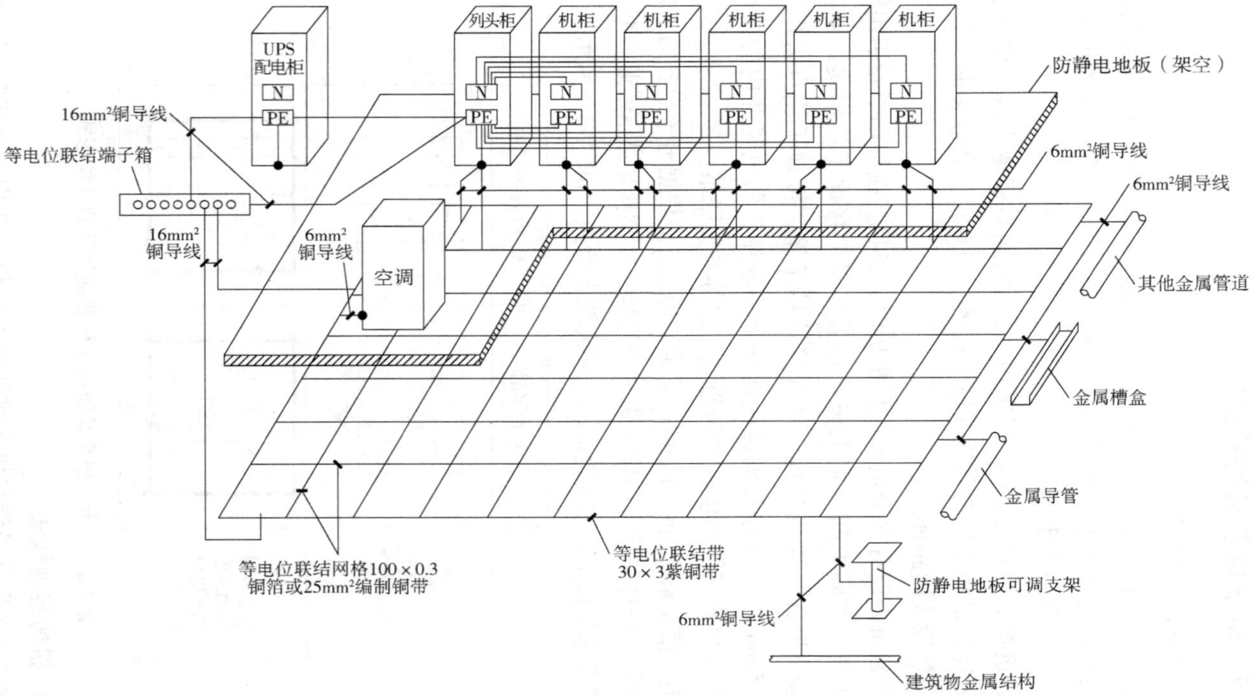

图7-3-2　电子信息机房接地做法示例

房。机房内设置等电位接地端子，四周敷设 30mm × 3mm 紫铜带作为等电位联结带，中间等电位联结网格采用 100mm × 0.3mm 铜箔或 $25mm^2$ 编织铜带，敷设于架空地板内。机房等电位联结的对象包括机房配电箱外壳，电气设备外壳，防静电架空地板金属龙骨，架空地板下等电位联结铜带，墙面或地面内钢筋或金属结构，金属槽盒，其他金属管道或设备等。

信息设备机柜外壳采用两根不同长度的 $6mm^2$ 铜导线与等电位联结网络进行连接，其长度各为不同于 1/4 干扰波长的倍数，并不宜大于 0.5m。

# 7.4 等电位联结及特殊场所的安全防护

商业建筑物内娱乐嬉戏场所越来越多，其中不乏喷水池、戏水池、电影院、健身及电玩等场所，由于人体电阻降低和身体接触低电位而增加电击危险的场所，应采取特殊安全防护措施。需综合装置和设备所在位置、使用需求、特点、接触人员等因素，设置相应的安全防护措施。

## 7.4.1 商业特殊场所的电气安全防护

### 1. 戏水池和喷水池的区域划分

戏水池的区域划分示意如图 7-4-1、图 7-4-2 所示，喷水池的区域划分示意如图 7-4-3 所示。喷水池没有 2 区。

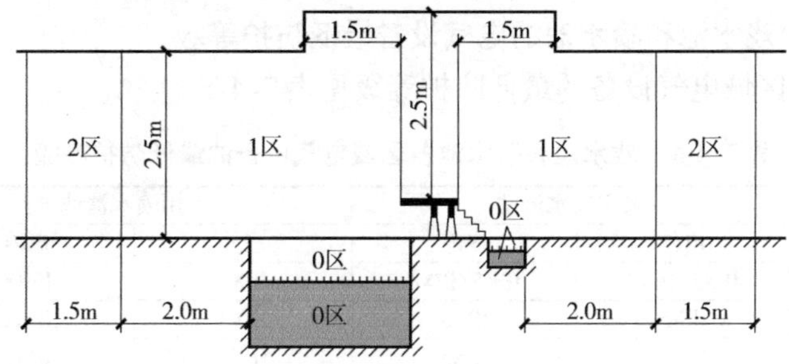


图 7-4-1 戏水池的区域划分示意（侧视图）

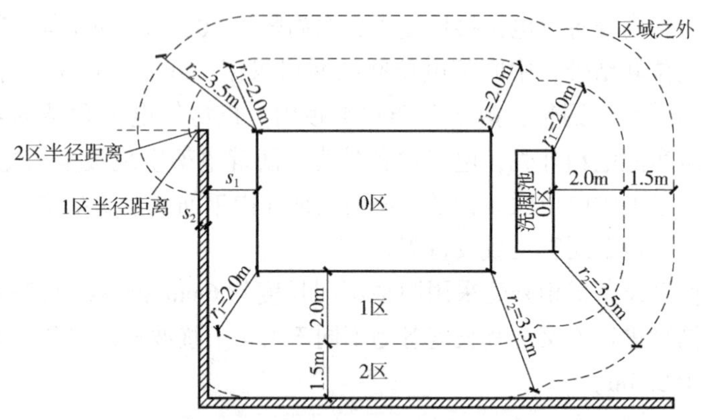


图 7-4-2 装有至少高 2.5m 固定隔板的区域划分示意（俯视图）

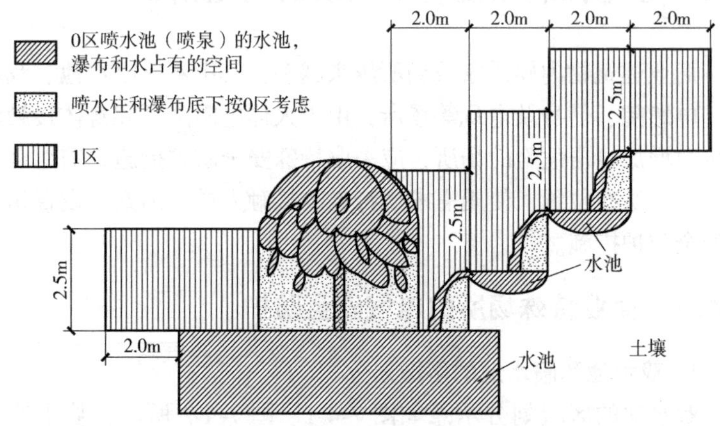


图 7-4-3 喷水池的区域划分示意（侧视图）

## 2. 戏水池和喷水池的电气设备最低防护等级

各区域电气设备的最低防护等级见表 7-4-1。

表 7-4-1 戏水池和喷水池各区域电气设备的最低防护等级

| 区域 | 采用喷水清洗 | | 不用喷水清洗 | |
|---|---|---|---|---|
| | 户外 | 户内 | 户外 | 户内 |
| 0 | IPX5/IPX8 | IPX5/IPX8 | IPX8 | IPX8 |
| 1 | IPX5 | IPX5 | IPX4 | IPX4 |
| 2 | IPX5 | IPX5 | IPX4 | IPX2 |

注：当预期采用喷水进行清洗时，对于 0 区采用 IPX5 是为了保证喷水清洗中的防水性能，IPX8 是为了保证浸水时的防水性能，两者均需满足。

### 3. 喷水池的安全防护措施

1）图7-4-4为旱地喷泉实例，在允许进人的喷水池，应执行游泳池的相关规定。当水泵位于下方0区内时，水泵和地面LED照明灯具应采用交流12V或直流30V以下的SELV供电，SELV电源置于2区之外，给水排水金属水管应做好等电位联结。但需指出的是《建筑给水排水设计标准》（GB 50015—2019）要求，其水泵应干式安装，不得采用潜水泵，并采取可靠的安全措施。

图7-4-4　某小区旱地喷泉

2）不让人进入的喷水池在0区和1区内应采用下列保护措施之一：

①由SELV供电，其供电电源装在0区和1区之外。

②采用额定剩余动作电流不大于30mA的剩余电流保护器（RCD）自动切断电源。

③仅向一台设备供电的电气分隔保护措施。

3）喷水池布线还应满足以下要求：

①0区内电气设备的敷设，在非金属导管内的电缆或绝缘导体，应尽量远离水池的外边缘，在水池内的线路应尽量以最短路径连接至设备。

②0区和1区内敷设在非金属导管内的电缆或绝缘导体，应采取适当的机械防护。

### 4. 餐饮厨房电气安全防护措施

厨房设备电源开关除设备上自带的开关外，配电、控制设备宜布置在干燥、便于操作的场所，并满足安装场所相应的防护等级要求。

厨房内电缆槽盒、设备电源管线应避开明火2.0m以外敷设。

厨房内电缆槽、盒应避开产生蒸汽等热气流2.0m以外敷设。

厨房区域及其他环境潮湿场地的配电回路，应设置剩余电流保护。厨房设备应设置等电位联结。

锅炉房、消防泵房等潮湿场所需要设置局部等电位箱。

## 7.4.2 室外电气装置的安全防护

对于一个商业建筑，在建筑内外都会存在临时外摆、演绎区，除在设计时预留相关临时用电配电箱外，建议预留辅助等电位端子箱。临时用电电气设备、室外工作场所的用电设备应设置额定剩余动作电流值不大于30mA的剩余电流保护器。

采用I类灯具的室外分支线路应装设剩余电流保护器。安装在人员可触及的防护栏上的照明装置应采用特低压安全供电。照明设备所有带电部分应采用绝缘、遮拦或外保护物保护，距地面2.8m以下的照明设备应使用工具才能打开外壳进行光源维护。

室外安装照明配电箱与控制箱等应采用防水、防尘型，防护等级不应低于IP54，北方地区室外配电箱内元器件还应考虑室外环境温度的影响，距地面2.5m以下的电气设备应借助于钥匙或工具才能开启。

商店建筑的广场照明、商业街街道照明及其他户外用电设备，可采用TT系统。

## 7.4.3 其他场所的电气安全防护

### 1. 电梯的安全防护措施

与电梯相关的所有电气设备及导管、槽盒的外露可导电部分均应与保护接地导体（PE）连接，电梯的金属构件应做等电位联结。井道照明采用SELV供电，超高层建筑可采用额定剩余动作电流不大于30mA的剩余电流保护器自动切断电源。

### 2. 自动旋转门、电动门、电动卷帘门和电动伸缩门等的安全防护措施

室外带金属构件的电动伸缩门的配电线路，应设置过负荷保护、短路保护及剩余电流保护电器，并应做等电位联结。

自动旋转门、电动门和电动卷帘门的所有金属构件及其附属电气设备的外露可导电部分均应做等电位联结。

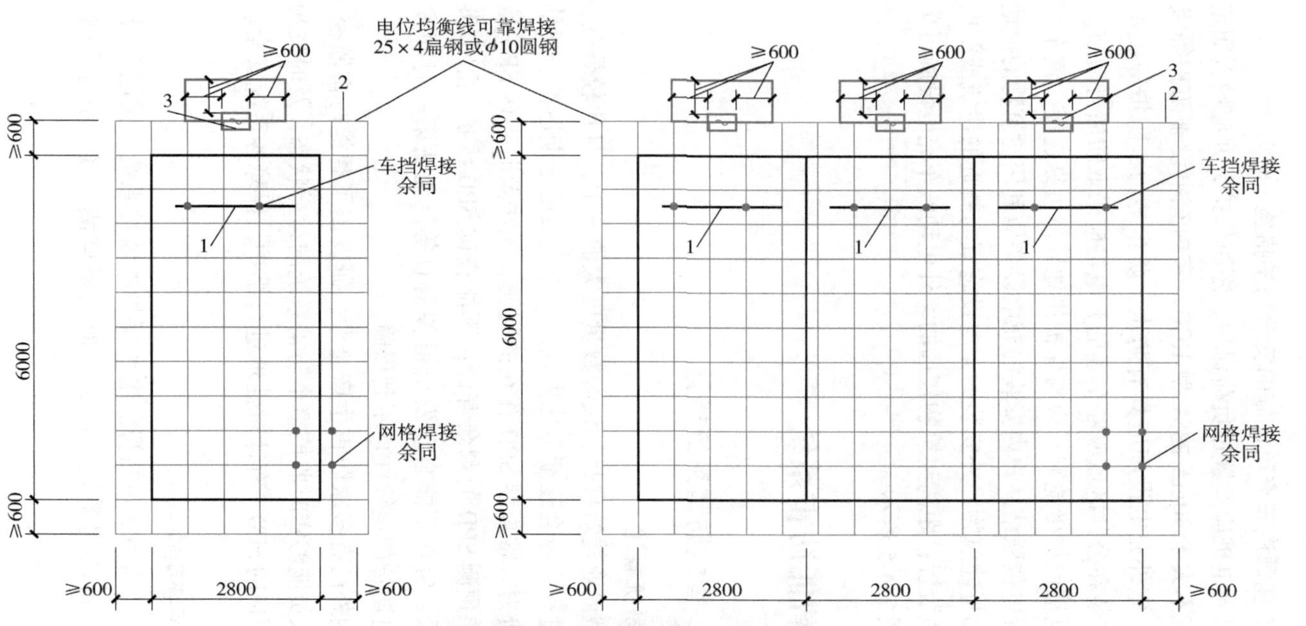


图7-4-5 电动汽车充电设施接地示例图

3. 新能源汽车充电设施的安全防护措施

交流充电桩应设置过负荷保护、短路保护，并应设置额定剩余动作电流不大于30mA的A型RCD。室内充电设施防护等级不低于IP32，室外充电设施应具有防水、防尘能力，防护等级不低于IP56。安装在公共区域或停车场的充电桩应采取防撞击措施。

充电桩保护接地端子应与保护接地导体可靠连接，汽车充电设施需做等电位联结，户内安装的充电设备应利用建筑物的接地装置接地；靠近建筑物户外安装的充电设施宜与就近的建筑或配电设施共用接地装置；距离建筑物较远的室外电动汽车充电设施可单独接地，如图7-4-5所示。

## 7.5 智能防雷系统

### 7.5.1 智能防雷系统概述

1. 系统概述

大型商业建筑项目，设有数量庞大的SPD，且比较分散，SPD在使用过程中也会逐渐劣化失效，运维人员的定期巡检、评估、维护费时费力。常规型SPD存在的问题：无法及时确认SPD是否有效；不能预测SPD的剩余寿命；不能查询SPD维护、雷击事件等档案记录；SPD不能自动发出报警信息等。无法第一时间发现故障，雷电防护的连续性得不到保障。

国内外已有多家防雷生产企业，研发出了智能防雷监控系统，使维护人员能够实时监控整个防雷系统的运行状态，及时发现故障和需要更换的SPD，有针对性地进行维护，保障各系统安全、正常运行。

2. 系统架构

智能防雷系统包括智能电涌保护器监控系统、雷电预警系统、智能直击雷监测系统、智能接地电阻监测系统。其系统架构如图7-5-1所示。

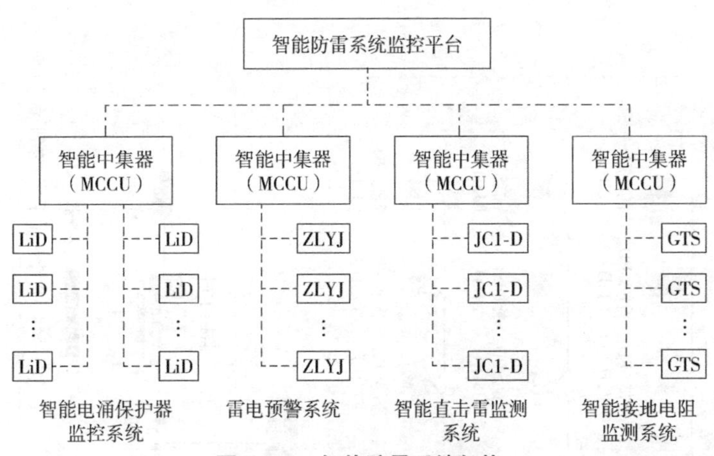


**图 7-5-1　智能防雷系统架构**

各子系统的终端硬件设备通过智能中集器（MCCU）接入智能防雷系统监控平台。终端硬件设备与智能中集器之间采用总线或网线进行信息传输，智能中集器与监控平台之间采用网线、光纤或无线方式进行信息传输。智能防雷系统的各子系统可结合商业建筑特点按需配置，各子系统之间独立运行互不影响。

### 3. 系统功能要求

智能防雷系统需具备的功能见表 7-5-1，智能防雷系统如图 7-5-2 所示。

**表 7-5-1　智能防雷系统功能**

| 序号 | 分类 | 功能 |
| --- | --- | --- |
| 1 | 数据监测 | 提供图形化监控界面，实时监测故障报警、预警、设备管理、数据存储查询、统计分析、事件记录、报表统计、扩展接口、系统接口等 |
| 2 | 雷电预警 | 雷击时间、波形、幅值、位置等 |
| 3 | 直击雷监测 | 电磁场监测、雷电活动趋势分析、联动报警与预警、雷电数据统计记录和分析、气象参数监测等 |
| 4 | 电涌保护器监测 | SPD 运行状态、雷击记录、模块寿命和故障情况，劣化预警和故障报警 |
| 5 | 接地电阻监测 | 导体连接状态监测、接地电阻值监测、多点监测与联网分析、异常报警等 |

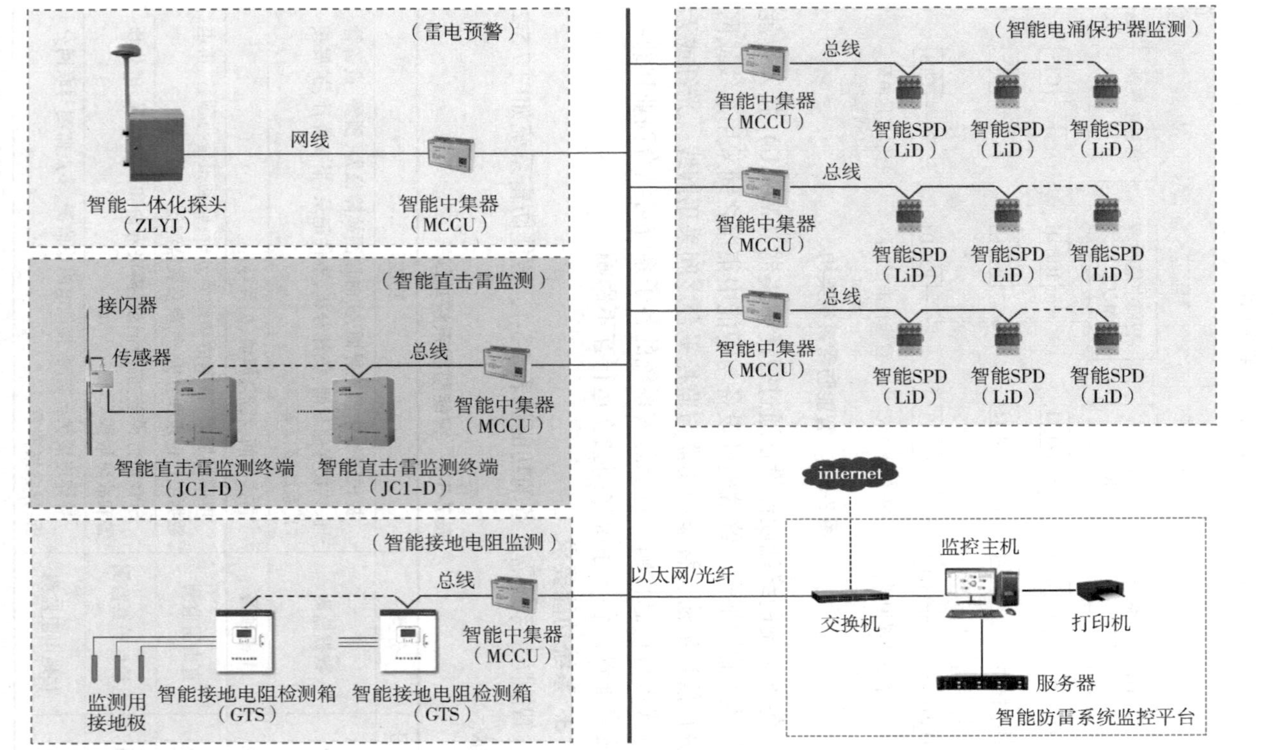

（雷电预警）
网线
智能一体化探头
（ZLYJ）
智能中集器
（MCCU）
（智能直击雷监测）
接闪器
传感器
总线
智能中集器
（MCCU）
智能直击雷监测终端
（JC1-D）
智能直击雷监测终端
（JC1-D）
（智能接地电阻监测）
总线
智能中集器
（MCCU）
监测用
接地极
智能接地电阻检测箱
（GTS）
智能接地电阻检测箱
（GTS）
以太网/光纤
（智能电涌保护器监测）
总线
智能中集器
（MCCU）
智能SPD
（LiD）
智能SPD
（LiD）
智能SPD
（LiD）
总线
智能中集器
（MCCU）
智能SPD
（LiD）
智能SPD
（LiD）
智能SPD
（LiD）
总线
智能中集器
（MCCU）
智能SPD
（LiD）
智能SPD
（LiD）
智能SPD
（LiD）
internet
监控主机
交换机
打印机
服务器
智能防雷系统监控平台


图7-5-2 智能防雷系统

## 7.5.2 雷电预警系统

雷电预警系统属于雷电主动防护技术，为防雷技术发展的新方向。系统采用智能一体化探头（ZLYJ）设备进行电场和磁场探测，通过智能中集器（MCCU）连接到智能防雷系统监控平台。同时探测近程大气电场数据和远程电磁场数据，全面监测本地雷电形成全过程和远程雷电活动趋势，提前判断雷电生成的可能性，联动报警设备、广播设备或其他终端设备，给出警报信号，实现雷电预警功能，其基本结构如图 7-5-3 所示。

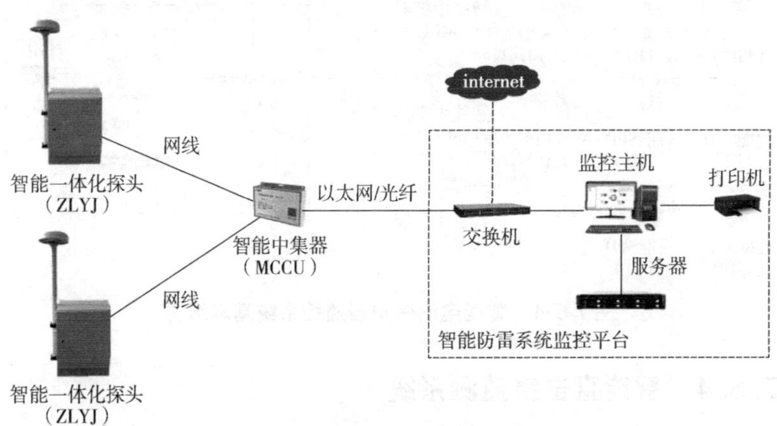


**图 7-5-3 雷电预警系统基本结构**

雷电预警系统应结合本区域和项目的雷电应急预案，采取相应措施，以保障商业建筑雷电防护安全。同时，需具备雷击信息记录、统计和分析功能，对被保护区域的雷电活动的强度、极性、时间等信息进行实时记录和存储分析，为该区域的雷电防护提供实际的数据依据。

## 7.5.3 智能电涌保护器监控系统

商业建筑应根据其智能化、运维需求，确定是否设置 SPD 智能监测系统，并对 SPD 工作状态及运行参数进行实时监测。智能电涌保护器监控系统，可选用能实时在线监测的智能型电涌保护器（智能 SPD，LiD），兼备雷电防护与智能监测功能。智能电涌保护器需具备的功能：电涌保护、后备保护（热熔和过流保护、短路保护、失效保护）、SPD 运行状态实时监测和工作指示、雷击记录、防雷模块和后备保护装置损坏报警、SPD 寿命监测、劣化预警和故障报警，设备管理、事件记录和报表统计功能等。智能电涌保护器通过智能中集器（MCCU）连接到智能防雷系统监控平台，其基本结构如图 7-5-4 所示。

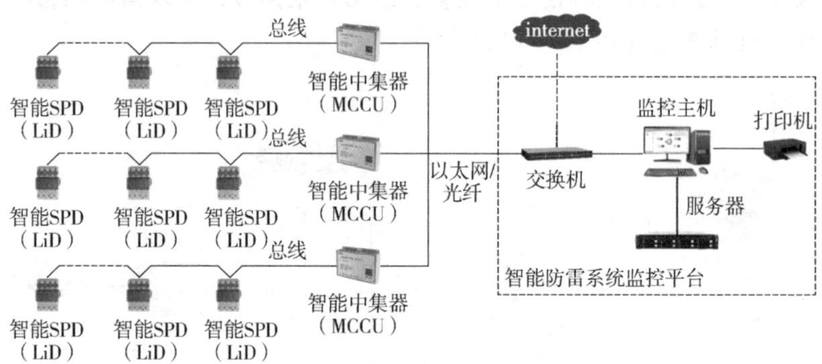


图 7-5-4　智能电涌保护器监控系统基本结构

## 7.5.4　智能直击雷监测系统

智能直击雷监测系统，接闪器的设计应按照 GB 50057—2010、GB 50343—2012、GB/T 21714—2015 等标准要求。根据项目实际情况和接闪器的类型与位置，设置智能直击雷监测终端（JC1-D），通过智能中集器（MCCU）连接至智能防雷系统监控平台。智能直击雷监测终端应能对建筑物接闪器遭受的雷击进行实时监测，记录雷击时间、波形、幅值等信息，并上传至系统平台，且具备数据存储查询和统计分析等功能，如图 7-5-5 所示。

智能直击雷监测终端的安装位置与安装方式应符合项目现场情况，连接线缆应采取屏蔽线缆或穿钢管。

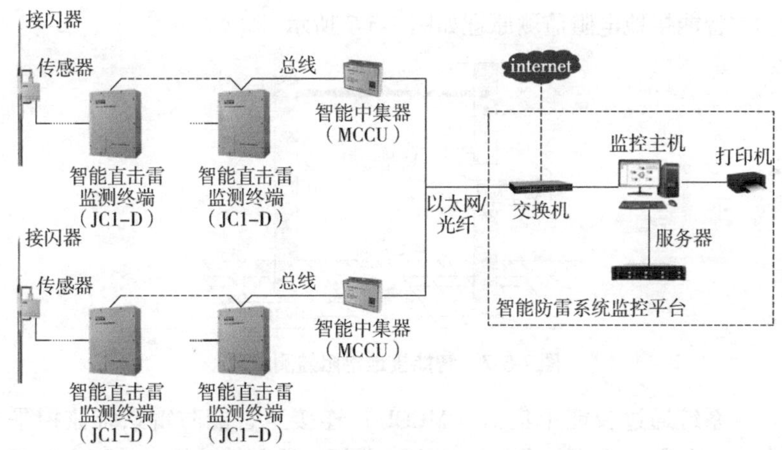


图 7-5-5　智能直击雷监测系统基本结构

## 7.5.5　智能接地电阻监测系统

接地网是防雷系统重要组成部分，能表征其状态的主要参数为接地电阻。接地电阻值升高而造成雷电流通过电涌保护器引入大地时，直接影响接地网地面的电位分布，提升了接触电压和跨步电压，造成设备损坏，威胁维护人员的安全。

智能接地电阻监测系统由智能接地电阻检测箱（GTS）和辅助接地极组成，通过检测线与被测接地极、辅助接地极相连，实时监测接地端子排、接地体和接地装置的接地状态，包括连接情况和接地电阻，在本地或上位机读取或显示，如图 7-5-6 所示。

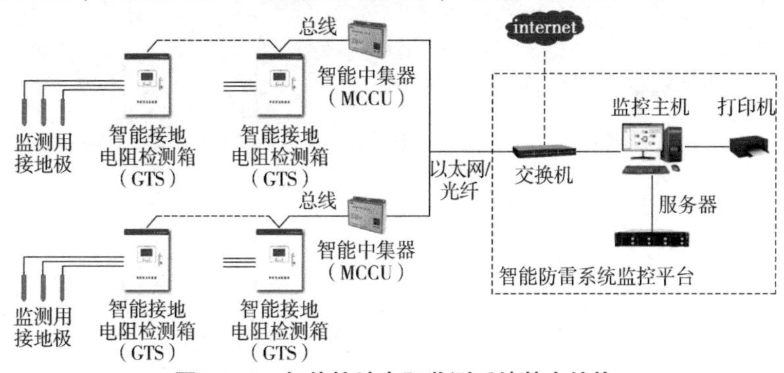


图 7-5-6　智能接地电阻监测系统基本结构

智能接地电阻监测原理如图 7-5-7 所示。

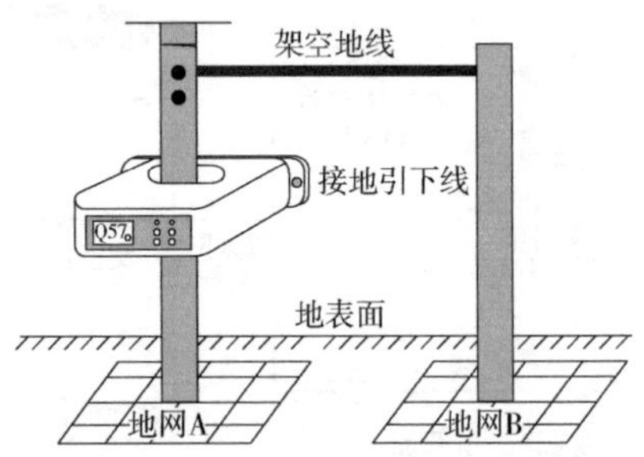


**图 7-5-7　智能接地电阻监测原理**

系统通过智能中集器（MCCU）连接至智能防雷系统监控平台，具备数据采集、存储、查询、分析、管理等功能，并可实现多点联网监测和时空间综合分析，出现异常自动报警，保障接地系统的稳定性和可靠性。智能接地电阻监测系统对每个建筑单体可设置一个智能接地电阻监测点。对于较大的自然接地体，应至少设置 4 个监测点。

# 第8章　火灾自动报警及消防监控系统

## 8.1　概述

### 8.1.1　分类、特点及要求

在商业建筑电气防火系统设计中，常见的子系统有：火灾自动报警系统、消防设施联动控制系统、电气火灾监控系统、消防应急照明系统、消防应急广播系统、防火门监控系统、防烟排烟余压监控系统、消防设备电源监控系统。上述各消防子系统在火灾报警控制器及消防联动控制器或联动型火灾报警控制器的集成管理下，共同形成完整的火灾自动报警及消防监控系统。火灾自动报警系统框图如图 8-1-1 所示。

火灾自动报警系统以各式探测器作为探测单元，具有根据火灾发生初期环境特征进行预警的功能与特点。在与火灾相关的消防过程中，起到早期发现和通报火情的火灾预警和探测报警作用。

消防设施联动控制系统具有按照防火、疏散预案或指令联动控制相关消防设施动作的功能与特点。在与火灾相关的消防过程中，起到及时通知人员进行疏散、防止火灾蔓延、消防救援与自动灭火的作用。

电气火灾监控系统的特点是能够有效探测供电线路及供电设备故障，在发生电气故障、产生一定电气火灾隐患的条件下发出报警，实现电气火灾的早期预防，避免电气火灾的发生。在与火灾相关的消防过程中，起到火灾预警作用。

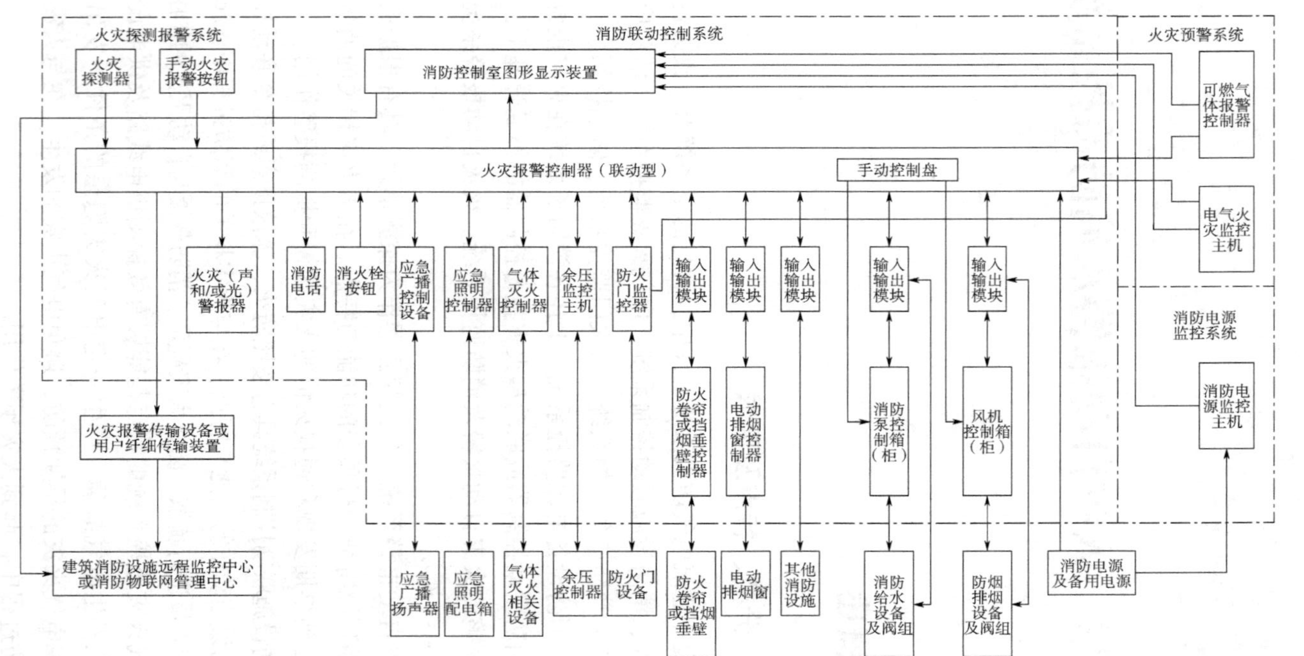


图8-1-1　火灾自动报警系统框图

消防应急照明系统、消防应急广播系统的功能与特点是确保在确认火灾发生后，组织人员按应急预案有序撤离。

防火门监控系统的特点是利用对疏散通道或防火分区交界处设置的防火门进行监控，以达到阻止火灾蔓延的目的。

防烟排烟余压监控系统利用气体压力传感器监测前室、封闭避难层（间）与走道之间的压差或楼梯间与走道之间的压差，并控制泄压阀以使压差在允许范围内，从而既可阻挡烟气进入楼梯间，也可以有效防止防火门两侧压差过大而导致防火门无法正常开启，影响人员疏散和消防人员施救。在与火灾相关的消防过程中，参与到人员疏散与消防救援过程。

消防设备电源监控系统利用电压、电流等信号传感器实时监测消防设备供电电源的中断、欠压、缺相、错相、过载等供电异常现象，及时发出消防电源故障警报，以便维修人员消除故障。在与火灾相关的消防过程中，起到火灾预警作用，同时确保整个火灾自动报警及消防监控各系统的安全可靠运行。

与火灾相关的消防过程示意如图 8-1-2 所示。

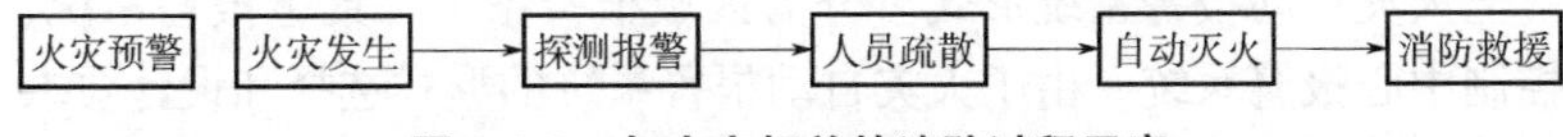


**图 8-1-2　与火灾相关的消防过程示意**

火灾自动报警系统的设计，应遵循国家有关方针、政策，针对保护对象的特点，做到安全可靠、技术先进、经济合理。火灾自动报警系统的供电电源应采用消防电源（含主、备用电源），且应采用单独的供电回路，主电源回路不应设置剩余电流动作保护和过负荷保护装置。火灾自动报警系统中控制与显示类设备的主电源应直接与消防电源连接，不应适用电源插头。

火灾自动报警系统接地装置的接地电阻值，当采用共用接地装置时，不应大于1Ω；当采用专用接地装置时，不应大于4Ω。消防控制室内的电气和电子设备的金属外壳、机柜、机架和金属管、槽等，应采用等电位连接。由消防控制室接地板引至各消防电子设备的专用接地线应选用线芯截面面积不应小于 $4mm^2$ 的铜芯绝缘导线。由消防控制室接地板与建筑接地体之间，应采用线芯截面面积

不小于 $25mm^2$ 的铜芯绝缘导线连接。

### 8.1.2 本章主要内容

针对商业建筑规模、类型及特点，本章详述了火灾自动报警、联动控制系统及其他各消防监控子系统的设计要点。内容包括现行规范对火灾自动报警及消防监控系统的形式、特点及设计要求；各子系统功能与设置原则；消防电气设备选型要求；特殊场所消防报警及联动控制系统设计方法；智慧消防产品技术特点及应用。

应急照明系统、应急广播系统联动控制、消防电话系统及火灾自动报警系统布线要求分别详见本书第 5 章、第 6 章与第 9 章相关内容。

## 8.2 商业建筑火灾自动报警系统设计

### 8.2.1 报警系统形式的选择与设计要求

火灾自动报警系统形式可分为区域报警系统、集中报警系统、控制中心报警系统。由于火灾自动报警系统的形式选择和设计要求与保护对象及消防安全目标的设立直接相关，因此，商业建筑应根据其不同规模、业态，确定其保护对象及消防安全目标，以便选择安全可靠、技术先进、经济合理的火灾自动报警系统形式。

火灾自动报警系统形式的选择与设计要求，应符合《火灾自动报警设计规范》（GB 50116—2013）第 3.2.1 ~ 3.2.4 条的规定。由火灾自动报警系统形式的定义及设计要求可知：在进行商业建筑火灾自动报警系统设计时，首先应依据《建筑防火通用规范》（GB 55037—2022）第 8.3.2 条确定所设计商业建筑需要设置火灾自动报警系统；再根据建筑物内是否有需要联动的自动消防设备，以及系统规模进一步确定采用哪种火灾自动报警形式。

需要注意，消防控制室、消防应急广播、消防专用电话、消防控制室图形显示装置、消防联动控制器是集中报警系统的必要配置，也是集中报警系统与区域报警系统的主要区别。

控制中心报警系统可以理解为多个集中报警系统的合成，与集中报警系统的主要区别是有两个及以上消防控制室，设计时应特别注意各分消防控制室内消防设备之间不应相互控制，以防止各个消防控制室的消防设备之间的指令冲突。

区域报警系统适用于不需要联动自动消防设备的小型商业建筑，例如中、小型商业网点等；集中报警系统适用于有自动消防设备联动需求的大、中型商业建筑；控制中心报警系统适用于大型或超大型商业综合体，即当一个消防控制室或一台集中报警控制器点数无法满足使用需求时，应设置多个消防控制室或集中报警控制器，并采用控制中心报警系统。

## 8.2.2 报警区域与探测区域的划分

1）报警区域的划分主要是为了迅速确定报警及火灾发生部位，并解决消防系统的联动设计问题。发生火灾时，涉及发生火灾的防火分区及相邻防火分区的消防设备的联动启动，这些设备需要协调工作，因此需要划分报警区域。报警区域定义为将火灾自动报警系统的警戒范围按防火分区或楼层等划分的单元。针对商业建筑，报警区域应按下列规定划分：

①报警区域应根据防火分区或楼层划分；可将一个防火分区或一个楼层划分为一个报警区域，也可将发生火灾时需要同时联动消防设备的相邻几个防火分区或楼层划分为一个报警区域。

②电缆隧道的一个报警区域宜由一个封闭长度区间组成，一个报警区域不应超过相连的3个封闭长度区间；道路隧道的报警区域应根据排烟系统或灭火系统的联动需要确定，且不宜超过150m。

2）为了迅速而准确地探测出报警区域内发生火灾的部位，需将报警区域按顺序划分成若干探测区域。因此，探测区域定义为将报警区域按探测火灾的部位划分的单元。探测区域的划分应符合《火灾自动报警设计规范》（GB 50116—2013）第3.3.2、3.3.3条的规定。

3）在商业建筑设计实践中，应按照上述原则合理划分报警区域与探测区域，以确保火灾自动报警系统安全、可靠运行。

### 8.2.3 消防控制室设置原则与要求

消防控制室的设置原则与要求应符合《火灾自动报警设计规范》（GB 50116—2013）第 3.4.1 ~ 3.4.10 条的规定。

1）《火灾自动报警设计规范》（GB 50116—2013）第 3.4.2 条中的消防应急照明和疏散指示系统控制装置应理解为集中控制型应急照明控制器。

2）消防控制室内应设置消防专用电话总机和可直接报火警的外线电话，消防专用电话网络应为独立的消防通信系统。

3）在执行《火灾自动报警设计规范》（GB 50116—2013）第 3.4.7 条时，应特别注意火灾报警控制器等电子信息设备远离防雷引下线。

### 8.2.4 火灾探测器的选择与设置要求

在选择火灾探测器种类时，要根据探测区域内可能发生的初期火灾的形成和发展特征、房间高度、环境条件以及可能引起误报的原因等因素来决定。

1）火灾探测器的选择应符合《火灾自动报警设计规范》（GB 50116—2013）第 5.1.1 条的规定。

在商业建筑设计实践中，某些通风状况不佳的地下停车场、商场等场所，一旦发生火灾，在火灾初期极易造成燃烧不充分从而产生一氧化碳气体。目前主流的做法是增设一氧化碳火灾探测器并与平时通风机自成联动系统以实现火灾的早期探测与消防隐患解除。针对复合型火灾探测器，目前很多厂家都推出了具有多只探测器复合判断功能的火灾自动报警系统，如在大的平面空间场所中同时设置多个火灾探测器，只要其中几只探测器探测的火灾参数都发生变化，虽然火灾参数还没达到单只探测器报警的程度，但由于多只探测器都已有反应，则可认为发生了火灾等。这种系统是在火灾报警控制器内采用了智能算法，提高了系统的响应时间及报警准确率。

2）点型火灾探测器的选择应符合《火灾自动报警设计规范》（GB 50116—2013）第 5.2.1 条的规定。

①商业建筑中下列场所宜选择点型感烟火灾探测器：厅堂、卖场、档口、店铺、计算机房、通信机房、电影或电视放映室、楼梯、走道、电梯机房、车库等。

②商业建筑中下列场所宜选择点型感温火灾探测器：厨房、锅炉房、发电机房等相对湿度经常大于95%或不宜安装感烟火灾探测器的场所。

③商业建筑中下列场所宜选择可燃气体探测器：使用可燃气体的场所、燃气站和燃气表房以及存储液化石油气罐的场所及其他散发可燃气体和可燃蒸汽的场所。

④污物较多且必须安装感烟火灾探测器的场所，应选择间断吸气的点型采样吸气式感烟火灾探测器或具有过滤网和管路自清洗功能的管路采样吸气式感烟火灾探测器。

3）线型火灾探测器的选择应符合《火灾自动报警设计规范》（GB 50116—2013）第5.3.1条的规定。

①商业建筑中下列场所宜选择选择缆式线型感温火灾探测器：电缆隧道、电缆竖井、电缆夹层、电缆桥架、不易安装点型探测器的夹层、闷顶。

②商业建筑中，不适宜安装点型感烟、感温火灾探测器的大空间、舞台上方、建筑高度超过12m或有特殊要求的场所宜选择吸气式感烟火灾探测器。

4）火灾探测器的设置：

①点型火灾探测器的设置应符合《火灾自动报警设计规范》（GB 50116—2013）第6.2.2~6.2.12条的规定。

②火焰探测器和图像型火灾探测器的设置应符合《火灾自动报警设计规范》（GB 50116—2013）第6.2.14条的规定。

③线型光束感烟火灾探测器的设置应符合《火灾自动报警设计规范》（GB 50116—2013）第6.2.15条的规定。

④线型感温火灾探测器的设置应符合《火灾自动报警设计规范》（GB 50116—2013）第6.2.16条的规定。

⑤管路采样式吸气感烟火灾探测器的设置应符合《火灾自动报警设计规范》（GB 50116—2013）第6.2.17条的规定。

### 8.2.5　其他火灾自动报警系统设备设置要求

1）手动火灾报警按钮的设置应符合《火灾自动报警设计规范》（GB 50116—2013）第 6.3.1、6.3.2 条的规定。

①条文中“从一个防火分区内的任何位置到最邻近的手动火灾报警按钮的步行距离不应大于 30m”，应当理解为无遮挡物的可行进的步行路线上的距离，设计时不应仅简单地以手动火灾报警按钮为圆心的半径 30m 的圆来确定手动火灾报警按钮的设置部位。

②手动火灾报警按钮设置在出入口处有利于人们在发现火灾并疏散时及时按下。

2）区域显示器的设置：

①每个报警区域宜设置一台区域显示器（火灾显示盘）；当一个报警区域包括多个楼层时，宜在每个楼层设置一台仅显示本楼层的区域显示器。

②区域显示器应设置在出入口等明显和便于操作的部位。当采用壁挂方式安装时，其底边距地高度宜为 1.3～1.5m。

3）火灾警报器的设置应符合《火灾自动报警设计规范》（GB 50116—2013）第 6.5 条的规定。

①声光警报器的安装位置不宜与安全出口指示标志灯具设置在同一面墙上的规定，是考虑声光警报器不能影响疏散设施的有效性。

②为了便于在各个报警区域内都能听到警报信号声，以满足告知所有人员发生火灾的要求，要求火灾警报器声压级不应小于 60dB；且在环境噪声大于 60dB 的场所，其声压级应高于背景噪声 15dB。

4）模块的设置应符合《火灾自动报警设计规范》（GB 50116—2013）第 6.8 条的规定。

①考虑保障运行的可靠性和检修的方便，要求模块安装在金属模块箱内。

②由于模块工作电压通常为 24V，不同电压等级的设备一旦混装，将可能相互产生影响，导致系统不能可靠动作，因此严禁模块设置在配电（控制）柜（箱）内。

5）消防控制室图形显示装置的设置：

①消防控制室图形显示装置应设置在消防控制室内，并应符合火灾报警控制器的安装设置要求。

②消防控制室图形显示装置与火灾报警控制器、消防联动控制器、电气火灾监控器、可燃气体报警控制器等消防设备之间，应采用专用线路连接。

### 8.2.6 火灾自动报警设备选型

由于火灾自动报警系统设备种类繁多，型号复杂，在设备选型时，应遵循以下原则：

1）火灾探测器的选择应满足设置场所火灾初期特征参数的探测报警要求。

2）火灾自动报警系统各设备之间应具有兼容的通信接口和通信协议。

3）火灾自动报警系统设备的防护等级应满足在设置场所环境条件下正常工作的要求。

4）应采用国家消防电子产品质量监督检验中心检验合格的产品。

## 8.3 消防联动控制系统设计

### 8.3.1 自动喷水灭火系统的联动控制设计

1）湿式系统和干式系统的联动控制设计应符合《火灾自动报警设计规范》（GB 50116—2013）第4.2.1条的规定。设计时应注意，湿式报警阀压力开关动作的触发信号直接控制启动喷淋消防泵的要求是指压力开关与喷淋消防泵启动控制回路的直接连锁，并不通过消防联动控制器联动，故不受消防联动控制器处于自动或手动状态影响。

2）预作用系统的联动控制设计应符合《火灾自动报警设计规范》（GB 50116—2013）第4.2.2条的规定。预作用系统与湿式系统和干式系统联动的主要区别在于，预作用的联动控制需要消防联动控制器在接收到同一报警区域内两只及以上独立的感烟火灾探测器或一只感烟火灾探测器与一只手动火灾报警按钮的报警信号后，联动控制预作用阀组的开启，以便使系统转变为湿式系统。另外，设计时容易被忽视应特别注意的是如下要求：预作用阀组和快速排气阀入口前的电动阀的启动和停止按钮，用专用线路直接连接至设置在消防控制室内的消防联动控制器的手动控制盘，直接手动控制预作用阀组和电动阀的开启。

3）雨淋系统的联动控制设计应符合《火灾自动报警设计规范》（GB 50116—2013）第 4.2.3 条的规定。雨淋系统的联动控制触发信号为同一报警区域内两只及以上独立的感温火灾探测器或一只感温火灾探测器与一只手动火灾报警按钮的报警信号，因此在有雨淋系统的区域内应设置相应的感温探测器。

4）自动控制的水幕系统的联动控制设计应符合《火灾自动报警设计规范》（GB 50116—2013）第 4.2.4 条的规定。应当注意：当自动控制的水幕系统用于防火卷帘的保护时，应由防火卷帘下落到楼板面的动作信号与本报警区域内任一定温火灾探测器或手动火灾报警按钮的报警信号作为水幕阀组启动的联动触发信号；仅用水幕系统作为防火分隔时，应由该报警区域内两只独立的感温（定温）火灾探测器的火灾报警信号作为水幕阀组启动的联动触发信号，因此在有水幕系统的区域内应设置相应的感温探测器。

## 8.3.2 消火栓系统的联动控制设计

1）消火栓系统的联动控制设计应符合《火灾自动报警设计规范》（GB 50116—2013）第 4.3.1 ~ 4.3.3 条的规定。

2）设计时应注意，由消火栓系统出水干管上设置的低压压力开关、高位消防水箱出水管上设置的流量开关或报警阀压力开关等信号作为触发信号，直接控制启动消火栓泵要求，是指压力开关或流量开关与消火栓泵的启动控制回路应直接连锁，而不是不通过消防联动控制器联动，故不受消防联动控制器处于自动或手动状态影响。作用在压力开关和流量开关上的电压应采用 24V 安全电压。

3）消火栓按钮的动作信号应作为报警信号及启动消火栓泵的联动触发信号，由消防联动控制器联动控制消火栓泵的启动。当项目规格比较小，不设置火灾自动报警及消防联动系统时，消火栓泵的联动控制应由消火栓按钮的动作信号启动消火栓泵。

### 8.3.3 气体灭火系统的联动控制设计

1）气体灭火系统的联动控制设计应符合《火灾自动报警设计规范》（GB 50116—2013）第4.4.1~4.4.6条的规定。

2）气体灭火控制器、泡沫灭火控制器直接连接火灾探测器时，探测器的组合宜采用感烟火灾探测器和感温火灾探测器。

3）气体灭火控制器、泡沫灭火控制器在接收到满足联动逻辑关系的首个联动触发信号（感烟火灾探测器或手动火灾报警按钮的首次报警信号）后，应启动设置在该防护区内的火灾声光警报器；在接收到第二个联动触发信号（与首次报警的火灾探测器或手动火灾报警按钮相邻的感温火灾探测器、火焰探测器或手动火灾报警按钮的报警信号）后，应发出联动控制信号。

4）气体灭火系统消防电气联动设计时，应与通风专业密切配合，防止遗漏应该联动的送（排）风阀门、电动防火阀，以及气体灭火后，事故风机灾后通风设计。

### 8.3.4 防烟排烟系统的联动控制设计

1）防烟排烟系统的联动控制设计应符合《火灾自动报警设计规范》（GB 50116—2013）第4.5.1~4.5.5条的规定。

2）《火灾自动报警设计规范》（GB 50116—2013）第4.5.3条中对于“应能在消防控制室内的消防联动控制器上手动控制送风口、电动挡烟垂壁、排烟口、排烟窗、排烟阀的开启或关闭”要求，应当理解为这些设备在消防联动控制器上具备手动联动控制功能，要区别于手动控制盘的专线开启或关闭功能。

3）防烟排烟系统的控制设计还应符合规范《建筑防烟排烟系统技术标准》（GB 51251—2017）第5.1.2、5.1.3、5.2.2、5.2.3条的规定。

4）防烟排烟系统消防电气联动设计时，应特别注意系统中任一常闭加压送风口、排烟阀或排烟口开启时，联动启动对应的加压送风机、排烟风机及补风机。

5）机械排烟系统中的常闭排烟阀或排烟口应具有火灾自动报警系统自动开启、消防控制室手动开启和现场手动开启功能，其开启信号应与排烟风机联动。此处应注意，现场手动开启功能，多数情况下是由机械连杆或钢丝实现，但有时受限于建筑空间，导致现场手动开启装置距离排烟阀或排烟口过远或线路过于曲折，而无法由机械连杆或钢丝实现。此时，需要设置排烟阀或排烟口的现场手动电气开启/复位按钮，以实现现场手动开启功能。

## 8.3.5 其他相关消防设施的联动控制设计

1）电梯的联动控制设计：

①消防联动控制器应具有发出联动控制信号强制所有电梯停于首层或电梯转换层的功能。

②电梯运行状态信息和停于首层或转换层的反馈信号，应传送给消防控制室显示，轿厢内应设置能直接与消防控制室通话的专用电话。

2）火灾警报和消防应急广播系统的联动控制设计应符合《火灾自动报警设计规范》（GB 50116—2013）第4.8.1~4.8.12条的规定。

①火灾自动报警系统均应设置火灾声光警报器，并在发生火灾时发出警报，其主要目的是在发生火灾时对人员发出警报，警示人员及时疏散。

②火灾时无论采用哪种控制切换方式，都应该注意使扬声器不管处于关闭还是播放状态时，都应能紧急开启消防应急广播。特别应注意在扬声器设有开关或音量调节器的日常广播或背景音乐系统中的应急广播方式，应将扬声器用继电器强制切换到消防应急广播线路上，且合用广播的各设备应符合消防产品CCCF认证的要求。

3）消防应急照明和疏散指示系统的联动控制设计应符合《火灾自动报警设计规范》（GB 50116—2013）第4.9.1、4.9.2条的规定。

①应急照明控制器的选型应符合《消防应急照明和疏散指示系统技术标准》（GB 51309—2018）第3.4.1～3.4.5条及第3.6、3.7条的规定。

②消防应急照明灯具应急启动后，在蓄电池电源供电时的持续工作时间应满足《消防应急照明和疏散指示系统技术标准》（GB 51309—2018）第3.2.4条的规定。应注意此条规范中第5款“持续工作时间应分别增加设计文件规定的灯具持续应急点亮时间”。

4）相关联动控制设计：

①消防联动控制器应具有切断火灾区域及相关区域的非消防电源的功能，当需要切断正常照明时，宜在自动喷淋系统、消火栓系统动作前切断。

②消防联动控制器应具有自动打开涉及疏散的电动栅杆等的功能，宜开启相关区域安全技术防范系统的摄像机监视火灾现场。

③消防联动控制器应具有打开疏散通道上由门禁系统控制的门和庭院电动大门的功能，并应具有打开停车场出入口挡杆的功能。

## 8.4 其他消防电气监控系统

### 8.4.1 电气火灾监控系统设计

1）系统设备组成：电气火灾监控器；剩余电流式电气火灾探测器；测温式电气火灾探测器；故障电弧探测器。

2）电气火灾监控系统检测配电线路的剩余电流及温度，当超过限定值时应报警。电气火灾监控系统具备图形显示装置接入功能，实时传送监控信息，显示监控数值和报警部位，对由于漏电可能引起火灾进行预报和监控。

3）报警控制器报警电流可调，剩余电流报警整定值不小于被保护电气线路和设备正常泄漏电流最大值的2倍，且不大于1000mA，一般为300mA。测温式火灾探测器的动作报警值按所选电缆最高耐温的70%～80%设定。

4）电气火灾监控系统采用具备门槛电平连续可调的剩余电流探测器；测温式火灾探测器的动作报警值具备 0～150℃连续可调功能。

5）系统可发出声光报警，准确报出探测点地址，并监视探测点的变化。

6）系统可存储各种故障及操作试验信号，信号存储时间不宜少于 12 个月。

7）系统宜采用总线传输技术，系统应具有自动巡检功能。

8）系统应能显示系统电源的状态，系统宜只作用于报警，不切断电源。

9）系统应具有且提供与火灾自动报警系统的接口及功能。

10）系统安装时，需满足下列要求：

①电气火灾监控探测器应安装在配电箱（柜）外，同时配电箱（柜）需考虑整体布局并预留接线空间。

②安装时，需严格区分 N 线和 PE 线，N 线需通过互感器，通过互感器的 N 线，不得作为 PE 线，PE 线不得穿过剩余电流式火灾探测器。

## 8.4.2 防火门监控系统设计

1）防火门监控系统对各种防火门的开启、关闭及故障状态进行监控，当火灾发生时，接收消防联动控制器火警信号，受控断电后自行关闭常开防火门，同时反馈信号至防火门监控器；防火门监控系统能保持防火门常开，也可现场手动推动防火门，实现手动关闭和复位防火门，防火门关闭后成为手动推开后自行关闭的手动推开活动式防火门。

2）防火门监控器应设置在消防控制室内，未设置消防控制室时，应设置在有人值班的场所；用于显示并控制防火门开启、关闭状态，对防火门处于非正常打开状态或非正常关闭状态给出报警提示，使其恢复到正常工作状态，确保防火门功能完好，并上传防火门状态信息至消防联动控制器；防火门监控器专用于防火门监控系统并独立安装，不能兼用其他功能的消防系统，不能与其他消防系统共用设备。

3）疏散通道上各防火门的开启、关闭及故障状态信号应反馈至防火门监控器。

4）防火门监控系统由防火门监控器、输入/输出接口、门磁开关、电磁门吸，电动闭门器、防火门监控系统软件等组成。

①防火门监控器：

A. 实时显示防火门的状态。

B. 监控器所连接的防火门可自定义到总线手控盘上的一组指示灯和按键，用于显示对应防火门的开闭状态和故障状态，用于手动控制对应防火门的开启。

C. 提供报警输出、反馈输出、故障输出三种输出触点。

D. 可接入火灾显示盘，实现在现场显示报警信息；可连接消防控制室图形显示装置。

②输入/输出接口：

A. 控制电磁门吸、电动闭门器等，控制防火门的开启和关闭。

B. 接收门磁开关、电动闭门器的反馈信号。

③门磁开关：

A. 反馈防火门的开、关状态。

B. 接收门磁开关、电动闭门器的反馈信号。

④电磁门吸：

A. 控制防火门的开启和关闭。

B. 通过输入/输出接口接入监控器。

C. 配置门磁开关反馈防火门的状态。

⑤电动闭门器：

A. 控制防火门的开启和关闭，并反馈防火门的状态信号。

B. 通过输入/输出接口接入监控器。

5）常开防火门设置电磁释放器、机械闭门器及门磁开关。电磁释放器、门磁开关分别与监控模块连接。发生火灾后，防火门监控器通过监控模块使电磁释放器动作，释放链条，门扇在机械闭门器的作用下完成关闭。门磁开关吸合后，通过监控模块向防火门监控器反馈防火门关闭信号。

6）常闭防火门平时处于常闭状态，门磁开关吸合。防火门被开启时，门磁开关通过监控模块向防火门监控器发出信号，提示防火门处于开启状态。

7）防火门监控器备用电池供电时间应为3h以上。

8）系统应具有且提供与火灾自动报警系统的接口及功能。

### 8.4.3 消防电源监控系统设计

消防电源监控器设置在消防控制室内，用于监控消防电源的工作状态，故障时发出报警信号。

系统形式与选择应符合下列规定：

1）对于单体建筑且监控点数小于220点的系统至少应由一台监控器及若干台传感器等设备组成，系统中的监控器不应超过两台。

2）大型建筑采用分散与集中相结合的控制方式，在各消防控制室或有人值班场所设置监控器，将各消防设备电源状态及报警信息传回至控制中心的中央监控器。任一台监控器所连接的传感器的地址总数不应超过256点。其中每一总线回路连接设备的地址总数宜留有不少于地址总数额定容量10%的余量，且每回路地址总数不宜超过56点。

3）消防电源监控主机放置在消防控制室内，电源引自消防控制室双电源箱，并自带UPS。系统实时监测各回路电压值，可扩展监测各回路的电流测量。

①通过检测消防设备电源的电流、电压值和开关状态，判断电源是否存在短路、断路、过压、欠压、过流及缺相、错相等状态并进行报警和记录。

②系统可存储各种故障及操作试验信号，信号存储时间不少于12个月。

③系统应具有且提供与火灾自动报警系统的接口及功能。

### 8.4.4 可燃气体报警及联动控制系统设计

1）当检测比空气轻的燃气时，探测器与燃具或阀门的水平距离不得大于8m，安装高度应距顶棚0.3m以内，且不得设在燃具上方；当检测比空气重的燃气时，探测器与燃具或阀门水平距离不得大于4m，安装高度应距地面0.3m以内。

2）当凸出物或梁高超过0.3m时，需将探测器安装在顶板下。

3）当可燃气体探测器在屋顶安装时，应装于有燃气设备的梁的一侧。

4）系统应具有且提供与火灾自动报警系统的接口及功能。

### 8.4.5 防烟排烟余压监控系统设计

1）《建筑防烟排烟系统技术标准》（GB 51251—2017）第3.4.4条机械加压送风量应满足走廊至前室至楼梯间的压力呈递增分布，余压值应符合规范要求，当系统余压值超过最大允许压力差时应采取泄压措施。防烟楼梯间与走道之间的压差应为40~50Pa，前室、封闭避难层（间）与走道之间的压差应为25~30Pa。

2）当防烟楼梯间或前室余压达到超压监控值时，余压探测器发出报警信息，余压控制器打开受控加压风机风管上的电动旁通阀用于泄压；余压达到正常区间值后，余压探测器发出信号，余压控制器关闭旁通阀，可通过控制风阀执行器的开启角度来保持余压值稳定在规范要求的范围内。

3）余压控制器安装在加压风机控制箱旁，采用汉字液晶实时显示被管理的余压探测器工作状态；系统总线沿楼梯间、前室楼板垂直敷设，要求每台余压控制器信号线传输距离不小于500m，连接管理余压探测器不少于64台。

4）余压控制器通过通信接口接入监控主机，将系统工作状态实时上传至消防控制室内的监控主机进行存储，以便于值班人员随时掌握和了解设备运行情况。

5）余压探测器采用安全电压DC 24V供电，由余压控制器集中供给；采用汉字液晶实时显示余压值，超压时发出声光报警信号。

## 8.5 特殊场所的消防报警及联动设计

### 8.5.1 高大空间的报警及联动设计

商业建筑中的大堂、中庭、室内步行街以及影厅等超过 12m 的大空间宜同时选择两种及以上火灾参数的火灾探测器。常规设计方案有：可以采用线型光束感烟探测器与图像型火焰探测器（多数情况下可结合消防水炮的此项功能）组合实现火灾探测；也可以采用线型光束感烟探测器和点型红外火焰探测器组合实现火灾探测；当使用线型光束感烟探测器时，应使线型光束避开中庭和采光顶区域屋顶的吊钩下方区域。线型光束感烟火灾探测器的设置还应符合《火灾自动报警设计规范》（GB 50116—2013）第 12.4.3 条规定。点型红外火焰探测器与消防水炮（具备图像型探测组件）组合示意图如图 8-5-1 所示。

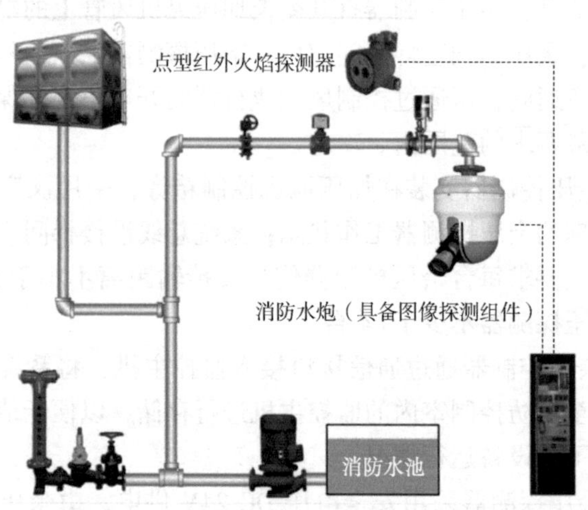


**图 8-5-1 点型红外火焰探测器与消防水炮（具备图像型探测组件）组合示意图**

火灾初期产生少量烟并产生明显火焰的场所，应选择 1 级灵敏度的点型红外火焰探测器或图像型火焰探测器，并应降低探测器设置高度。

可采用集防火、防盗、监控于一体的火灾安全监控系统。此类系统以图像型火灾探测报警系统为核心，常规火灾报警联动控制系统作为补充，实现分布控制—集中管理模式。现场一旦发生火灾，主机发出报警信号，显示报警区域的图像，并自动开启录像机进行记录。

当采用水泡灭火装置的，可采用自动跟踪定位射流灭火装置。其具有火灾探测功能，灭火装置控制器检测到探测器报警后，自动启动声光报警，自动控制相关的自动跟踪定位射流灭火装置扫描、定位，自动开启水泵和电磁阀实施灭火。同时记录报警信息，自动记录启泵、开阀、水流动作等重要信息。此系统启动方式一般包括自动、消防控制室手动和现场应急手动等三种启动方式。应设置现场手动操作控制箱和主控制盘，主控制盘应设置在消防控制室内，并与消防报警主控制盘联网通信。

## 8.5.2 技术夹层的报警及联动设计

依据规范要求，净高大于2.6m且可燃物较多的技术夹层，净高大于0.8m且有可燃物的闷顶或吊顶内应设置火灾自动报警系统。

在商业建筑中，对于不易安装点型探测器的闷顶、电缆夹层以及其他环境恶劣不适合点型探测器安装的场所（变电所电缆夹层、低压电缆沟内、变电所低压出线电缆桥架内、电气竖井电缆桥架内等处），首选缆式线型感温火灾探测器。

缆式线型感温火灾探测器应采用接触式的敷设方式对夹层内的所有的动力电缆进行探测，线型感温火灾探测器应采用“S”形布置在电缆的上表面。对于槽盒宽度大于或等于600mm时，需在其内敷设2根线型感温火灾探测器，当槽盒内设置金属隔板时，线型感温火灾探测器设置于隔板两侧。电缆沟内设置线型感温火灾探测器时，需于沟内上下两层敷设。为避免槽盒内电缆的电磁干扰，信号模块固定在附近梁上，就近引接信号线。线型感温火灾探测器选用户内型缆式定温可恢复式感温电缆，线型感温火灾探测器动作温度选定为70℃，每根探测器长度不低于10m，不超过100m。

缆式线型感温火灾探测器报警信号通过火灾自动报警系统信号输入模块接入火灾自动报警系统，要求所有线型感温探测器均应有地址编码。

### 8.5.3 影院剧场的消防报警及联动设计

随着近几年休闲商业模式的快速发展，影院剧场等业态已成为商业建筑的重要组成部分。影院剧场作为人员密集型场所，消防报警系统尤为重要。

商业建筑中影院类型通常包括普通银幕影院、IMAX影院、动感影院以及球幕影院等。

对于高度大于12m的影厅，应安装红外探测器或图像型火灾探测器，详见本书8.5.1内容。其余不超过12m的常规影厅，按《火灾自动报警系统设计规范》（GB 50116—2013）要求，设置感烟火灾探测器。影院每个观众厅应安装一个火灾声光报警器。影院每个观众厅入口处均应设置手动报警按钮。

对于球幕影院设备层等需要隐蔽探测等特殊场所可设置吸气式感烟火灾探测器。此系统由空气采样探测主机、空气采样管网、专用电源、系统网络及附属设备等组成。吸气式感烟火灾探测系统主机主要由抽气组件、气流传感器、探测腔组件、数据处理单元组成。设备类型为吸气式感烟火灾报警系统，采样时间应为连续不间隔。采用激光光源或高能光源作为探测器光源，且探测腔具有自清洁功能或免清洁。具备火灾极早期发生时对微小热释粒子绝对浓度的探测能力，能够在火灾产生初期未产生烟雾期间发出报警。探测器除了提供经补偿的烟雾浓度相对数值，还应提供现场实时烟雾浓度数值。具有对采样进气管路气流故障的监测功能，应在气流值到达上下限阈值时，发出相应的气流报警。能够有效避免灰尘引起探测器误报和造成探测器污染的空气过滤装置，灵敏但不误报。

每台探测器采样管总长不宜超过200m，单管长度不宜超过100m。具备现场烟雾的实时采集功能：实时探测和采集现场各保护区内的火警信息，并侦测系统运行状况。空气采样探测系统示意图如图 8-5-2 所示，空气采样探测系统剖面示意图如图 8-5-3 所示。

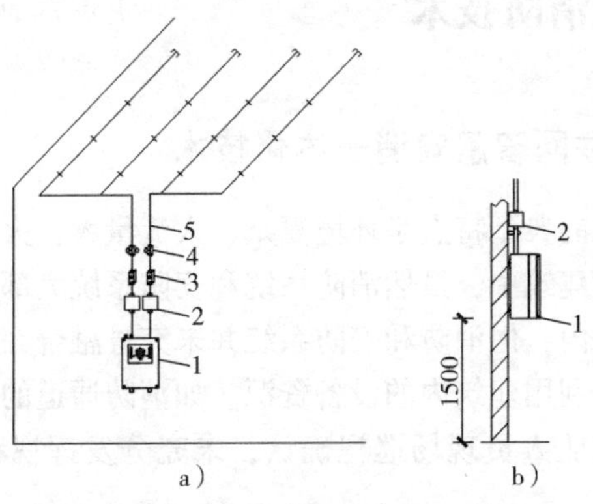

a）　　b）

图 8-5-2　空气采样探测系统示意图

a）空气采样探测系统原理图　b）空气采样探测器立体侧面图

1—空气采样主机　2—专用外置过滤器　3—通用型三通阀门（气流开闭专用）

4—维护用三通（维护时打开，维护后关闭）　5—采样管网主管

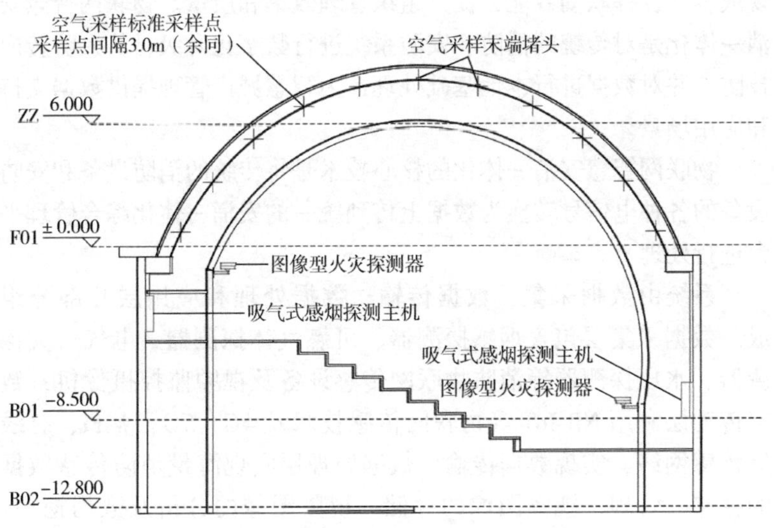

图 8-5-3　空气采样探测系统剖面示意图

## 8.6 智慧消防技术

### 8.6.1 物联网智慧安消一体化技术

商业建筑的典型特点是环境复杂、人流量大，火灾隐患相对突出。当前商业建筑中，虽然消防系统和安防系统大部分设置在同一个消防控制室内，但消防和安防系统并未充分融合，系统运行相对独立，未充分利用建筑内的设备资源。如消防通道的堵塞、火警的确认都需要物业人员现场巡视确认，未充分发挥视频监控系统的优势。

随着物联网、5G通信、云计算、人工智能及机器视觉等技术的快速发展与融合，消防、安防系统在整体框架上趋于一体化是一种必然的发展趋势。安消一体化是将安防系统与消防系统进行一体化设计，实现安防与消防能力的一体化，以降低两个系统的总体付现成本，发挥联动效能，提升组织管理效率和质量。物联网智慧安消一体化是对传统的消防、安防系统进行数字化升级，从人防转向技防，并对数据进行本地基础处理，为智慧城市管理提供数据支持和应用场景。

物联网智慧安消一体化的核心技术是将传统的消防设备和安防设备的各种电信号转换为数据上传到统一的安消一体化综合管理平台进行处理。

系统由数据采集、数据传输、数据处理和应用层几部分组成。数据采集层包含烟感探测器、可燃气体探测器、电气火灾探测器、水压探测器等消防物联网传感设备及视频监控摄像机；数据传输层利用NB-IoT等物联网传感技术及4G、5G、WiFi、有线等传感网络，实现数据传输；数据处理层实现海量消防传感数据的存储、管理，视频图像的存储、视频图像的分析及数据挖掘；应用层基于数据的管理及分析提供报警现场实时监控、报警推送、报警定位、可视化展示等服务。物联网智慧安消一体化示意图如图8-6-1所示。

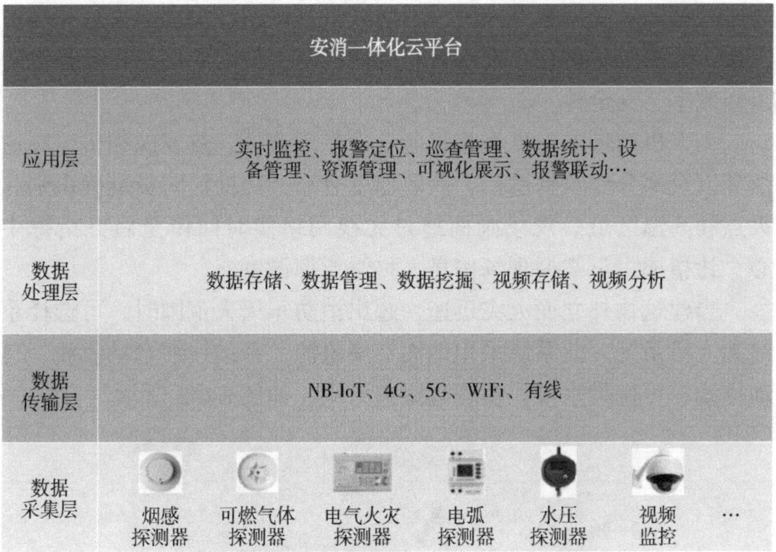

| 安消一体化云平台 | |
|---|---|
| 应用层 | 实时监控、报警定位、巡查管理、数据统计、设备管理、资源管理、可视化展示、报警联动… |
| 数据处理层 | 数据存储、数据管理、数据挖掘、视频存储、视频分析 |
| 数据传输层 | NB-IoT、4G、5G、WiFi、有线 |
| 数据采集层 | 烟感探测器　可燃气体探测器　电气火灾探测器　电弧探测器　水压探测器　视频监控　… |

**图 8-6-1　物联网智慧安消一体化示意图**

在实际应用中，物联网智慧安消一体化平台可实现数据及场景的可视化。例如基于视频监控系统，可以对消防控制室人员是否离岗、巡检人员是否按规定路线巡检、消防通道是否被占用等进行检测，及时纠正并制止造成安全隐患的行为，降低安全风险。

目前市面出现的智能可视化感烟火灾探测器，集烟雾探测、温度探测、湿度探测以及视频复核技术于一体，有效识别环境安全隐患。可利用 AI 智能算法，实现火焰识别、室内疏散通道占用监测、玩手机、打电话、值班人员离岗等消防主体行为分析。

物联网智慧安消一体化基于“安消一体、防消结合”的理念，将消防工作由定期巡查管理向实时主动监测转变，实现消防险情防控的常态化、社会化，最大限度地降低险情发生概率，减轻物业巡查和消防管理部门救援的压力。

## 8.6.2　无人机消防技术

商业建筑由于环境复杂，易燃可燃物较多，一旦发生火情，火势发展迅速，火场环境复杂，消防人员在信息缺失的情况下进入火场风险极高。受烟雾遮挡时，消防人员难以精准识别起火点和高温区域，无法及时进行合理部署，此时消防人员需要信息化设备提升工作效率与安全性。

无人机携带的可见光相机能全面呈现现场，热成像相机能穿透烟雾以及部分建筑物遮挡，获取温度分布，协助消防员准确识别起火点和高温区域。现场画面通过无线网络实时回传至后方指挥中心，让指挥人员掌握现场信息，科学指挥调度。

当建筑物外立面火灾迅速，超出消防车灭火范围时，可选择系缆无人机系统。此系统采用地面专属电源，系缆线缆自动收放、自动排线，可携带水带，实现远距离灭火，如图 8-6-2 所示。

图 8-6-2　无人机高处救火

## 8.6.3　机器人消防技术

商业建筑火情发展到一定阶段，部分区域消防人员很难到达，机器人消防技术可提供此类场景的解决方案，可用于火灾扑救与侦察，对提高救援安全性、减少人员伤亡具有重要意义。

消防机器人的分类方式根据它的主要功能、行走方式、控制方式来划分为不同种类：

1）按照主要功能可以划分为灭火机器人、排烟机器人、侦查机器人、处置机器人、救援机器人。

2）按照行走方式可以划分为轮式机器人、履带式机器人、吸盘式机器人、复合行走机器人，根据其不同的特点优势应用于不同的场景中。

3）按照控制方式可以划分为主从控制机器人、半自主控制机器人、自主控制机器人，目前还是以主从控制机器人为主。

消防机器人目前是以操作员为核心，操作员通过观察监视器，操作控制台进而控制消防机器人的运作。

市面主流消防机器人一般由机器人本体、消防炮、双目热成像摄像机及手持遥控终端等四部分构成。机器人本体移动机构可由外部耐高温、阻燃橡胶，内部全金属骨架构成，可拖动充满水的水带行走。消防炮可远传控制回转、俯仰、自动扫射，具备大流量、高射程、多种喷射方式等特点，喷水、泡沫可自由切换。具有高清无线图传系统，可实现远程实时视频监控。在完成灭火任务后可自动脱掉水带，轻装返回。

## 8.6.4　无线火灾报警及灭火装置技术

火灾自动报警系统发展到如今，已经历了四个阶段，如图 8-6-3 所示。

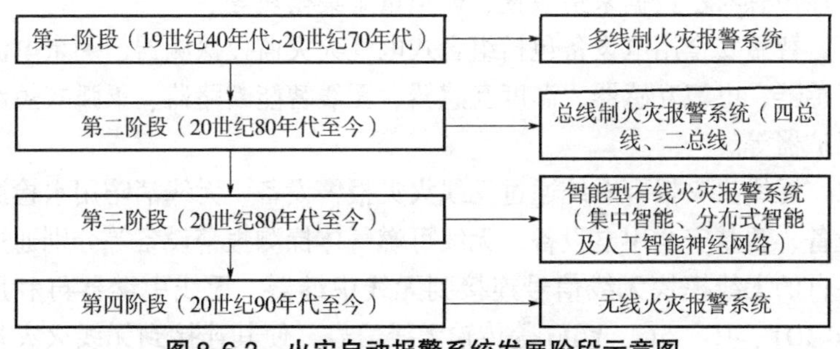


**图 8-6-3　火灾自动报警系统发展阶段示意图**

前三种报警系统均为有线型火灾报警系统，经过多年的发展，其局限性愈发凸显，如其敷设线路多采用铜芯绝缘导线或铜芯电缆，有色金属耗材量大、能耗高、传输线路成本高；消防报警系统的设计、施工安装、运营维护复杂；系统后期改造、扩建受限；信号受导线敷设影响，报警故障率高等。

随着 5G 通信等无线通信技术的快速发展，无线通信技术与火灾报警系统不断融合，实现了火灾信息的无线传输，形成无线火灾报警系统。其优点在于布线简单、成本低、容易安装、可靠性高、响应速度快。

无线火灾报警系统主要包括感知层、传输层、管理层、平台层，见表 8-6-1。

表 8-6-1　无线火灾报警系统

| 平台层 | 图形显示装置、服务器 |
|---|---|
| 管理层 | 无线火灾控制器 |
| 传输层 | NB-IOT、4G、5G、WiFi |
| 感知层 | 无线火灾报警设备、无线消防用水检测设备、智慧安全用电设备、无线可燃气体探测报警设备等 |

无线火灾报警设备包括无线网关、无线中继器、无线火灾探测器、手动火灾报警按钮、火灾声光报警按钮、无线输入模块、无线输入输出模块等。

无线消防用水检测设备包括数据采集终端、无线液体压力变送器、无线数字液位计、无线液位变送器、无线数字温度表、无线消火栓传感器、数据采集装置、模拟量采集模块等。

智慧安全用电设备包括组合式电气火灾监控探测器、剩余电流互感器、电流互感器、温度互感器、无线智能断路器、灭弧式短路保护器等。

无线火灾报警系统通过无线火灾报警设备、无线消防用水检测设备、智慧安全用电设备、无线可燃气体探测报警设备等分别通过各自的无线模块无线信号连接到无线中继器，无线中继器再利用 NB-IOT、4G、5G、WiFi 等传输无线信号，使其连接到无线火灾报警控制器。无线火灾报警系统示意图如图 8-6-4 所示。

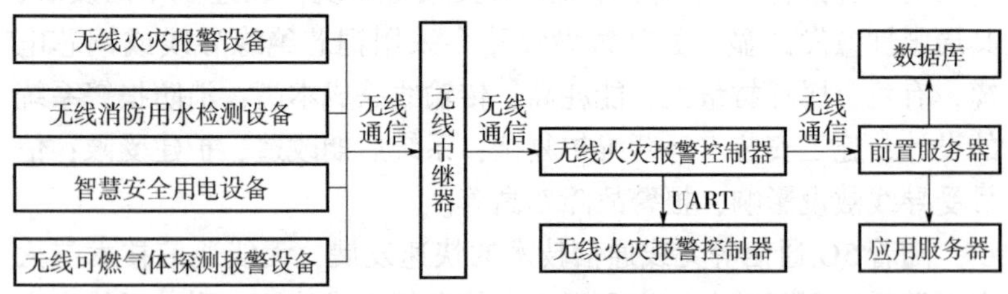


图 8-6-4　无线火灾报警系统示意图

无线火灾报警系统布线简单、容易安装，可广泛应用于商业建筑内，特别适合商业建筑业态改造。商业建筑无线火灾报警设备的选择可参照表 8-6-2。

**表 8-6-2　无线火灾报警设备推荐表**

| 商业建筑　●必选　▲选配 | | | | | | | | | |
|---|---|---|---|---|---|---|---|---|---|
| 产品名称 | 消防控制室 | 日用零售场所 | 餐饮场所 | 娱乐休闲场所 | 洗浴美容场所 | 管理办公 | 车库 | 配电室 | 消防设备间 |
| 用户信息传输装置/传输设备/信息传输接口卡 | ● | ▲ | ● | ● | ● | | | | |
| 无线(4G)网关 | ▲ | ▲ | ▲ | ▲ | ▲ | | | | |
| 打印机接口模块 | ▲ | ▲ | ▲ | ▲ | ▲ | | | | |
| 智慧云盒 | ● | | | | | | | | |
| 视频网关 | ● | | | | | | | | |
| 边缘无线网关 | ● | | | | | | | | |
| 无线中继器 | | ▲ | ▲ | ▲ | ▲ | ▲ | ▲ | ▲ | ▲ |
| 独立式光电感烟火灾探测报警器 | ● | ● | ● | ● | ● | ● | ● | ● | ● |
| 独立式感温火灾探测报警器 | | | ● | | | | ● | | ▲ |
| 手动报警开关 | | ● | ● | ● | ● | ● | ● | ● | ● |
| 输入模块 | | ▲ | ▲ | ▲ | ▲ | ▲ | ● | | ● |
| 输入输出模块 | | ▲ | ▲ | ▲ | ▲ | ▲ | ● | ● | ● |
| 火灾声光警报器 | ● | ● | ● | ● | ● | ● | ● | ● | ● |
| 可燃气体探测器 | | | ● | | | | | | |
| 无线液体压力变送器 | | ▲ | ▲ | ▲ | ▲ | ▲ | ● | | ● |
| 无线液位变送器 | | | | | | | | | ● |
| 电气火灾监控探测器 | | ▲ | ▲ | ▲ | ▲ | | ● | ● | |
| 智能断路器 | ● | ● | ● | ● | ● | ● | ● | ● | ● |
| 无线智能门磁报警器 | | ▲ | ▲ | ▲ | ▲ | ● | ● | ● | ● |
| 高频抗金属标签(NFC卡) | ● | ● | ● | ● | ● | ● | ● | ● | ● |
| VR 火灾应急演练系统 | | | | | | ▲ | | | |
| 消防云平台软件 | ● | | | | | | | | |
| 消安一体化管理系统 | ▲ | | | | | | | | |

### 8.6.5 厨房专用灶台火灾报警及防控系统

目前商业建筑各业态中，餐饮是重要的组成部分。当餐饮类商户和员工食堂后厨采用燃气时，应安装可燃气体探测器。可燃气体探测器的报警信息应接入消防控制中心，通过可燃气体报警控制器接入消防主机或消防控制室图形显示装置，每个餐饮商铺的厨房内应单独设置可燃气体报警控制器与声光报警器，且应设置在厨房内。当利用燃气等明火或电热加工等装置，进行煎、炒、烹、炸等涉油热加工的厨房区域，可安装餐饮后厨灶台火灾报警系统。每个厨房预留专用火灾自动报警输入模块，接收餐饮后厨灶台火灾报警系统发出的报警信号，并传给消防控制室。

餐饮后厨灶台火灾报警系统主要包括动火离人防控设备、通信网络和在线监控系统等。动火离人防控设备主要由炉灶动火状态检测模块、微波感应开关、动火离人报警控制器（配有变压器、自控主板、信号指示灯、数码显示屏、语音声光报警装置、网络模块、联动控制模块、蓄电池、安全保护装置等）组成，传输网络支持 WiFi、5G、NB 等方式，在线监管系统平台由服务器和 PC 客户端、手机客户端组成。

餐饮后厨灶台火灾报警系统报警控制箱的电源与厨房排油烟罩风机电源联动工作，通过排油烟机的启停来判断厨房的动火/关火状态；通过微波或红外感应开关来探测厨房在开启排油烟机的情况下有无人员值守，当厨房离人达到设定的现场报警时间阈值（一般设为60s）时，自动触发现场声光报警器予以警告；当离岗厨师返回操作台时（一般设为 60 ~ 90s），解除报警；当现场声光报警器预警时间达到设定的平台报警时间阈值（一般设预警时间为30s）时，通过消防输入模块向商场消防控制室的消防主机报警，消防主机可反馈报警厨房的信号地址信息，消防控制室值班人员可第一时间接警处置并督查处理。

当设置自动防控系统时，报警控制器可自动应急联动切断动火炉灶的气源或电源（燃气灶切断厨房燃气电动阀、电炉灶切断炉灶电源)，以防止因后厨动火离人时间过长引发厨房火灾甚至商场火灾事故风险。

结合视频监控系统，可在灶台动火离人时间达到延时报警阈值时，自动向在线监管平台视频联动报警，消防控制室值班人员可通过 PC 客户端、餐饮店铺安全负责人可通过手机客户端，及时接警并查看报警厨房现场视频。当设置远传语音对讲功能时，对厨房工作人员喊话、对讲，督促厨房当班工作人员及时返回动火操作岗位或调小火力降温，大大提高对厨房动火灶台离人远程监控能力，进一步提高接警处置的便捷性和督查处置的时效性。

餐饮后厨灶台火灾报警系统工作流程图如图 8-6-5 所示。

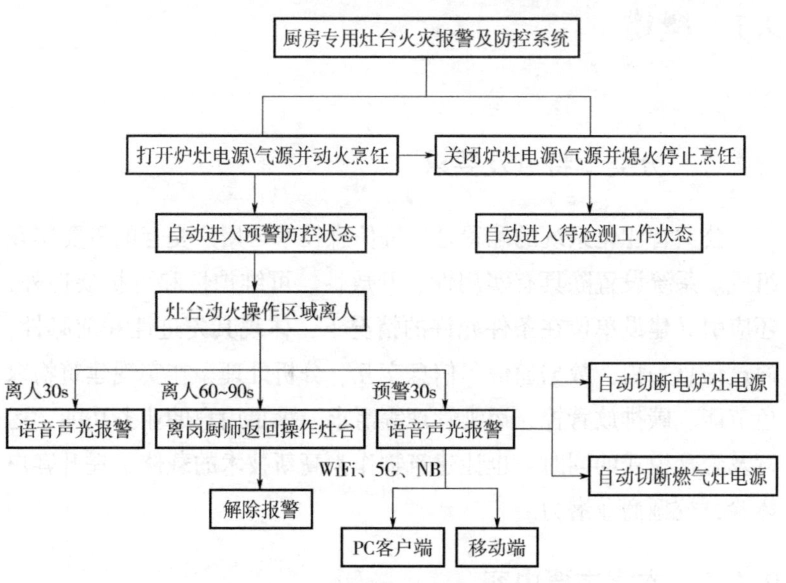


**图 8-6-5　餐饮后厨灶台火灾报警系统工作流程图**

餐饮后厨灶台火灾报警系统可实现商场管理人员对餐饮业态后厨及员工食堂后厨动火离人安全隐患的预警防控与监督管理，全面提升餐饮后厨火灾预警防控能力与消防安全监管的计算水平，有利保证餐饮后厨的安全生产及商业建筑的安全稳定运用与可持续发展。

# 第9章　公共智能化系统

## 9.1　概述

### 9.1.1　分类、特点及要求

公共智能化系统的配置是先进信息技术与用户交互的重要实践组成。系统设置除具有实用性、开放性、可维护性和可扩展性外，还应引导建设单位在条件允许的情况下，体现其先进性和前瞻性，通过信息采集、数据通信、信息交互、分析处理，在实现建筑物绿色节能、碳排放管控、运维管理等需求，满足用户的业务功能、运营及管理模式的同时，也让建筑物作为高新技术的载体，提升客户体验，挖掘商业潜力。

### 9.1.2　本章主要内容

本章根据商业建筑特点，对公共智能化系统中的信息设施系统、公共安全系统和新一代数字技术群进行介绍。除了公共广播、综合布线、信息网络、视频安防等系统外，还阐述了全光网络、物联网、数字孪生等先进技术的概念、架构及应用。

## 9.2 信息设施系统

### 9.2.1 主要系统和功能

信息设施系统主要系统和功能见表9-2-1。

表9-2-1 信息设施系统主要系统和功能

| 系统名称 | 系统功能 | 商业建筑设置特点 |
|---|---|---|
| 信息接入系统 | 应具有开放性、安全性、灵活性和前瞻性,便于宽带业务接入。具备多家电信业务经营者共同接入的条件,满足商业内各类用户对信息通信的需求 | 信息接入系统宜根据业态经营、建筑功能及物业管理需求将各类公共通信网引入商业建筑内 |
| 移动通信室内信号覆盖系统 | 应满足商业建筑室内移动通信用户语音及数据通信业务需求,室内信号覆盖系统频率范围应为800~2500MHz频段,并应满足多种技术标准的无线信号接入 | 大型和中型商店建筑的商业经营区、仓储区、办公业区域、汽车库等处,宜设置商业管理或电信业务运营商宽带无线接入网 |
| 用户电话交换系统 | 不仅能完成系统内部分机之间以及内部分机与公网用户间的通信,同时还与其他系统互通。可对业主提供普通电话通信、ISDN通信和IP通信等多种业务。还可提供以电话交换技术为基础具有不同功能的通信系统,如调度交换系统、会议电话系统和呼叫中心系统 | 大型和中型商店建筑的大厅、休息厅、总服务台等公共部位,应设置公用直线电话和内线电话,并应设置无障碍公用电话,小型商店建筑的服务台宜设置公用直线电话 |
| 无线对讲系统 | 具有机动灵活,操作简便,语音传递快捷,使用经济的特点,是管理现代化的基础手段。常用于物业管理,联络如保安、工程、操作及服务的人员,在管理场所内非固定的位置执行职责 | 大型和中型商店建筑应设置商业管理无线对讲通信覆盖系统 |
| 信息导引及发布系统 | 本系统与有线电视系统、综合布线系统、信息网络系统等采用专用信息通道相连,具有向顾客、商户、物业人员等提供商场服务信息及检索、查询、发布和引导等功能 | 大型和中型商店建筑应在建筑物室外和室内的公共场所设置信息发布系统。商业公共区域宜配置信息发布显示屏,大厅及公共场所宜配置信息查询导引显示终端 |

（续）

| 系统名称 | 系统功能 | 商业建筑设置特点 |
|---|---|---|
| 有线电视系统 | 应与该地区基础设施规划及有线广播电视网络的发展相对应。采用成熟、先进的通信和网络技术，按双向、交互、多业务网络的要求进行规划设计，满足三网融合的技术要求 | 大型和中型商店建筑内有销售电视机的营业厅宜设置有线电视信号接口 |
| 会议系统 | 根据实际需求，可包括视频会议系统、会议讨论系统、会议表决系统、显示系统、扩声系统、摄像系统、录制和播放系统、会场出入口签到管理系统、同声传译系统及集中控制系统等全部或部分系统。会议系统应根据实际需求，考虑经济、技术条件及可扩展性，以满足用户的使用要求，同时兼顾能与各种类型的会议系统互联互通 | 大型和中型商店建筑内物业办公管理区域及个别商业业态需求，可设置会议系统 |
| 公共广播系统 | 背景音乐和实时发布语音、业务宣传和时事政策广播，与消防广播兼用时还可作为火灾事故和突发事件的紧急广播等 | 大、中型商店建筑的公共广播系统宜采用基于网络的数字广播，可实现分区播送 |
| 综合布线系统 | 将语音信号、数字信号、视频信号、控制信号的配线综合在一套标准的配线系统上。开放式网络拓扑结构，方便用户在需要时，形成各自独立的子系统 | 商业建筑应满足千兆及以上以太网传输的要求，每个工作区应根据业务需求设置相应的信息端口 |
| 信息网络系统 | 可为顾客、商户、物业人员提供可靠的各类信息，通过对信息的接收、交换、传输、储存、检索和显示进行综合处理，为决策提供支持，为商场管理与使用提供服务 | 信息网络系统应满足商业建筑内经营管理的前台及后台需求，顾客消费和使用需求 |

## 9.2.2 公共广播系统

### 1. 系统组成与构架

公共广播系统由管理控制系统、音源设备、传声器及寻呼设备、传输线路及设备、信号处理、终端扬声器部分等组成。在商业建筑中公共广播系统还可按种类分成业务广播、背景音乐广播以及紧急广播系统。公共广播电声性能指数见表9-2-2。

**表9-2-2 公共广播电声性能指数**

| 分类 | 功能（商业建筑） | 分级 | 应备声压级/dB | 声场不均匀度（室内）/dB | 漏出声衰减/dB | 设备系统总噪声级/dB | 扩声系统语音传输指数 | 传输频率特性（室内） |
|---|---|---|---|---|---|---|---|---|
| 业务广播 | 商场内寻人、日常广播、促销信息等 | 一级 | ≥83 | ≤10 | ≥15 | ≥70 | ≥0.55 | 图9-2-1 |
| | | 二级 | | ≤12 | ≥12 | ≥65 | ≥0.45 | 图9-2-2 |
| | | 三级 | | — | — | — | ≥0.40 | 图9-2-3 |
| 背景广播 | 播送渲染环境气氛的广播如音乐、环境模拟等 | 一级 | ≥80 | ≤10 | ≥15 | ≥70 | — | 图9-2-1 |
| | | 二级 | | ≤12 | ≥12 | ≥65 | — | 图9-2-2 |
| | | 三级 | | — | — | — | — | — |
| 紧急广播 | 突发公共事件警报信号、指导公众疏散的信息等 | 一级 | ≥86 | — | ≥15 | ≥70 | ≥0.55 | — |
| | | 二级 | | — | ≥12 | ≥65 | ≥0.45 | — |
| | | 三级 | | — | — | — | ≥0.40 | — |

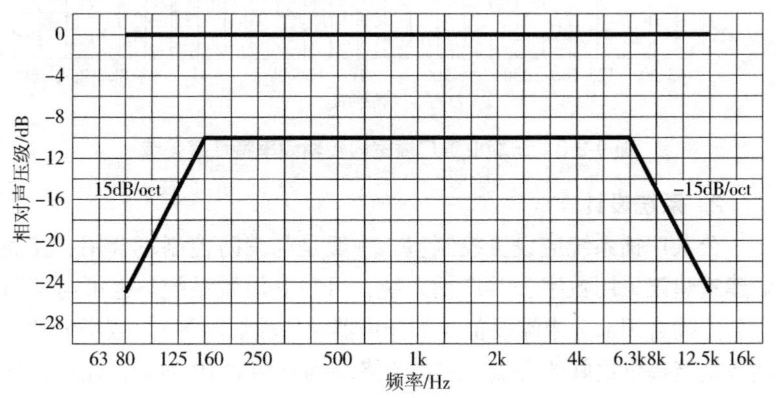


**图9-2-1 一级业务广播、一级背景广播室内传输频率特性容差域**

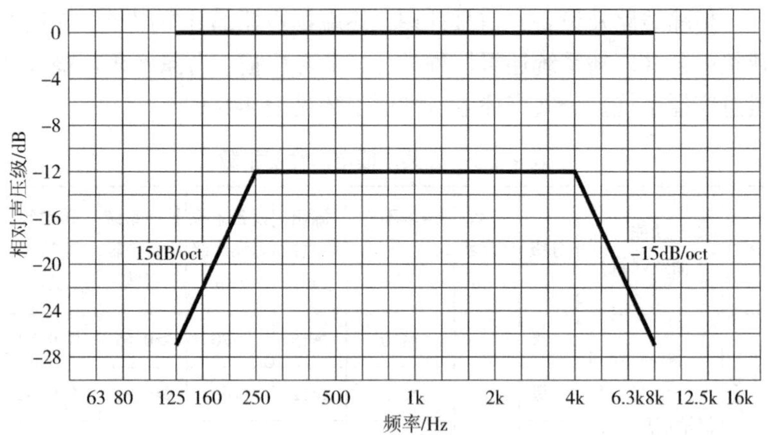


图 9-2-2　二级业务广播、二级背景广播室内传输频率特性容差域

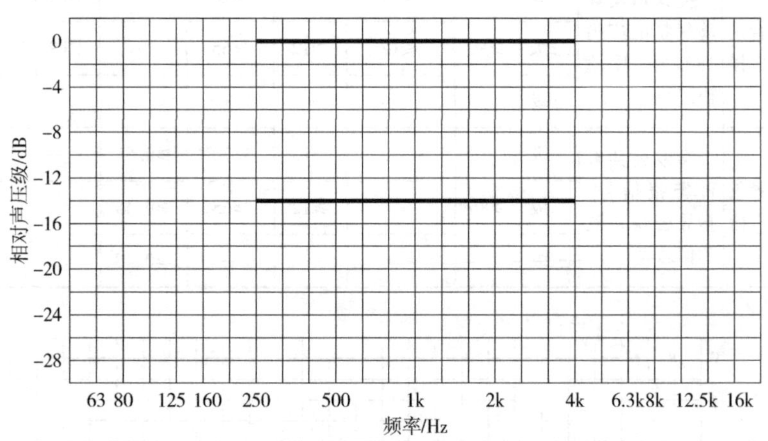


图 9-2-3　三级业务广播室内传输频率特性容差域

### 2. 系统设计

公共广播系统应设置控制室，一般是与消防控制室合用。在商业建筑建议采用数字公共广播系统，可独立设置系统，也可与消防应急广播合用部分末端设备（如扬声器及传输线路等）。数字公共广播系统能提供更好的音质，因各个终端均有独立 IP 地址，还可扩展系统的更多功能选择，同时也需要与消防应急广播提供消防强切控制器。消防应急广播优先于其他广播，发生火灾时，自动或手动打开

相关层消防应急广播，同时切断背景音乐广播，输出消防应急广播。

公共广播系统末端根据每层防火分区数量划分来设置背景音乐分区数量，实现每个分区单独控制（背景音乐分区不跨越防火分区），末端扬声器通过广播信号线接入楼层设备间功放，经智能化网络传输至控制中心主设备上，通过广播主机管理背景音乐及业务广播的播放。

在商业建筑中首层大堂、商业区域走廊、商业休闲区域、楼顶花园区域、商业室外广场区域等独立设置公共广播末端点位，其他区域（如后勤通道、车库等）可与消防应急广播系统共用末端设备（扬声器及传输线路）。

## 9.2.3 综合布线系统

### 1. 系统组成与构架

综合布线系统应根据商业的规模性质、管理方式、用户近期业务需求及中远期发展，进行合理的系统配置和管线预留，可满足商业建筑信息化的需求，同时具备可扩展、安全、高效和经济的特点。

商业建筑大部分区域为租赁形式，为方便灵活使用要求，可采用集合点（CP）方案（图9-2-4）。此方案最大特点就是在楼层配线架（FD）到商户间增加若干 CP 箱，CP 箱到信息插座模块（TO）管线可在业态确定后再实施。

### 2. 系统设计

（1）建筑群子系统

建筑群子系统由连接多个建筑物的主干电缆和光缆、建筑群配线设备（CD），以及设备线缆和跳线组成。通常采用沿地下通信管道（或直埋）敷设。

（2）干线子系统

干线子系统由设备间至电信间的干线电缆和光缆、安装在设备间的建筑物配线设备（BD）及设备线缆和跳线组成。在商业建筑里干线子系统分为数据干线和语音干线，数据干线可采用 OS1、OS2 单模光缆或 OM1、OM2、OM3、OM4、OM5 多模光缆，语音干线可采用 3/5 类电缆，敷设于专用桥架内。

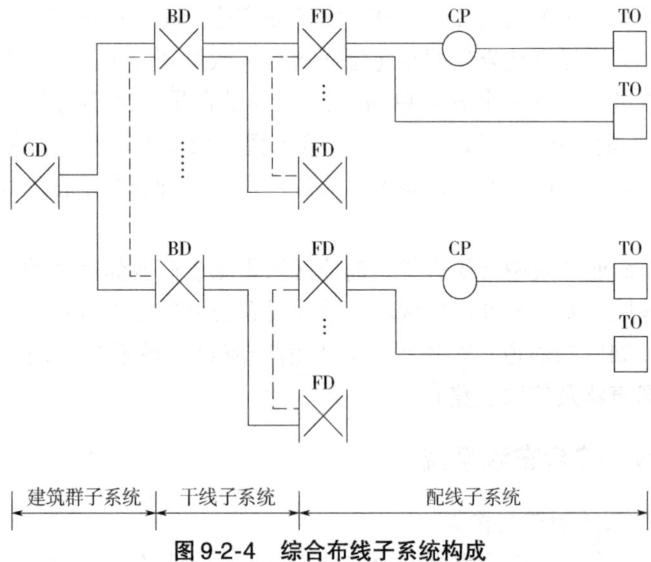


**图 9-2-4　综合布线子系统构成**

（3）配线子系统

配线子系统由工作区的信息插座模块、信息插座模块至电信间配线设备的配线电缆和光缆、电信间的配线设备及设备线缆和跳线组成。配线子系统水平线缆通常采用非屏蔽或屏蔽 4 对双绞电缆，在工程需要时也可采用室内多模光缆，当与外部配线网络或电信业务经营者的配线系统、传输设备直接互通时采用单模光缆。从电信间至每一个工作区水平光缆一般按 2 芯配置。光纤至工作区域满足用户群或大客户使用时，光纤芯数不小于 2 芯备份，按 4 芯或 2 根 2 芯水平光缆配置。配线子系统中可以设置集合点（CP），同一个水平电缆路由中不应超过一个集合点（CP），集合点配线设备与 FD 之间水平缆线的长度不小于 15m。当设置集合点时，通常按能支持 12 个工作区所需的铜缆或光缆配置。

（4）管理系统

管理系统对工作区、电信间、设备间、进线间的配线设备、线缆、信息插座模块等设施划定的模式进行标识和记录。

（5）设备间及电信间

设备间是商业建筑物的适当地点进行网络管理与信息交换的场

所，电信间是放置电信设备、缆线终接的配线设备，并进行缆线交接的空间。商业建筑中设置不少于1个设备间，设备间的面积根据建筑规模确定，最小不小于$10m^2$。每层需设计一个或多个电信间，以保证水平线缆长度不超过90m。信息点较少时可多层合设一个电信间。

（6）进线间

进线间是建筑物外部通信和信息管线的入口部位，可作为入口设施和建筑群配线设备的安装场地，面积不小于$10m^2$。应提供安装综合布线系统及不少于3家电信业务经营者入口设施的使用空间及面积。

（7）工作区

一个独立的需要设置终端设备（TE）的区域宜划分为一个工作区。一个工作区可有一个或多个终端设备，商业建筑中可以按一个房间或商户为单位进行划分。

商业建筑工作区的信息端口包括电话、网络、无线AP、图像（IPTV）、安防摄像、光纤的端口。商铺每20～$120m^2$可作为一个工作区，设置2个单工或一个双工光纤到工作区SC或LC，或者设置2～4个RJ45信息插座；用户单元区域面积可按每60～$120m^2$，设置2个单工或一个双工光纤到工作区SC或LC，或者设置2～4个RJ45信息插座。各类信息插座旁20cm左右需预留对应强电插座。

**3. 线缆选择**（通信线缆、光缆）

常用综合布线通信线缆、光缆分级与类别见表9-2-3、表9-2-4。

**表9-2-3　常用综合布线通信线缆分级与类别**

| 系统分级 | 类别 | 器件 | 支持带宽/Hz |
|---|---|---|---|
| C | 3类(大对数) | 3类 | 16M |
| D | 5类(屏蔽和非屏蔽) | 5类 | 100M |
| E | 6类(屏蔽和非屏蔽) | 6类 | 250M |
| EA | 6A类(屏蔽和非屏蔽) | 6A类 | 500M |

注：7、7A、8类线目前在商业建筑中很少使用。

**表 9-2-4 常用综合布线通信光缆分级与类别**

| | 类别 | 波长 | 光线等级 | 信道长度/m | | | | |
|---|---|---|---|---|---|---|---|---|
| | | | | 波长/nm | 850 | 1300 | 1310 | 1550 |
| 多模光纤 | OM1、OM2、OM3、OM4、OM5 | 850nm/1300nm | OF-300、OF-500、OF-2000 | 双工连接 | 214.0 | 500.0 | — | — |
| | | | | 接续 | 86.0 | 200.0 | — | — |
| 单模光纤 | OS1 | 1310nm/1550nm | OF-300、OF-500、OF-2000 | 双工连接 | — | — | 750.0 | 750.0 |
| | OS2 | 1310nm/1383nm/1550nm | OF-300、OF-500、OF-2000、OF-5000、OF-10000 | 接续 | — | — | 300.0 | 300.0 |
| | | | | 双工连接 | — | — | 1875.0 | 1875.0 |

注：建筑物内宜采用多模光纤，建筑物外与电信通信设施连接时，或超过多模光纤应用长度时宜采用单模光纤。

商业建筑综合布线各子系统线缆类别与等级的选用见表 9-2-5。

**表 9-2-5 综合布线各子系统线缆类别与等级**

| | | 建筑群子系统 | | 干线子系统 | | 配线子系统 | |
|---|---|---|---|---|---|---|---|
| | | 类别 | 等级 | 类别 | 等级 | 类别 | 等级 |
| 数据 | 光缆 | OS1、OS2 单模光缆及相应等级连接器件 | OF-300、OF-500、OF-2000、OF-5000、OF-10000 | OM1、OM2、OM3、OM4、OM5 多模光缆；OS1、OS2 单模光缆及相应等级连接器件 | OF-300、OF-500、OF-2000 | OM1、OM2、OM3、OM4、OM5 多模光缆；OS1、OS2 单模光缆及相应等级连接器件 | OF-300、OF-500、OF-2000 |
| | 电缆 | — | — | 6、6A（4 对） | E、EA | 5、6、6A（4 对） | D、E、EA |
| 语音 | | 3（室外大对数） | C | 3、5（大对数） | C、D | 5、6(4 对) | D、E |

应根据商业建筑的重要性，按照现行规范要求，合理地选择综合布线系统的通信光缆和电缆对应的燃烧性能等级。

### 9.2.4 信息网络系统

**1. 信息网络系统组成**

信息网络系统作为一个多种先进技术（如通信技术、应用计算机技术、信息安全技术等）组合的高速信息传递的系统，通过国际标准的网络协议实现对信息传递、信息处理、信息共享。信息网络系统包含通信软件系统、局域网系统、无线局域网系统、接入网系统、网络管理系统、网络安全防御系统等。

**2. 设计原则**

1）信息网络系统的设计和配置应标准化、模块化，兼具有实用性、可靠性、安全性和可扩展性，并适度超前。

2）通过对商业管理或运营方进行用户调查，明确业务性质、网络的应用类型、数据流量需求、用户规模、环境要求和投资概算等内容，针对相关需求定制对应网络平台，在功能、性能和投资中寻找最优的交点。

3）对业主的网络需求进行分析，包括网络的功能需求，确定网络类型、网络拓扑结构、通信协议、传输的介质、端口数设置、网络互联和广域网接入等。其次是对性能需求的分析，包含信息网络的传输速率、网络互联效率、广域网接入效率、网络的可管理性和冗余程度等，最终确定整个网络的效率、可靠性、扩展性以及网络的安全性能。

4）根据调查结果及网络需求分析，进行网络逻辑设计（网络类型、管理及安全策略、网络互连、广域网接口等）和物理设计（网络拓扑结构、具体网络设备及数量），完成商业建筑的网络信息系统的构建。

**3. 信息网络类型**

商业建筑中网络系统一般包含以下网络：外网、内网、安防网、智能化设备专网。各网络功能及包含子系统见表9-2-6，具体实施需结合商业建筑规模、用户调查及网络需求分析的结果确定。

表 9-2-6　信息网络功能及包含子系统

| 网络种类 | 功能 | 子系统 | 备注 |
| --- | --- | --- | --- |
| 安防网 | 供安防系统网络专用 | 视频安防监控系统、出入口控制系统、入侵报警及紧急求助系统、电子巡查系统、访客对讲系统、安防防范综合管理(平台)系统、应急响应系统等 | 各网络可分别独立设置也可合并设置两套或一套网络 |
| 外网 | 满足管理办公、商户自用及无线覆盖网络系统等有外网需求的区域 | 综合布线外网、无线 Wifi | |
| 智能化设备专网 | 供大楼内弱电设备进行数据交互使用 | 楼宇自控系统、智能照明、能源管理、背景音乐系统、智能化系统、集成系统等弱电系统的通信 | |
| 内网 | 内部办公专网 | OA 系统 | 按用户管理需求 |

### 4. 传统以太网结构

通常情况下，大、中型商业的网络采用三层架构设计：核心层、汇聚层和接入层，采用单核心 + 单汇聚 + 接入。重要的网络在有条件时，可考虑采用双核心 + 双汇聚 + 接入，提高网络可靠性。小型商业的网络一般采用核心层和接入层两层结构，不设置汇聚层。

传统以太网传输采用光纤与六类线及以上网线组成，垂直主干采用光纤，水平末端采用网线或光缆。

### 5. 以太网全光网

在传统以太网的基础上的有源全光网络，由核心交换机、全光汇聚交换机、光接入交换机组成。网络构架与传统以太网相同(核心层、汇聚层和接入层)，传输介质均采用光纤，核心交换机部署在核心机房，全光汇聚交换机部署在楼宇弱电间，光接入交换机部署在靠近末端用户的桌面、房间和楼层弱电间。

### 6. POL 无源光局域网

POL 无源光局域网是基于 PON 无源光网络技术的局域网组网方式。POL 采用无源光通信技术接入到用户终端，以一根光纤融合承载视频、数据、无线、语音及其他智能化系统业务。POL 无源光局域网中传输介质均垂直主干及水平末端均采用光纤组成。POL 无源光局域网是一种创新的网络组网架构，具有简架构、高可靠、易演进、智运维等特点，相比基于铜线的传统网络方案，具备极简架构、高效运维、面向未来等核心优势，非常适合高标准的商业综合体等大型园区项目。无源光局域网络融合承载办公、商户、无线、楼宇控制及广播、安防等业务。

POL 系统由光线路终端（OLT)、光分配网络（ODN，含分光器)、光网络单元（ONU）和交换设备、出口设备、网络管理单元组成。POL 系统应与入口设施、终端共同组成建筑物和建筑群的网络系统，如图 9-2-5 所示。商业建筑中可采用单核心 + 单 OLT + 分光器 + ONU 组成（可靠性要求高的网络可采用双核心 + 双 OLT + 分光器 + ONU 组成)。

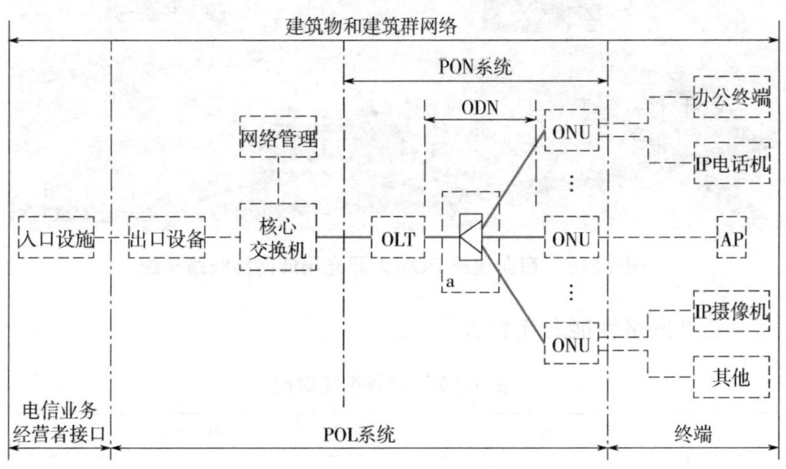


**图 9-2-5　无源光局域网系统基本构架**

针对商业建筑范围区域大、信息点数量不多但相对分散的特点，POL 无源光局域网络架构通常采用一级分光，分光器宜放置于楼层弱电间内，分区管理模式。

POL 无源光局域网线路布线：核心交换机、OLT、ODF 等相关设备集中放置于商业建筑设备间内，通过垂直主干光缆引至放置于各楼层弱电间的分光器，分光器再通过水平皮线光缆引至末端ONU。ONU 可提供以太网接口接入业务（千兆或万兆），并提供POE 供电功能，用于连接 AP 设备或摄像头，为商业顾客提供高速无线接入（WiFi）功能及商业建筑的安保需求。ONU 尽可能靠近末端信息点设置，可吊顶明装、墙面暗装信息配线箱内安装等多种方式安装，如图 9-2-6 所示。

**图 9-2-6　商业建筑 POL 无源光局域网络线路布线**

三种网络性能对比见表 9-2-7。

**表 9-2-7　网络性能对比**

| | 传统以太网 | 以太网全光网 | POL 无源光局域网 |
|---|---|---|---|
| 末端布线距离 | 楼层水平 <90m | 光纤传输距离（基本不受限制） | 采用光纤为介质，对比传统网线的“百米限制”，光纤无传输距离限制，在布线施工方面掣肘因素更少，实施更简单 |

（续）

<table>
<tr><th></th><th>传统以太网</th><th>以太网全光网</th><th>POL 无源光局域网</th></tr>
<tr><td>占用空间</td><td>大</td><td>中(设备数量减少)</td><td>节省 80% 弱电间空间</td></tr>
<tr><td>布线</td><td>空间占用大</td><td>空间占用小</td><td>空间占用小</td></tr>
<tr><td>业务承载能力</td><td>受网线限制，需要多个并行子网</td><td>巨大的带宽潜力，支撑所有 IP 业务</td><td>光纤的使用寿命更长，承载的带宽无上限</td></tr>
<tr><td>使用寿命</td><td>短</td><td>长</td><td>长</td></tr>
<tr><td>运营维护</td><td>效率低(多系统网络各自维护管理)</td><td>效率高</td><td>效率高</td></tr>
<tr><td>能耗</td><td>高</td><td>高</td><td>采用无源分光器替换传统汇聚交换机，无需外接电源，降低 30% 网络能耗</td></tr>
<tr><td>抗电磁干扰</td><td>易受电磁环境干扰</td><td>抗电磁及环境干扰</td><td>抗电磁及环境干扰</td></tr>
<tr><td>设备种类</td><td>统一</td><td>种类繁多</td><td>种类繁多</td></tr>
<tr><td>未来拓展升级</td><td>弱，受限于网线(网线需不断升级)</td><td>中，平滑升级设备(设备更新升级，汇聚交换机需更换，光纤无需改造)</td><td>支持从 10G 到 50G 的平滑升级，只需更换两端设备即可，无需再大动干戈进行二次布线</td></tr>
<tr><td>可靠性</td><td colspan="2">支持接入交换机双归到两台汇聚交换机；支持 MSTP/RRPP；支持 LACP/Smart-link</td><td>支持 ONU 双归到两台 OLT；支持 Type B 或 Type C 双归属</td></tr>
<tr><td>安全性</td><td colspan="2">支持 802.1x 认证和 portal 认证；支持 DHCP snooping 和 ARP snooping 防止 MAC/IP 欺骗；支持 Radius 和 HWTACACS</td><td>采用 XGS-PON 技术，提供超大带宽的同时，在链路层对流量进行加密，确保收银、支付、办公等关键业务的数据传输安全</td></tr>
<tr><td>QoS</td><td colspan="2">支持 ACL；支持 SP、WRR、SP + WRR 支持尾丢弃和早丢弃。业务高峰期拥塞时可能无差别丢包</td><td>OLT 支持 ACL；支持 SP、WRR、SP + WRR 支持尾丢弃和早丢弃，具备强大的用户体验保障</td></tr>
<tr><td>设备能力</td><td colspan="2">支持双电源冗余，汇聚交换机支持堆叠，支持 POE/POE +</td><td>支持双电源冗余，双主控板，OLT 支持 ISSU 升级不断业务，支持 POE/POE +</td></tr>
</table>

# 9.3 公共安全系统

## 9.3.1 主要系统和功能

公共安全系统主要系统和功能见表9-3-1。

表9-3-1 公共安全系统主要系统和功能

| 系统名称 | 系统功能 |
|---|---|
| 入侵报警系统 | 防止商业建筑在被非法入侵防范区域时,引发的报警装置,尤其是商业的裙房区域和房屋顶层,入侵报警应做到自检、故障报警、防破坏报警等功能,保证系统的可靠性、安全性和有效性 |
| 电子巡查系统 | 实时跟踪记录观察,确保安保巡查人员根据预设巡查路线进行巡查,作为商业建筑中监控、报警系统的补充。需采用在线式电子巡查系统或离线式电子巡查系统 |
| 电梯五方对讲系统 | 保障商业安防控制中心、电梯轿厢、电梯机房、电梯顶部、电梯底部这五方之间进行的通话。应具有操作简单、反应迅速、音质清晰的特点 |
| 安全防范综合管理系统 | 将商业建筑中各个安防子系统在物理、逻辑上连接起来,成为子系统垂直管理系统,或通过子系统的开放接口,借助统一集成管理平台实现。采用三层网络拓扑结构(物理层、数据链路层、应用层)及标准通信协议,保证系统的实时性、数据交换的安全性、可靠性 |
| 应急响应系统 | 对于大型商业建筑应急响应系统可提升商场对各类突发事件应急反应处置能力,根据应急预案有效开展各类应急救援行动,降低各类人员伤亡,较少经济损失 |
| 视频安防监控系统 | 利用视频技术探测,对商业建筑内的监视设防区域实时显示、记录现场图像,可实现全天候对设防区域监控,提升建筑物的安全性 |
| 出入口控制系统 | 在商业建筑出入口对人或物的进出、记录等操作的控制管理,可有效地管理商户、后勤人员及货物的进出场,确保了区域的安全,避免可能带来的潜在威胁 |
| 停车库(场)管理系统 | 可为顾客等提供车位引导、反向寻车以及临时收费等基本功能,除此之外通过信息汇总及处理,还能实现统一调度、报警提示等多种功能 |

## 9.3.2 视频安防监控系统

视频安防监控系统有两种模式，采用模拟信号传输的传统监控系统以及采用数字信号传输的网络视频监控系统。目前商业建筑中普遍采用网络视频监控系统，将图像信息数字化，通过有线或无线网络进行数字信息的传输。网络视频安防监控系统的设备包括网络摄像机、接入交换机、千兆交换机、视频综合服务器、监控电视墙、网络硬盘录像机以及控制中心，如图 9-3-1 所示。

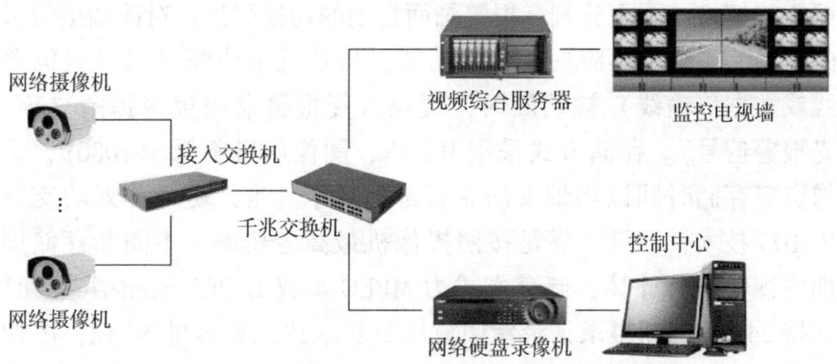


**图 9-3-1　网络视频安防监控系统基本结构**

商业建筑中摄像机的选择可参照表 9-3-2，实际工程中还需结合业主的使用需求及经济合理性要求。

**表 9-3-2　商业建筑中摄像机的选择**

| 部位 | 监控情况 | 镜头种类 | 摄像机种类 |
| --- | --- | --- | --- |
| 主要出入口、大堂等 | 监视目标范围大，且监控目标多 | 快速的电动聚焦、变焦距、变光圈的遥控镜头 | 高速球形摄像机（红外不小于 150m，可选用人脸识别功能摄像头） |
| 主要通道、停车场、财务、收银、重要机房及其出入口等 | 监视对象为固定目标 | 定焦镜头 | 枪式摄像机（或半球摄像机，红外不小于 30m） |
|  | 需要进行遥控监视的摄像机 | 电动聚焦、变焦距、变光圈的遥控镜头 | 带云台摄像机（或半球云台摄像机，红外不小于 30m） |
| 电梯轿厢 | 目标视距较小而视角较大 | 广角镜头 | 半球广角摄像机 |
| 室外广场 | 目标的照度变化范围相差 100 倍以上，或昼夜使用摄像机的场所 | 光圈可调（自动或电动）带云台摄像机 | 一体化全球摄像机（红外不小于 150m，可选用人脸识别功能摄像头） |

视频监控系统应能独立运行，也可与其他公共安全系统进行系统联动，并预留与安全防范管理系统的联网接口。商业建筑视频监控系统宜选用计算机控制的视频矩阵切换系统，可实现对电视墙视频矩阵切换，画面分割；报警画面自动的切换弹出；对前端摄像机的控制。系统中还应具备自检功能，当系统中线缆（摄像机电源线或数据传输线）被切断时，视频入侵报警器应报警提醒（声、光报警信号）。存储方式采用 IPSAN，图像质量不低于 1080P，录像资料存储时间以当地安防主管部门要求为准。磁盘阵列均支持 RAID5 技术，容量需满足按照摄像机最高分辨率，不间断存储周期内视频进行计算，储存方式为 MPEG-4 或 H. 265 压缩格式，且支持 24h 不间断摄录，录像回放质量要求达到每秒钟 30 帧，图像质量评价标准为四级。

## 9. 3. 3　出入口控制系统

商业建筑中出入口控制系统设置区域及设备类型见表 9-3-3，位于疏散通道上设置的出入口控制设置应与火灾自动报警系统联动，在收到火灾报警信号时，出入口控制设置应自动打开并处于开启状态。

表 9-3-3　商业建筑中出入口控制系统设置区域及设备类型

| 部位 | 设备选择 | 备注 |
| --- | --- | --- |
| 消防控制室、安防控制室 | 可视对讲门禁或人脸识别对讲门禁 | 有人值守区域 |
| 物业办公区域、商户后勤走道 | 刷卡门禁或人脸识别门禁 | 人员固定区域 |
| 重要物品库房、重要机房 | 刷卡门禁或人脸识别门禁 | 人员固定区域 |

## 9. 3. 4　停车库（场）管理系统

### 1. 停车库（场）管理系统的组成

商业建筑中停车库（场）管理系统中主要采用车牌识别方式，对出入此区域的车辆实施判断识别、准入/拒绝、引导、记录、收费、放行等智能管理。系统一般由车牌识别摄像头、出入口控制机（车辆感应器、语音提示系统、语音对讲系统）、余位显示器、全自动道闸、管理控制及付费系统、智能停车引导、反向寻车、停车机器人等设备组成，如图 9-3-2 所示。

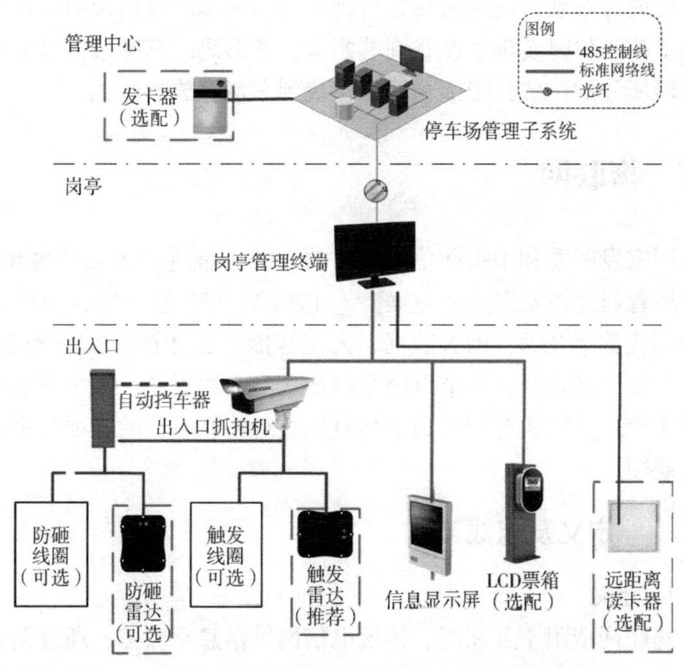


**图 9-3-2　商业建筑停车库（场）管理系统基本结构**

停车场（库）管理系统是出入口控制系统的一部分，其安全防范自成网络，独立运行，在停车场（库）内设置独立的视频监视系统及报警系统，并将信号上传至安全技术防范系统的监控中心，进行集中管理与联网监控。

**2. 车位引导系统**

车位引导系统分为几个模块：车位数据探测模块，中央处理模块，信息发布模块，信息显示模块。通过地感探测器或者超声波探测器巡检车位即时状态，将停车状态信息数据上传至引导监控系统通过对于停车状态的逻辑判断，从大区域到局部区域初步引导，通过高亮 LED（一般采用红/绿灯车位）引导到空车位。

**3. 反向寻车系统**

在商场等大型停车场内，车主为流动人员，对停车场不熟悉，环境及标志物类似，车辆多不易分辨等原因，寻找不到自己的车辆。反向寻车系统通过进场之后刷卡签停或车牌号记录的形式，在用户寻找车位时实现了在查询端刷卡、条形码、车牌号，显示车主及车辆所处的位置，帮助顾客尽快找到车辆停放的区域。

## 9.4 物联网

国家发改委和中央网信办发布的《关于推进“上云用数赋智”行动培育新经济发展实施方案》（〔2020〕552 号）中，指出了七大新一代数字技术，即大数据、人工智能、云计算、5G、物联网、数字孪生和区块链。本节以物联网技术为主线展开，在第五节中则以数字孪生为主线介绍，力求尽量完整地将新一代的各项先进技术全景展现。

### 9.4.1 定义及组成架构

**1. 定义**

物联网依附于互联网、传统电信网等信息承载体，通过信息传感设备，按约定的协议，实现物品与互联网的连接，进行信息交换和通信，实现智能化识别、定位、跟踪、监控和管理，达到“物”与“互联网”的全面融合，是形成网络化、物联化、互联化、自动化、感知化和智慧化的基础设施。

**2. 物联网的系统组成架构**

物联网在逻辑功能上可以划分为三层：感知层、网络层和应用层。

### 9.4.2 感知层

感知层是物联网三层体系架构中最基础的一层，由传感网和大量的传感器、RFID 等智能感知节点构成，是“物”与“网”连接的关键环节。通过对物质属性、行为态势、环境状态等各类数据进行大规模的、分布式的获取与状态辨识，采用协同处理的方式，针对具体的感知任务，对多种感知到的数据进行在线计算与控制并做出反馈。

**1. 标识技术**

自动标识技术是以计算机技术、通信技术、互联网技术和光电技术为基础的综合性技术。常见的标识技术如图 9-4-1 所示。

**2. 传感器技术**

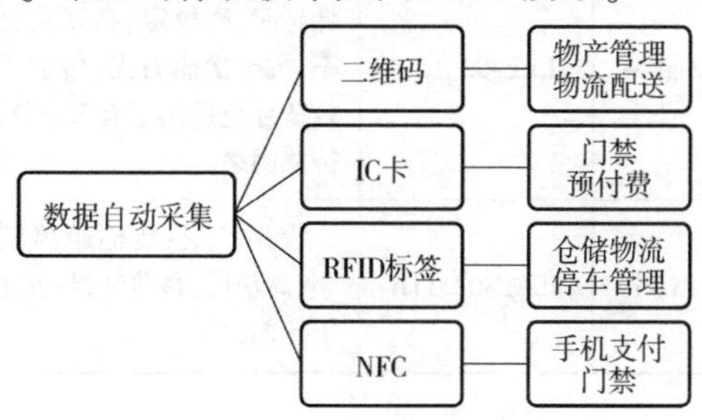


**图 9-4-1 常见的标识技术**

传感器是“能感受到被测量并按照一定规律转换成可用的输出信号的器件或装置”（GB/T 7665—2005），其特点是：微型化、数字化、智能化、多功能化、系统化、网络化。各类传感器产品超过 20000 种，按工作机理分类可见表 9-4-1。

**表 9-4-1 传感器分类**

| 分类 | 工作机理简述 | 主要特点 | 典型测量对象举例 |
|---|---|---|---|
| 物理传感器 | 感知物质的物理现象和效应 | 开发早、种类多、应用广 | 位移、压力、流量、温度、光强等 |
| 化学传感器 | 利用化学反应来识别和检测信息 | | 湿度、气体等 |
| 生物传感器 | 将生物化学反应转化成电信号 | 选择性高、分析速度快、操作简易 | 应用于环境监测、医疗健康等 |

随着新材料、微电子、微处理器技术相继应用到传感器制造，小型化、集成化、智能化成为传感器未来的发展趋势。

## 9.4.3 网络层

**1. 近距离无线协议**

三种典型的近距离无线协议见表 9-4-2。

**表 9-4-2　三种典型的近距离无线协议**

| | 协议标准 | 特点 | 典型应用场景 |
|---|---|---|---|
| 蓝牙 | IEEE802.15.3 | 全球范围适用;可同时传输语音和数据信息;可建立临时性的对等连接;体积小、便于集成;功耗较低;传输距离短;开放的接口标准 | 健身运动、资产追踪、室内定位、数字钥匙、仓储物流 |
| ZigBee | IEEE802.15.4 | 系统简单;极低功耗;Mesh 网络低延时、高稳定、高冗余;低数据速率;抗干扰能力强;传输距离较长;较蓝牙更适用于有大量终端设备的传感网络 | 危化成分分析、火警预报、智能交通、智能家居 |
| WiFi | IEEE802.11b | 应用广泛;传输距离较长;高速率;高功耗;移动性强;安全性差;抗干扰能力差 | AP/路由、智慧楼宇、智能办公、智能家居 |

### 2. 低功耗广域网（LPWAN）

三种典型的低功耗广域网（LPWAN）见表 9-4-3。

**表 9-4-3　三种典型的低功耗广域网（LPWAN）**

| | 特点 | 典型应用场景 |
|---|---|---|
| NB-IoT | 蜂窝、网络覆盖广;大连接;部署方式灵活;运营商授权频段;安全性高;组网成本高;电池寿命长;终端发送速率低 | 共享单车、智能交通、智能表计、智慧城市 |
| LoRa | 线性扩频、商业化应用早;产业链成熟;速率高;运营成本低;抗干扰能力差;独立建网 | 智能表计、智慧城市、智慧楼宇、智能制造 |
| 6LoWPAN | 发射功率大约为 WiFi 的 1%;紧凑型、低功耗、自组网、廉价嵌入式设备 | 智能电网、智慧家居、智能表计 |

### 3. 移动通信技术

5G（第五代移动通信技术）大幅提升以人为中心的移动互联网业务使用体验的同时，全面支持以物为中心的物联网业务。通过应用云计算、大数据技术，为物联网的数据处理提供智能化平台，实现“信息随心至，万物触手及”。5G 与 4G 的性能比对见表 9-4-4。

表 9-4-4　5G 与 4G 的性能比对

| 对比指标 | 5G | 4G(LTE) | 5G 相对于 4G 的提升 | 5G 的三大应用场景 | 突出强调 |
|---|---|---|---|---|---|
| 峰值速率 | 10～20Gbps | 100～150Mbps | 100 倍以上 | 增强移动宽带(eMBB)：网速高、覆盖广 | 人与人之间的连接 |
| 用户体验速率 | 100Mbps | 10 Mbps | 10 倍以上 | | |
| 移动性(对移动速度的支持) | 500km/h | 350km/h | 1.5 倍以上 | 超可靠低延时通信(uRLLC)：高可靠、低延时、高移动性 | 物与物之间的通信 |
| 端到端时延 | 1ms | 50ms | 50 倍以上 | | |
| 连接密度 | 100 万个/km$^2$ | — | 填补空白 | 大规模机器类通信(mMTC)：低功耗、低成本、海量接入 | 人与物之间的交互 |
| 流量密度 | 10Tbps/km$^2$ | — | 填补空白 | | |

## 9.4.4　应用层

应用层技术包括交互技术、计算技术、数据处理技术、信息安全技术等关键技术。本节仅选取大数据及云计算的部分内容进行介绍。

### 1. 大数据

大数据开启了一次重大的时代转型，其所带来的信息风暴正在变更我们的生活、工作和思维，通过采集、分析与预测，数据资源驱动各行各业的决策。大数据典型的特征可以归纳为“4V”：Volume（数据量大）、Velocity（速率高）、Variety（种类多）、Value（价值密度低）。

### 2. 云计算技术

云计算是与信息技术、软件、互联网相关的一种网络资源服务。用户可以通过云计算以便利的、按需付费的方式获取包括网络、服务器、存储、应用和服务等计算资源。云计算服务分类可以分为IaaS（Infrastructure as a service）基础设施服务、PaaS（Platform as a service）平台服务、SaaS（Software as a service）软件服务。

云计算平台由云存储、云运算、云控制、云用户请求与云服务组成。按照云平台的拥有权，可以分为公有云、私有云和混合云。

### 3. 边缘计算与云边协同

物联网设备产生的数据通常是单台设备产生的数量小，但总量大，且需要实时响应。如果数据都上传到云端处理，将会对云端造成巨大的压力。边缘计算（Edge Computing）应运而生。相比于以云计算模型为核心的集中式数据处理，边缘计算需要更少的网络流量、更低的维护成本，更适用于物联网时代对数据更快速的处理，满足低延时的需求。此外，由于大部分数据保存在网络边缘侧，降低了隐私泄露的风险。边缘计算可以负责所属范围内的数据存储和计算，分担云端压力。对于非一次性数据，边缘处理后仍需汇集到云端做大数据挖掘和进行算法模型的训练升级，之后再推送到边缘侧，升级更新前端设备，形成自主学习闭环。数据的两端备份也进一步保障了数据存储的安全。边缘计算与云计算的关系如图 9-4-2 所示。

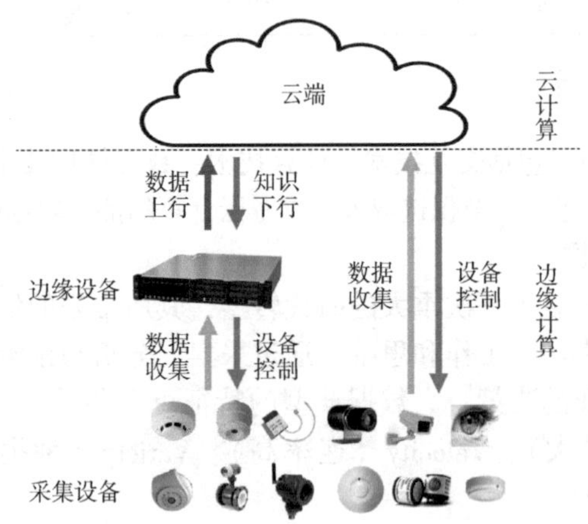


**图 9-4-2 边缘计算与云计算的关系**

不同服务类别的特点见表 9-4-5。

**表 9-4-5 不同服务类别的特点**

| 云边协同 | 边缘侧服务 | 云端服务 |
|---|---|---|
| IaaS | 基础设施资源的调度管理 | 边缘节点基础设施及设备的全生命周期管理 |
| PaaS | 数据采集与分析、应用部署软硬件环境、分布式推理 | 数据分析、应用生命周期管理、集中式训练 |
| SaaS | 预测性维护、能效优化 | 全面协同，提供连续的 ICT 资源服务 |

## 4. 智能化集成系统

智能化集成系统是建筑智能化系统展现智能化信息合成应用和具有优化综合功效的支撑设施，具有标准化通信方式和信息交互的支持能力。智能化集成系统包括智能化信息集成（平台）系统与集成信息应用系统。集成平台所需采集的数据示例见表 9-4-6。

表 9-4-6　集成平台所需采集的数据示例

| 弱电系统 | 子系统 | 设备 | 主要数据 |
|---|---|---|---|
| | 变配电 | 电表 | 设备能耗、三相有功/无功功率、功率因数、各相相电压和相电流等 |
| BA 系统 | 暖通空调 | 主机 | 主机运行状态、出水温度设定值、蒸发器进水温度、蒸发器出水温度冷凝器进水温度、冷凝器出水温度、负荷率、实时能耗 |
| | | 水泵 | 启停状态、频率设定值、频率反馈值、实时能耗 |
| | | 冷却塔 | 启停状态、风扇频率控制值、风扇频率反馈值、实时能耗 |
| | | 冷却水总管 | 冷却水进水温度设定值、冷却水总管供水温度、冷却水总管回水温度、旁通阀开度 |
| | | 冷冻水管路 | 供水温度、供水压力、回水温度、回水压力、回水流量、旁通阀开度 |
| | | 末端 | 启停状态、新风阀开度、回风阀开度、送风温度、送风温度设定值、送风压力、送风压力设定值、冷盘管阀门开度、风机频率控制值、风机频率反馈值 |
| | | 燃气锅炉 | 锅炉启停状态、锅炉故障状态、锅炉热水温度设定值、锅炉供/回水温度、负载率、实时燃气消耗量 |
| | | 热水板换 | 板换一次侧进/出水温度、板换二次侧进/出水温度 |
| | | 热水总管 | 供水温度、供水压力、回水温度、回水压力、回水流量、热水泵运行状态和故障状态 |

（续）

| 弱电系统 | 子系统 | 设备 | 主要数据 |
| --- | --- | --- | --- |
| BA 系统 | 环境监控 | 环境监控设备 | 室外环境:干球温度、相对湿度、风速、噪声、PM2.5 浓度、PM10 浓度、室外辐照度<br>室内环境:温度、相对湿度 |
| | 电梯监控 | 电梯 | 停靠楼层、停靠时间、设备状态、门闸状态 |
| | 停车管理 | 停车场门禁 | 车道名称、车道类型、放行规则、出入车牌号、时间、收费规则类型、付费状态、付款方式、车辆图片、控闸命令 |
| | | 车位检测设备 | 总车位数、剩余车位数 |
| | 照明监控 | 灯 | 开关状态、照度调节 |
| SA 系统 | 视频监控 | 视频监控设备 | 实时预览 HLS 流、录像回放 HLS 流、抓图图片、报警时间、报警输出数 |
| | 入侵报警 | 电子警报器 | 报警时间、报警事件、报警状态、布防状态 |
| | 出入口控制 | 门禁 | 门禁设备名称、门禁点数量、门禁点状态、客流开始与结束时间、门禁计划 ID、客流流量、经过人、门禁事件、联动照片、黑名单人员信息 |
| | 可视对讲 | 楼栋单元对讲机 | 是否为主门口机、可视对讲通道数、发布信息接收方、信息类型、信息主题、信息内容、上报事件类型、上报事件时间 |
| | 电子巡更 | 电子巡更仪 | 巡查事件触发时间、巡查人员 |
| FA 系统 | 火灾自动报警 | 烟感报警器 | 烟雾浓度、报警时间、报警事件、联动命令 |
| | 消防联动 | 灭火器 | 门闸调控时间、门闸调控事件、门闸状态、喷射等级 |
| | | 防烟排烟 | 门闸调控时间、门闸调控事件、闸口开关幅度 |

（续）

| 弱电系统 | 子系统 | 设备 | 主要数据 |
|---|---|---|---|
| CA 系统 | 多媒体系统 | 有线电视 | 播放状态、播放时间、播放 HLS 流 |
| | | 公共广播 | 播放状态、播放人、播放时间、播放音频流 |
| | | 语音通信 | 通话状态、通话方、通话时间、通话音频/视频流 |
| OA 系统 | 会议预定系统 | 无 | 预定人、预定房间、会议起始时间 |
| | HR 系统 | | 员工姓名、工号、职位、组织架构、办公地点、工位、日常考勤时间 |
| | ERP 系统 | | 资产信息：资产名称、资产类型、资产价值 |
| | CRM 系统 | | 客户信息：客户名称、客户类型、客户地址、联系方式<br>合同信息：有效期、交易价格、付款方式 |
| | SCM 系统 | | 供应商信息：供应商名称、提供的服务、地址、联系方式 |

基于智能化集成，可以按照用户实际需求量身定制应用平台，包括能效监管系统平台、建筑碳排放监测平台，以及商业建筑专用的营销大数据分析平台、智能数据驾驶舱平台等。

**5. 能效监管系统平台**

智慧能效监管系统对建筑的耗电量、耗水量、耗气量（天然气量或者煤气量）、集中供热耗热量、集中供冷耗冷量和其他能源应用量的检测预计量提供完善的解决方案，如图 9-4-3 所示。

**6. 建筑碳排放监测平台**

建筑碳排放监测系统基于多元维度的行业数据，根据企业当前的工作流程、减排方法和需求，借助人工智能测算得到的具备超高时空分辨率的碳排放数据，它将帮助政策制定者从行业、空间、时间等多个维度构建起对碳源、排放路径、排放量、碳减排等关键因素的系统认知。国家每年将会给企业发放碳排放配额，通过对碳排放的监测和管理，企业实际排放量与配额的差值可以作为商品在碳交易所进行交易，以实际经济利益促进企业主动减排。

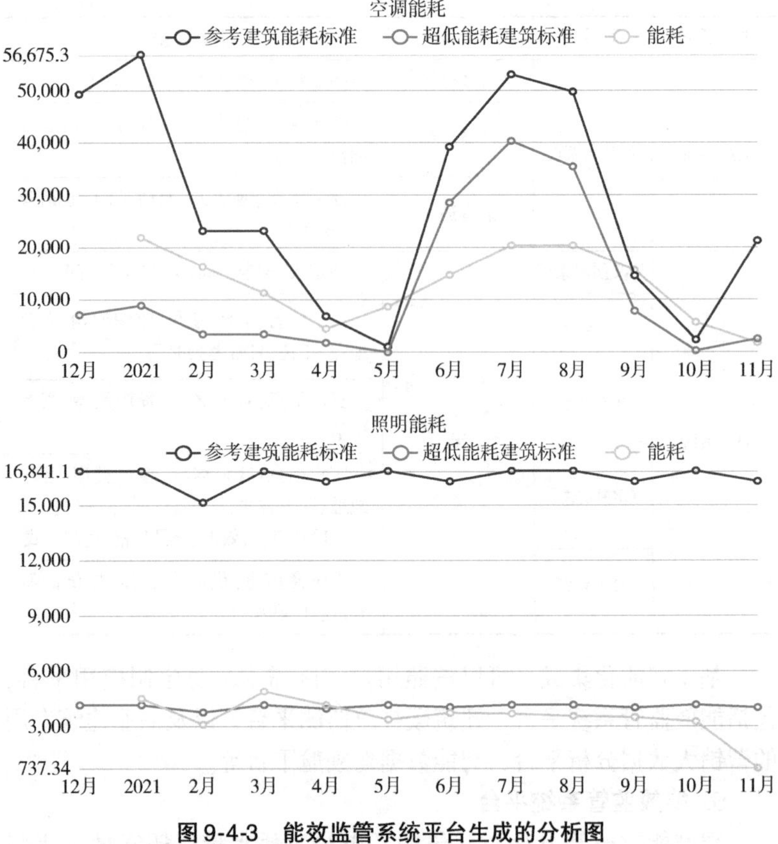


**图 9-4-3　能效监管系统平台生成的分析图**

## 9.4.5　人工智能物联网（AIoT）

人工智能物联网是物联网的2.0时代。通过对于数据的挖掘分析，建立发展走势模型，为决策注入了崭新而关键的一环—预测，融入AI因素，基于GPT（具有生产能力的预训练模型 Generative Pre-trained Transformers）技术，以大数据和人工智能技术为引擎，优化业务决策流程和管理流程，促进业务流程和业务决策的双重革新。同时也使物联网从数字化、智能化，向智慧化发展，赋予其“活”的动力。物联网（IoT）实现了“万物互联”，而5G及人工智能物联网（AIoT）将加速“万物智联”的到来，如图 9-4-4 所示。

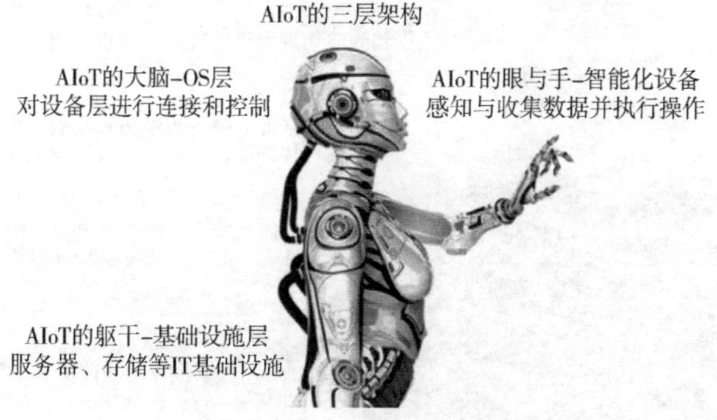


图 9-4-4　AIoT 的三层架构

# 9.5　数字孪生

## 9.5.1　数字孪生（Digital Twin）的定义

孪生的主要特征为极其相似且同步诞生与成长，以此概念引申到物理空间与数字空间之间映射关系。数据和模型是数字孪生的基础，可以总结为“以虚映实、虚实互驱、以虚控时”。

数字孪生基础中的数据部分，依托于物联网、云计算和移动通信（NB-IoT、5G）等技术，数字孪生的数据部分能有效地对物理实体运行所产生的大数据进行分析和处理。大数据采集和处理是数字孪生体能同步反映物理实体的基本状态，数据的来源分为两部分，一部分由物理实体对象及其环境（包括各类传感器、条形码、智能终端、智能仪表、系统数据等）采集而来，主要涉及包括物联网与 5G 等新信息技术，物理系统的智能感知与全面互联互通是物理实体数据的重要来源，也是实现模型、数据、服务融合的前提；另一部分由模型仿真，依托于 BIM、AI 及云计算等技术产生。数据的组织通过不同维度的模型进行组织、存储与分发，并构建于可视化模型予以直观呈现，如图 9-5-1 所示。

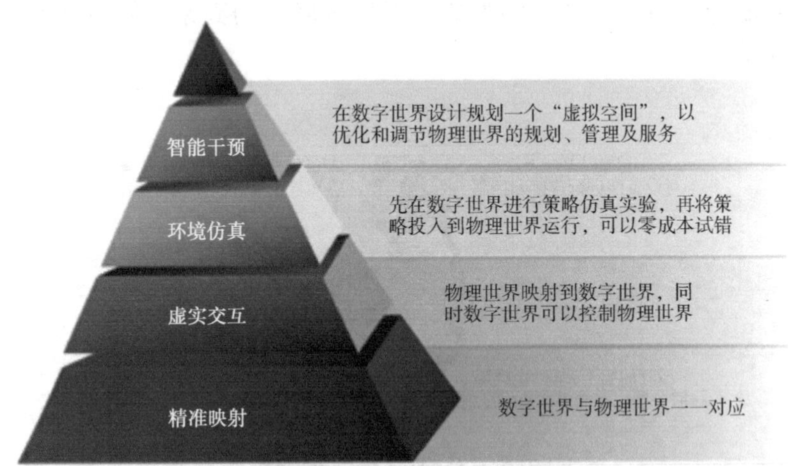


图 9-5-1　数字孪生四层进化论

## 9.5.2　数字孪生的推动技术

数字孪生发展的推力除了物联网、5G、AI、云计算之外，还包括构建模型和模型应用的 BIM、GIS，VR/AR/MR 等新兴信息技术。

### 1. BIM

BIM 是对建筑进行定义以及维护的模型基础。在数字孪生体系中，对于 BIM 的英文解读应该由 Building Information Model 转换为 Building Information Modelling。前者仅限于 BIM 模型本身，旨在体现统一数据、统一表示；而后者侧重于表达建模和管理过程，体现统一流程和全过程管理。除了对建筑对象的 3D 几何信息和拓扑结构的描述外，还可以加入时间维度、成本维度、环保与安全维度等，也就是 BIM + $n$D 的多维 BIM 构建思想。BIM 的模型会在建筑对象的全生命周期不断跟踪维护并随之变化。除了技术环节，BIM 的推广从某种层面上说，更是推动了组织流程、项目管理模式上的革新。

### 2. 地理信息系统（GIS）

地理信息系统（Geographic Information System）是在计算机硬、

软件系统支持下，对整个或部分地球表层（包括大气层）空间中的有关地理分布数据进行采集、储存、管理、运算、分析、显示和描述的技术系统。GIS 与 BIM 的集成应用，能够基于建筑环境特征和内部资产参数的精确描述，为项目规划、物流路线、物业运维、资产管理、室内导览等应用场景提供全方位、全过程、全生命周期的决策支撑。

**3. 扩展现实（XR）**

虚拟现实（Virtual Reality）通过多种传感器接口使用户习惯使用的视觉、听觉、触觉、动作、口令等参与到信息空间虚拟的环境中。

增强现实（Augmented Reality）也被称为扩增现实，要求真实、虚拟环境实时交互、有机融合，并能在现实世界中精准呈现虚拟物体。一个完整的增强现实系统主要包括图像采集模块、虚拟场景模块、跟踪注册模块、虚实融合模块、显示模块、人机交互模块，如图 9-5-2 所示。

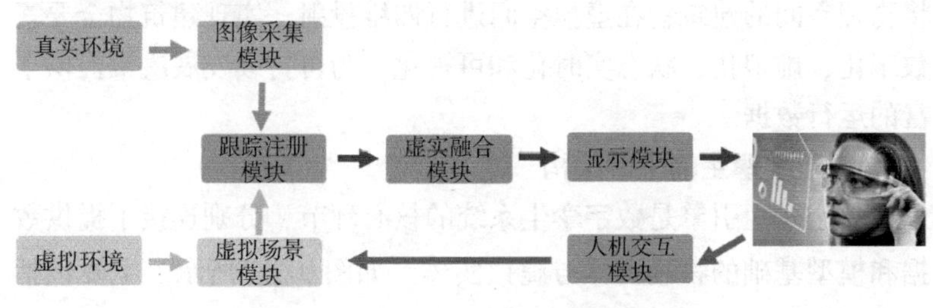


**图 9-5-2　增强现实系统的基本组成**

混合现实（Mixed Reality）是物理世界和数字世界的混合，开启了人、计算机和环境之间的自然且直观的 3D 交互。混合现实是增强现实技术的进一步发展，将虚拟对象合并在真实的空间中。通过在物理世界中放置一个数字全息影像，以虚拟的个人形象出现并与他人异步协作；或在虚拟现实中真实地反映墙壁、家具等物理边界，为用户搭建一个和虚拟世界、现实世界交互反馈的信息桥梁。

VR/AR/MR 的对比见表 9-5-1。

表 9-5-1 VR/AR/MR 的对比

| 名称 | 环境 | 特点 |
| --- | --- | --- |
| 桌面式 VR | 基于数字世界 | 易实现,应用广、成本低,体验感差 |
| 分布式 VR | | 突破地域限制,共享度高,开发成本高 |
| 沉浸式 VR | | 良好的实时互动性和体验感,对硬件配置和混合技术要求高,开发成本高 |
| AR | 基于物理世界 | 可明显区分出真实场景与虚拟场景,有失真 |
| MR | 物理+数字世界 | 体验更完美,但对混合技术要求、开发成本要求更高 |

## 9.5.3 数字孪生的架构与应用

面对日益复杂的运维问题、海量的运维设备和运维数据时，传统的运维方式已越来越无能为力。基于数字孪生系统构建的智慧运维系统突破了数据孤岛、系统孤岛、管控孤岛，改变了传统集成系统只监不控的局限性。集技术、数据、算法、工具、应用于一体，将物理空间的建筑物在虚拟空间进行四维投射，实现建筑物全要素数字化、虚拟化、状态实时化和可视化，为可持续发展决策提供丰富的运行数据。

### 1. 数字孪生的主线架构

数字孪生引擎是数字孪生系统的核心环节，分别连接了提供数据和模型基础的物理实体与虚拟实体，如图 9-5-3 所示。主要包括的模块包括：

1）交互驱动模块：连接物理系统的上传下达接口，以及与外部软件交互接口等。

2）数据存储和管理模块：分析处理和数据挖掘的数据库，并为数字孪生引擎运行提供数据支撑环境。

3）模型管理模块：模型管理包括对模型的采集、训练、更新与分发。

4）模型和数据融合模块：实现“虚实融合”就是模型和数据的融合。

5）智能计算模块：通过智能计算实现数字孪生服务所需的各类功能。

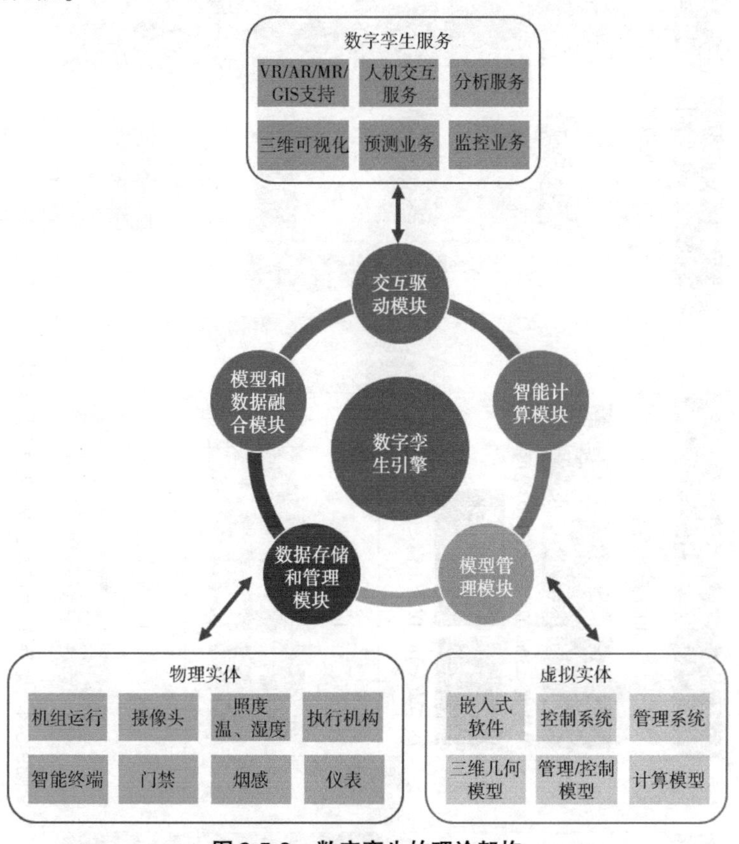


**图 9-5-3　数字孪生的理论架构**

## 2. 数字孪生在建筑领域实现路径

从真实物理世界收集空间场景数据、智能感知数据和室内外定位数据，在数字世界构建数字孪生体，需要进行 BIM 场景建模、IoT 物联数据驱动实时模拟仿真以及基于 GIS 定位导航技术的轨迹跟踪模拟，这样就在数字世界重构了一个“数字建筑”，在数字建筑里，可以实现可视化监测，以及对运营人员和使用人员、固定资产设备设施、运营管理事务的管控，如图 9-5-4 所示。通过数据分析对基础设施运行进行诊断分析，提供更有效的运行调控策略。

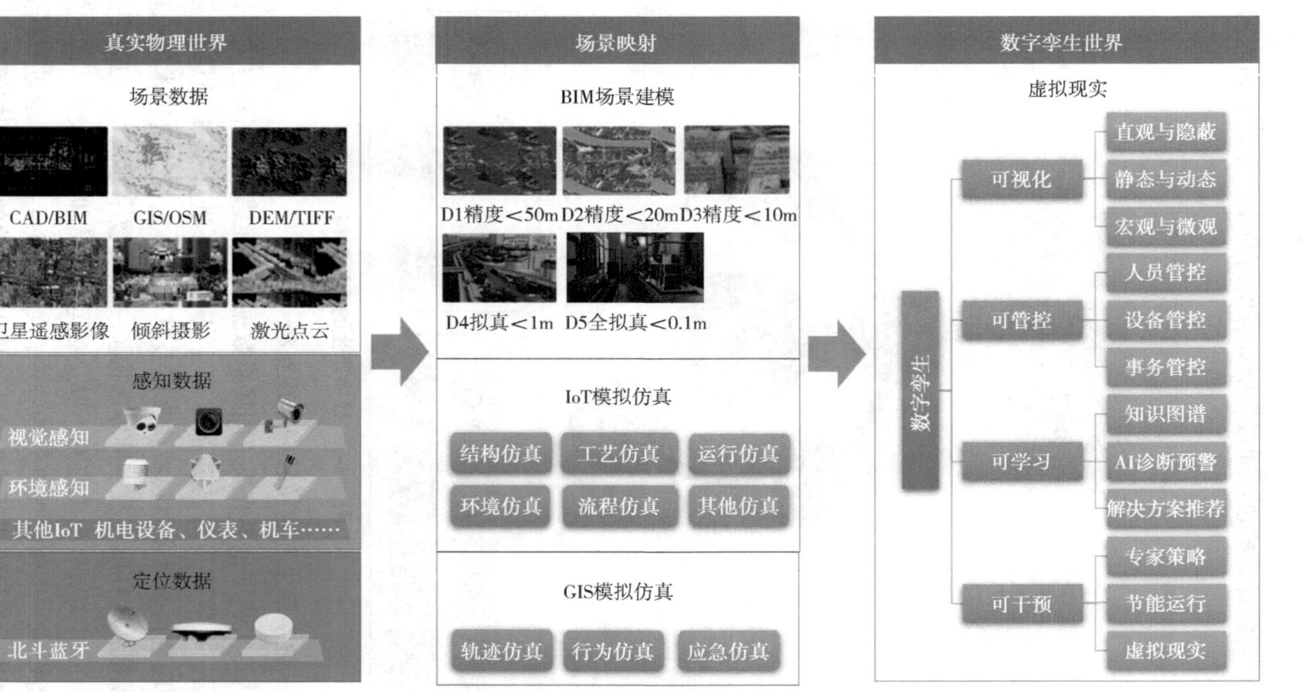


图9-5-4　数字孪生在建筑领域的应用架构

### 3. 商业建筑数字孪生技术架构

在商业建筑中，要实现基于数字孪生的智慧管控，可按图 9-5-5 划分四层架构：

1）智能感知设备层：包括水、电、气、热智能计量设备、暖通系统智能设备、配电系统智能设备、给水排水智能设备、照明系统智能设备、环境感知设备、视频监控设备等。

2）智能控制设备层：实现控制信号的处理和基本调控。

3）智能采集设备层：智能化系统设备数据采集和上传的“数据中枢”。

4）智慧管控平台：平台映射物理设计的实时状态，同时可以在数字世界分析诊断、预测性运维和智能调控。智慧平台的展现形式可以是 Web 系统、APP、AR/VR 等。

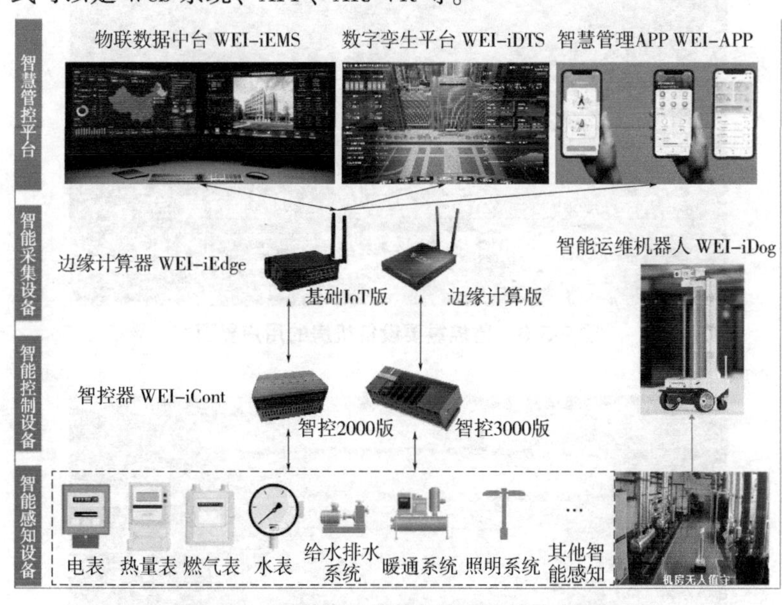


图 9-5-5　智慧商业建筑数字孪生的技术架构

### 4. 商业建筑数字孪生技术典型应用

暖通系统的智慧监控，如冷热源机房、水系统能流、风系统等实时模拟仿真、运行诊断和 AI 动态前馈调节，以及对水泵、水箱、末端水管网的实时监控及异常诊断，如图 9-5-6 ~ 图 9-5-8 所示。

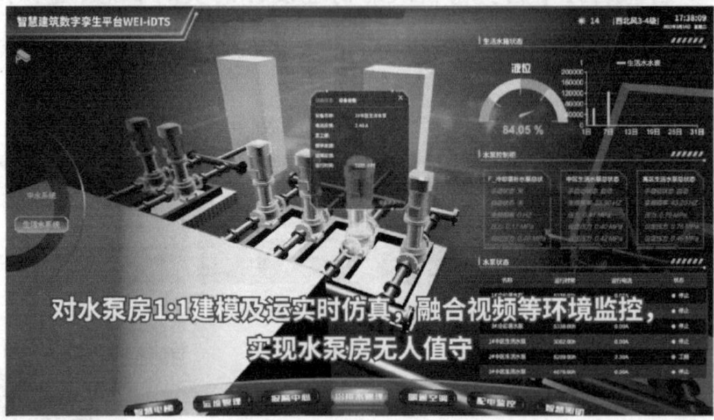


图 9-5-6　监控重要设备机房的用户界面

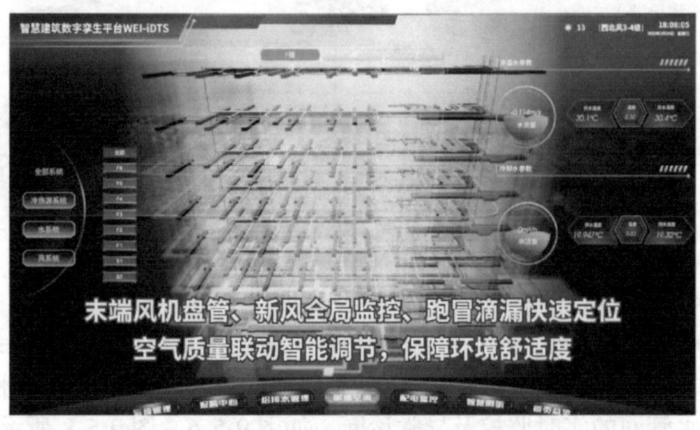


图 9-5-7　监控建筑全局的用户界面

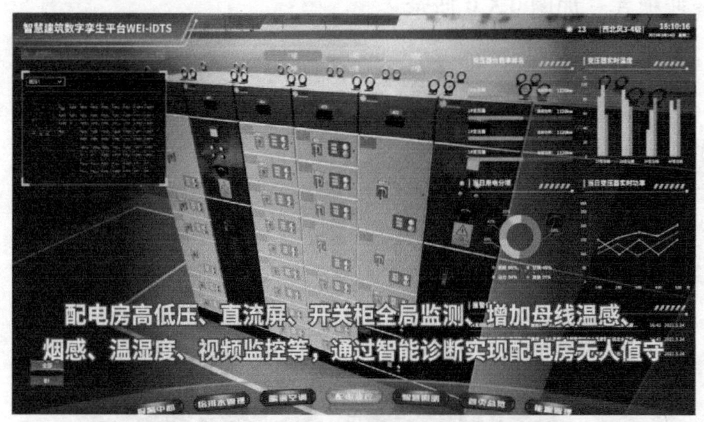


图 9-5-8　监控重要电气机房的用户界面

配电系统的智慧监控，如配电室配电设备、配电室环境的实时监控与诊断预警。

给水排水系统的智慧监控，如泵房水泵、水箱、末端水管网的实时监控及异常诊断。

## 9.5.4　元宇宙

元宇宙（metaverse）是整合多种新技术而产生的新型虚实相融的互联网应用和社会形态，是数字体验平台的重塑。而数字孪生作为物理世界在数字空间映射、复制模拟的载体，是元宇宙的重要组成部分。包括数字孪生在内的 XR、物联网、5G、BIM、云计算、AI、脑机接口（Brain Computer Interface）区块链等多种技术群，极大程度提升元宇宙的构建效率与真实体感。将现实中的设计、构件生产、数字施工、建筑运维等环节和场景在虚拟空间实现全面部署，形成全新的数字建造体系，达到降低成本、提高生产效率、高效协同，实现建筑全生命周期的改进和优化，推动企业重构和变革。著名的《堡垒之夜》虚拟演唱会吸引了超过 2770 万的观众观看，相当于坐满了 130 个鸟巢，也证明了物理世界中实体建筑的数字孪生体所蕴藏的巨大潜力和能量，以元宇宙为代表的数字经济，势将打造新兴消费者体验、业务应用和商业模式，如图 9-5-9 所示。

图 9-5-9　2022 年第七届世界物联网大会元宇宙会场

# 第10章 商业建筑专用系统

## 10.1 概述

在城市化进程中，商业建筑如雨后春笋般涌现。商业建筑逐渐发展为集购物、餐饮、展览、娱乐等功能为一体的智慧型商业建筑，以其独特的魅力成为众多城市的一张名片，也成为了消费者的打卡圣地。而商业建筑的超大体量、超大空间、多功能集合等特点，对建筑的运营和节能提出了更高的挑战。因此，商业建筑专用系统应运而生，用于满足商场中各种不同业务需求，其应包括各种子系统，例如营销数据分析平台、营销数据驾驶舱、客流统计分析、VR 购物、商铺资产管理、智慧商业场景等子系统。智慧商业建筑专用系统可对商业建筑内客流量情况实时监测并统计，分析客流消费倾向及走势，为后期商场营运提供重要数据支持。此外，它还带来了智慧商铺管理系统，可以高效地管理商铺租赁、水电资产统筹等任务，同时可支持传统现金，以及多种无纸化的线上支付方式，帮助商场提高效率并改善服务质量。其次，它还可以支持 VR 体验，可以让顾客利用 VR 技术不出户逛商场，购买商品；或让管理方利用 VR 线上招租，减少商铺空置率，从而实现智慧化营销。商场还可以利用系统进行顾客关怀，根据顾客历史消费大数据，做到精准营销，拉近顾客与商场的距离，可以有效提升商场的经营效率、管理效率，从而实现智慧商场的运营理念。

### 10.1.1 分类、特点及要求

商业建筑专用系统是一种涵盖多个智慧化信息化子系统的综合系统，通过整合人工智能、物联网、大数据、区块链等技术，提升了商场的运营效率、顾客体验和安全性。系统架构主要由前端感知设备和后台应用分析平台两大部分构成。

**1. 前端感知设备**

前端感知设备包括分散安装在建筑物内用于商业专用系统应用的实施设备，主要功能是收集前端设备数据信息。

设备一般应具备如下特点：

1）体积小巧：能够方便地安装在商场内的各个位置，不会占用太多空间。

2）耐久性好：硬件结构稳固，具有较高的耐久性，能够长期正常工作。

3）功耗低：功耗小，不会对商场的用电量造成太大的影响。

4）抗干扰性强：能够有效抵抗外部干扰，保证数据的准确性。

5）数据传输速度快：能够快速传输数据，保证系统的实时性。

6）兼容性强：与后端系统平台兼容，方便数据的交互和处理。

7）可配置性强：具有较强的可配置性，可以根据不同的需求进行配置。

8）可维护性好：易于维护，保证系统的长期稳定。

9）安全性高：保证数据的安全性，防止数据泄漏和非法窃取。

**2. 后台应用分析平台**

后台应用分析平台的主要功能是将收集的实时数据进行分析和处理，并将结果进行展示，包括对内、对外展示的显示大屏及相关配套 APP 等硬件和软件内容。其主要具备如下特点：

1）可视化界面：通过图形化的界面呈现系统的数据和状态，

方便管理者更直观地了解系统运行情况。

2）智慧分析：具备强大的数据分析能力，可以对商场的数据进行实时分析，为商场决策提供数据支持。

3）智慧调度：通过智慧调度，实现资源的有效利用，提高系统的效率和效果。

4）协同整合：可以与其他系统进行协同整合，实现信息的无缝对接和共享，提高系统的整体效率。

5）安全可靠：需要具备完善的安全措施，确保数据的安全性和可靠性。

6）易用性：需要提供简单易用的界面和交互，使管理者在使用过程中感到舒适和方便。

7）定制化开发：需要具备良好的灵活性，可以根据商场的特殊需求定制合适的解决方案。

8）高兼容及可扩展性：需要兼容多种不同类型的硬件和软件环境，以方便管理者的使用。

### 10.1.2 本章主要内容

1）商业专用系统的分类、特点和要求。

2）商业建筑智慧化的需求分析。

3）商业建筑智慧管理平台。

4）商业建筑的智慧管理系统。

5）商业建筑的智慧服务系统。

### 10.1.3 商业建筑需求分析

在高度智慧化的商业建筑中，因为牵涉的各相关方角色身份的不同，对于智慧商业建筑系统的需求也不一样，大体上可将全部需求分成管理方、商铺租赁方、顾客方等三方的需求来分析。

**1. 管理方的需求**

1）快速统计及智慧分析：管理者需要能快速统计商业建筑的销售情况，其中包括销售额、客流量等，且系统能自动分析销售数据，以便了解商场的运营情况，帮助管理者做出科学决策。

2）数据可视化：管理者需要快速、直观地了解数据，如顾客流量、销售额、物品销售、店铺租赁、店铺营业情况等。

3）效率提升及能效管理：提高工作效率，快速获取商业建筑的能耗、安防、客流等数据。

4）营销管理：管理商场中的各个店铺，如查看店铺营业情况等，并且能通过该系统，实现对店铺的营销推广，顾客活动的精准推送等。

5）顾客服务：提高顾客服务水平，如提供顾客路线图，广告及服务精准投放等。

**2. 商铺租赁方的需求**

1）数据统计与分析：商铺租赁方希望能够获得如客流量、销售额、顾客行为等统计数据和分析，以便了解商铺经营情况。

2）顾客管理：商铺租赁方希望能够对顾客进行管理，包括顾客信息的维护、顾客行为的跟踪和分析等，通过顾客分析提高顾客满意度来更好地满足顾客需求。

3）营销支持：商铺租赁方同时也需要商业建筑管理方的营销支持，包括顾客营销、产品营销等。

4）报表系统：商铺租赁方希望系统能够提供各种报表，以便了解商铺经营情况，如房租、成本、水电开支等经营和收益情况。

**3. 顾客方的需求**

1）方便快捷的购物体验：顾客希望在商场中能够快速、方便地找到所需的商品，并能够快速完成购物流程。

2）个性化的购物体验：顾客希望在商场中得到个性化的购物体验，如根据购买历史为顾客提供个性化的商品推荐、优惠等。

3）实时的商品信息：顾客希望在商场中能够实时了解商品的价格、库存等信息，以便做出更好的购买决策。

4）便捷的支付方式：顾客希望能够使用多样的支付方式完成购物，如现金、银行卡、移动支付等。

5）简单易用的移动应用：顾客希望能够通过简单易用的移动应用完成购物，包括查询商品信息、商品预览等。

## 10.2 商业建筑智慧管理平台

### 10.2.1 商业建筑智慧管理平台架构设计

**1. 设计理念**

随着科技的不断发展，商业建筑管理智慧化逐渐成为了一种趋势。针对商业建筑管理需求，开发商业建筑智慧管理平台是一个必要的环节。平台软件的设计首先要考虑商场的运营需求，充分利用技术的优势，实现管理的智慧化和高效率。整体的设计理念应从以下几方面出发：

1）需求分析：明确商场的运营需求，确定管理平台的功能模块。

2）技术选型：确定技术框架和技术工具，并结合需求进行选择。

3）系统架构：确定系统架构，包括系统架构模型、技术架构和系统架构图（图 10-2-1）。

4）数据管理：确定数据管理策略，包括数据存储、数据处理和数据分析。

**2. 系统架构**

在商业建筑智慧管理平台架构设计中，在整体系统架构的层级设计上可以做如下参考：

（1）数据层

数据层是数据采集、存储、整理和分析，是整个平台的核心。它通过各种传感器、摄像头等设备采集实时的数据，将其存储在大数据存储系统中，并通过数据挖掘和分析技术筛选出有价值的信息。

（2）应用层

应用层负责实现平台的主要功能，如客流量统计、商铺管理、广告投放等。它通过与数据层的交互，对数据进行处理和展示，以实现平台的核心功能。

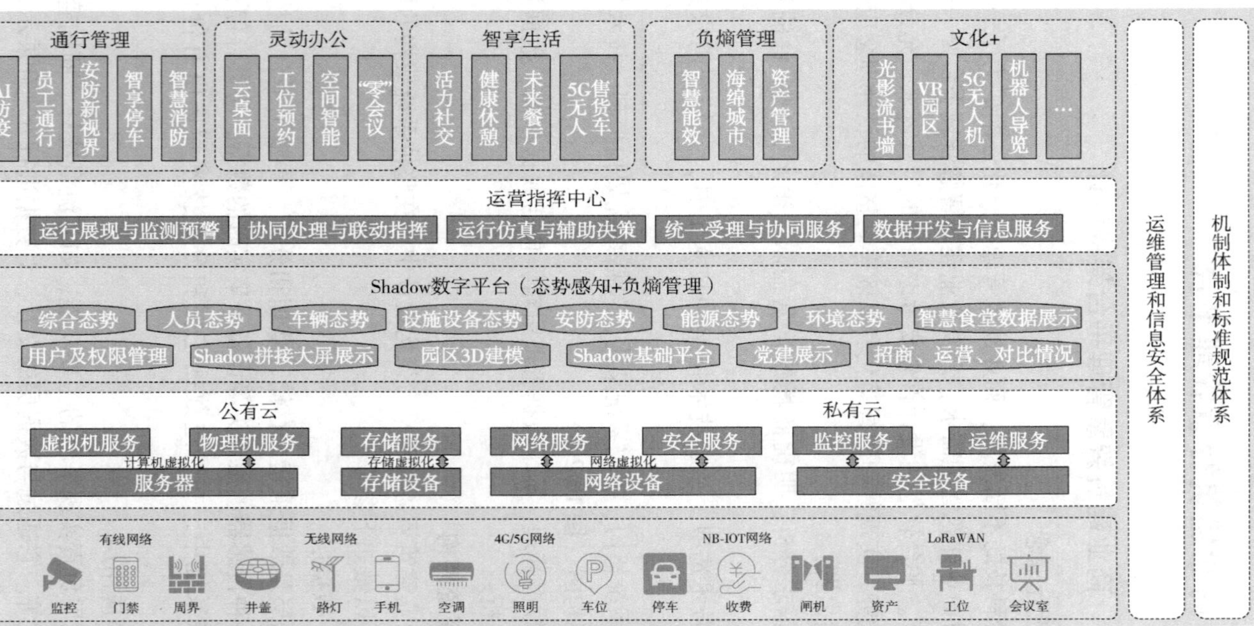


图10-2-1　系统架构示意图

（3）用户界面层

用户界面层负责平台的用户界面设计和开发，以便用户可以方便地查看和操作数据。它可以使用网页、移动端应用等形式查看，以满足用户的不同需求。

（4）安全层

安全层负责保护平台的数据，防止数据泄露和攻击。它可以采用加密、认证、授权等技术，保证数据在传输和存储过程中的安全。

（5）管理层

管理层负责平台的运维和管理，包括日常的维护、升级、监控等任务。它可以监测平台的运行状态，及时发现和解决问题，确保平台稳定和可靠。

架构中各层之间通过接口进行交互，保证数据的流通和处理。平台的设计要求高可靠性、高性能、高安全性，并且要兼顾用户的易用性和可扩展性。另外，为了更好地支持商场的需求，商场智慧管理平台还可以集成其他相关系统，如支付系统、物流系统等，实现更加完整的管理和服务。

**3. 设计需求**

设计商业建筑智慧管理平台的架构是一个复杂的工作，除了层级的设计外还需要考虑如下需求：

（1）数据收集与存储

考虑如何从多个来源收集数据，如传感器、楼宇管理系统等，并将其存储在数据库中以便分析和使用。

（2）数据分析

实现一个可靠的数据分析系统，识别建筑物的模式和趋势，并发现任何问题。

（3）可视化

提供一个易于使用的可视化界面，方便用户了解建筑物的运行情况和状态。

（4）自动化控制

实现对建筑物系统的自动化控制、最佳效率和节能。

（5）安全性

保护数据的安全，防止未经授权的访问和使用。

（6）可扩展性

应该设计一个可扩展的架构，以便在未来扩展功能和数据分析能力。

（7）可维护性

设计一个易于维护的架构，以便长期维护和升级系统。

考虑以上需求因素后，建议采用微服务架构，并使用分布式数据存储和分析系统。这样可以确保系统的高可靠性和可扩展性，并使数据分析和可视化变得更加简单。

同时，使用安全的云平台，以确保数据的安全性和可靠性。应该使用加密技术保护数据，并在云环境中进行审核，以确保平台的安全性。使用开放的 API，以便第三方应用程序和系统可以访问平台数据和功能。这样可以帮助扩展平台的功能，并使其成为建筑智慧管理生态系统的一部分。

最后，建议与专业 IT 团队合作，以确保平台的质量和可靠性。在开发过程中，应该不断评估和改进架构，以确保系统能够满足未来的需求。

### 10.2.2　营销大数据分析平台

在当下的信息化发展技术中，商家迫切需要收集消费者的非结构化信息，大数据的挖掘不但可以了解细分市场的需求，更可以通过海量的消费者数据精确洞察到每一个顾客的个性化需求。商家可以通过营销大数据分析平台对数据进行深度分析，挖掘出具有商业价值的信息，有助于运营方更好地整理归纳消费者的消费思维模式和消费行为模式，更好地维持现有消费者的品牌忠诚度。

随着社会和经济的发展，当今消费者需求多样，有的更是为了彰显个性，往往具有个性且独特的消费倾向。商家需要充分以消费者为中心创造价值，过去传统营销意味着标准化的生产及服务方式，无法顾及每位消费者的个性化需求。如今的营销大数据分析平台可以充分解决大规模标准化和消费者需求个性化之间的矛盾，通过各种应用工具，让买方和卖方之间能完成对等、及时、高效的沟通。

**1. 营销大数据分析平台建设的核心**

营销大数据分析平台建设的首要任务是进一步提升企业现有的业务能力，将各个子系统分散的数据信息整合，打通数据孤岛，将已有的信息化成果统一到一个数据平台上，实现业务统筹管理及业务应用的快速开发及部署。实现不同子系统之间的技术融合、数据融合、业务融合。

营销大数据分析平台建设的核心主要体现在四个方面：

(1) 完善的数据采集机制

首先，要确保数据采集覆盖了丰富的渠道信息，以收集更多顾客行为、行为偏好及访问等有关数据；其次，要建立有效的数据采集机制，使之能够多渠道融合，不断更新并形成完整数据。在数据甄选上，营销大数据分析平台需要具有甄别核心数据的能力。在海量的数据中，只有反映消费者行为和市场行为的数据才是营销大数据平台所需要的。因此，在搭建营销大数据分析平台时要明确制订所需数据的标准，并对该类数据做好归档与整理，再针对需要实现的目标制订专用的数据分析模式，这样最终才能得出科学合理的数据结果，才可以正确地指导企业实现有益的市场营销行为。

(2) 完备的数据分析功能

数据分析主要是指通过计算机技术和统计工具，对企业所收集的数据进行分析处理，从中发现数据内在规律，挖掘出顾客的价值和行为规律，有助于企业更快发现市场机会，提高精准营销效果。而数据分析需要体现“以人为本”。数据分析应以消费者为出发点，切实分析消费者的需求，用数据分析指导下一次的产品设计、生产和营销活动。

(3) 先进的分析结果管理

分析结果可以建立在特有的管理框架下，根据不同的结果按照不同的方式进行管理，与业务部门合作，将结果应用到实际工作中。除企业自身收集的消费者数据外，还应借助外力大数据共享等服务，可通过扩展收集上下游渠道的数据，将社会化资本化的数据纳入分析体系，最终才能得到真实、细致、完整的用户画像。

(4) 安全稳定的系统环境

企业在营销领域拥有大量数据，顾客及企业信息也是不可忽视的，因此，搭建大数据分析平台时，必须重视系统环境的安全性，确保平台稳定运行，确保数据安全。注重用户数据的保密性和安全性，维护好新时代互联网背景下的个人数据隐私，使大环境进入良性发展。

综上所述，智慧营销大数据分析平台建设核心，要求在完善的信息采集、完备的数据分析功能和先进的分析结果管理的基础上，确保系统的安全稳定，以实现精准营销的目的。

**2. 营销大数据分析平台的建设路径**

营销大数据分析平台的建设路径，应该以数字平台作为核心，上至连接各个服务化的应用，下至连接所有的前端感知设备及用户终端。以数字平台作为“黑土地”，调动发挥商业建筑内管理者、店家生态，创造价值。整体建设路径可分为四个主要阶段：筹备、实施、验收、移交。

(1) 建设筹备阶段

在建设筹备阶段中建设方可要求承建方根据架构设计规划及内容提供深化方案及能力展示，最大程度地保证建设结果以业务需求及运营为导向。营销大数据平台的建设还包含了传统弱电智慧化系统，其系统主要承担前端感知设备和末端应用实施设备的硬件部署，再由软件平台及应用系统承担数据获取、数据传输、数据处理及业务逻辑功能实现。

(2) 建设实施阶段

可以在建设实施阶段成立建设专项组，并进行需求二次确认，针对确认结果形成建设内容的功能需求说明，后续建设都将以功能需求说明为基础依据进行开展。承建方拿到功能需求说明后，开展实施工作，实施工作又可分为弱电智慧化系统施工、网络机房建设、数字平台搭建、数字平台部署与应用开发、业务场景测试、项目验收移交等六大环节。

相比传统弱电智慧化，更加看重承建方的基于需求和业务场景的应用开发能力，同时对于软硬件集成的能力也有较强的要求。

(3) 建设验收阶段

建设方可以根据实施阶段前期所提出的功能需求说明对系统内各项功能及应用进行一对一的验收和试运行。也可以依据业务场景，看是否符合场景使用的需求来进行验收。验收和试运营时要看最终的效果是否达成了设计时规划的业务价值点，用户体验是否达到预期，是否可持续性运营和使用。

(4) 建设移交阶段

在建设移交阶段，需要对整个系统进行一系列的准备工作，包括环境部署、数据库迁移、数据导入等。移交阶段需要对后续运营人员进行培训，让他们掌握系统的使用方法和维护方法。同时，需要准备相关的使用手册和技术文档，帮助运营人员更好地理解和操作系统。在上线移交时，需要建立系统的运营监控体系，及时发现和解决系统问题，保证系统的高可靠性和稳定性。移交后需要对系统的运营风险进行评估，包括技术风险、商业风险等，制订相应的应对方案，确保系统的平稳运营。

### 10.2.3 智慧数据驾驶舱平台

智慧数据驾驶舱平台是一种数据可视化工具，可将数据从多个来源收集、整合和分析，然后以易于理解的方式呈现出来。这种平台通常包括数据仪表盘、报表、图表和可视化图像等功能，可帮助用户从海量数据中快速发现关键信息和趋势，以便做出更好的决策，如图 10-2-2 所示。

商业建筑中的智慧数据驾驶舱平台通常与营销大数据智慧系统和其他业务系统集成，以提供全面的数据视图。平台还可以利用人工智能技术来分析数据，从而自动识别出隐藏的关联性和趋势，帮助企业发现新的商业机会和风险。

通过使用智慧数据驾驶舱平台，企业可以更加高效地管理业务流程，更快地做出决策，并在不断变化的市场环境中更具竞争力。

图 10-2-2　智慧数据驾驶舱界面示例

**1. 智慧数据驾驶舱平台的主要功能和特点**

智慧数据驾驶舱平台的主要功能和特点包括以下几个方面：

（1）数据可视化

智慧数据驾驶舱平台可以将数据以多种方式进行可视化，例如仪表盘、图像、表格等，以帮助用户更快地理解数据的意义和趋势。这些可视化图像可以根据用户需求进行定制，以便更好地满足业务需要。

（2）数据连接和整合

智慧数据驾驶舱平台可以从多个来源（例如数据库、文件、Web 服务等）收集数据，并将其整合到一个统一的数据模型中。这可以帮助用户更轻松地访问和分析数据，同时避免数据重复和不一致的问题。

（3）数据分析和建模

智慧数据驾驶舱平台可以使用机器学习和人工智能技术对数据进行分析和建模，以自动识别出隐藏的关联性和趋势。这可以帮助用户更好地了解业务数据，并为未来做出更好的决策提供支持。

（4）数据安全和合规性

智慧数据驾驶舱平台应该提供数据安全和合规性保护功能，以确保数据隐私和合规性。这可以包括数据加密、身份验证、授权和审计等功能，以确保敏感数据不被未经授权的人员访问。

（5）可扩展性和灵活性

智慧数据驾驶舱平台应该具有可扩展性和灵活性，以便满足不同业务需求的变化。这可以包括可扩展的架构、易于配置的界面和集成工具，以及支持各种数据源和格式的能力。

**2. 智慧数据驾驶舱平台的开发步骤**

（1）需求分析

包括数据分析的目的、分析对象、分析指标等。这可以帮助确定平台所需的数据源和可视化方式。

（2）数据收集和治理

根据业务需求选择合适的数据源，例如数据库、文件、Web服务等；需要从这些数据源中收集数据，并将其整合到一个数据模型中。这可以使用 ETL 工具或编程语言（例如 Python、Java 等）来完成。

（3）设计数据模型

数据模型是数据驾驶舱平台的核心，它定义了如何组织和存储数据。设计数据模型时需要考虑数据的类型、结构和关系，以便更好地支持数据可视化和分析。这可以使用数据建模工具（例如 PowerDesigner、ERwin 等）来完成。

（4）数据可视化

将数据可视化是数据驾驶舱平台的重要功能之一。为了可视化数据，需要选择合适的图像、表格、仪表盘等，以便用户更好地理解数据的含义和趋势。这可以使用数据可视化工具（例如 Tableau、QlikView 等）来完成。

（5）分析建模

分析和建模可以使用多种技术，例如机器学习、数据挖掘等。这可以帮助用户发现数据中的隐藏关联性和趋势，以便做出更好的决策。这可以使用 Python、R 等编程语言和相应的分析库（例如 Scikit-learn、Pandas 等）来完成。

（6）数据安全

安全和合规性是数据驾驶舱平台的重要组成部分。为了保护敏感数据，需要实施数据加密、身份验证、授权和审计等功能。这可以使用数据安全工具（例如 Kerberos、LDAP 等）和身份验证与授权协议（例如 OAuth、OpenID Connect 等）来完成。

（7）部署平台

将平台部署到生产环境中。这可以使用云服务提供商（例如 AWS、Azure 等）或自己的服务器来完成。在部署平台之前，需要进行测试和性能优化，以确保平台能够正常运行并具有足够的性能。

### 10.2.4　专属 APP/小程序/公众号开发

商业建筑智慧系统平台的专属 APP/小程序/公众号开发是指根据商场智慧系统平台的特点和需求，为商场定制开发一款移动应用程序或基于微信等平台开发的小程序及公众号，以提升商场运营效率和顾客体验。该应用程序可以在顾客手机上提供商场导航、促销活动、商品查询等功能，同时也可以在商场内部供工作人员使用，以提供数据分析、顾客管理等方面的支持。

商业建筑在开发智慧系统专属 APP/小程序/公众号时，首要注意的就是如何高效、简洁、快速地展示商场信息，具体信息类型包含但不限于基本信息、商家信息、品牌信息、活动信息等内容。信息内容也可以是多样化的，比如包括商场地图、品牌货店面的地址及商场导航等功能，使用户能够快速找到所需的商家和品牌。其次可以着重推送优惠活动相关内容，提供商场内的优惠活动信息，让用户能够快速获取最新的优惠信息，提高用户的购物体验。然后注重商场服务能力，让应用程序左右服务衍生的手段，让用户能够快速解决所面临的问题。在支付方式上可以兼容银联、支付宝、微信、各大银行 APP 等多种渠道，有利于顾客快速完成购物流程。同时在应用程序内设置社交互动相关内容，让用户能够分享购物心得和评价商品，提高用户的参与度和用户黏性，相关内容还可以与小红书、抖音、快手等社交平台进行联通，扩大企业流量。用户在使用应用程序的同时。也在无形中为企业提供了数据统计和分析，为商场提供数据分析和营销策略，提高商场的经营效率和盈利能力。

**1. 商业建筑智慧系统平台专属应用程序应具有的功能**

（1）提升顾客体验感

可以为顾客提供更便捷的购物体验，例如商品搜索、导航、促销活动等功能，让顾客更加满意。

（2）增加销售额

通过多渠道销售功能，扩大商品销售渠道，增加商场的销售额。同时还能提高运营效率，可以为商场内部工作人员提供数据分析、顾客管理等方面的支持。

（3）促销活动

通过应用程序发布促销活动信息，吸引顾客购买商品。还便于订单管理，当顾客通过应用程序下单购买商品，商场内部工作人员可以方便快捷地管理订单信息。

（4）会员管理

完成的订单可以自动生成会员身份，企业可以通过应用程序管理会员信息，提供会员积分、优惠等服务，增加用户黏性。

（5）数据分析

可以通过对顾客购物行为、商品销售情况等进行数据分析，为商场提供决策支持。

（6）客服服务

企业可以通过应用程序提供高效一对一的客服服务，解决顾客的问题和疑虑。

（7）支付功能

顾客可以在应用程序完成商品多元化的支付功能，支付可以微信支付、支付宝、银联等多种支付途径。

（8）品牌形象

制订企业专属卡通形象、品牌故事，再通过应用程序内置宣传，加强商场品牌形象，提升商场知名度和声誉。

**2. 专属APP/小程序/公众号开发的流程**

智慧系统平台的专属APP/小程序/公众号的开发上首先也要做好甲方、用户等不同群体的需求分析，确定其所需要的功能和效果来进行相关设计，如图10-2-3所示。确定好需求后就要根据按安卓、IOS、微信等不同平台来选择合适的软件开发语言、开发框架、服务器架构等，寻找优质的开发团队。在 UI/UX 的设计上也需要和使用者进行多次的沟通与调整，界面设计和操作设计上尽量要符合当下的主流设计美感，同时融合商业建筑的特色，这样才能有利于吸引用户，保证用户的忠诚度。完成开发和测试后，将 APP/小程序/公众号发布到应用商店或微信公众平台，并进行运营和推广，包括推送优惠信息、提供客服服务、统计用户数据等，不断优化用户体验和提高用户留存率。

图 10-2-3　专属 APP/小程序/公众号界面示例

需要注意的是，APP/小程序/公众号的开发和维护需要不断地迭代和优化，随着商场的发展和用户的需求不断变化，需要及时进行调整和更新，确保应用的竞争力和用户体验。同时，也需要考虑到安全和隐私保护等问题，确保用户信息的安全性。

## 10.3　商业建筑智慧管理系统

### 10.3.1　商铺照明、插座管理系统

#### 1. 商铺照明管理系统

商铺照明管理系统是一种集传感器、控制器、智慧算法于一体

的智慧化管理系统，它通过感知商铺环境的光线、人流、温度等信息，实现对商铺照明的智慧化控制和管理。商铺照明智慧管理系统能够通过智慧算法优化照明方案，实现照明的自动调节、定时开关、能耗监测和报警等功能，从而实现商铺照明的智慧化、高效化和节能化管理。

商铺照明智慧管理系统由以下几部分组成：

(1) 传感器

包括光线传感器、人体红外传感器、温湿度传感器等，用于感知商铺环境的光线、人流、温度等信息。

(2) 控制模块

包括照明控制器、通信控制器等，用于控制商铺照明设备的开关、调节、定时等功能。

(3) 管理平台

通过数据分析和算法优化，实现商铺照明的自动调节、定时开关、能耗监测和报警等功能。

商铺照明智慧管理系统可以实现商铺照明的自动化、高效化和节能化，不仅可以提高商铺照明的舒适度和品质，还可以减少照明能耗和管理成本，提高商铺经济效益。此外，商铺照明智慧管理系统还具有可扩展性和可定制性，可以根据商铺的实际需求进行个性化的设计和定制。

**2. 商铺插座管理系统**

智慧插座管理系统是一种基于互联网和物联网技术的家庭或商业用电管理系统，它通过将智慧插座与云端平台相连接，实现对插座的远程控制和智慧管理。智慧插座管理系统可以通过手机 APP 或者网页等方式进行远程控制和管理，实现用电设备的定时开关、实时能耗监测、用电数据统计和分析等功能。

智慧插座管理系统的主要组成部分包括以下几个方面：

(1) 智慧插座

可以实现电器的远程控制、计时开关、定时开关等功能，同时可以感知电器的用电量和用电情况。

(2) 通信模块

用于将智慧插座与云端平台相连接，实现远程控制和数据传输等功能。

(3) 云端平台

用于接收和处理智慧插座传输的数据，实现用电数据统计和分析、远程控制和管理等功能。

智慧插座管理系统可以实现用电的远程控制和智慧化管理，方便用户进行用电管理和节能。此外，智慧插座管理系统还可以对用电设备的用电量和用电情况进行实时监测和统计，从而帮助用户更好地了解和控制用电情况，节省用电开支。

## 10.3.2 超市智慧结账系统及无人超市

### 1. 超市智慧结账系统

超市智慧结账系统是一种基于自动识别技术、计算机技术和互联网技术的智慧化收银系统，它通过超市商品的自动识别和计算，实现超市的快速结账和数据管理。超市智慧结账系统主要包括条形码扫描、自助结账和云端数据管理等功能。

超市智慧结账系统的主要组成部分包括以下几个方面：

(1) 商品自动识别

超市会在商品上贴有带有条形码的标签，系统会通过扫描标签上的条形码来自动识别商品信息，如商品名称、价格等。

(2) 算价系统

算价系统负责对商品信息进行处理和计算，包括商品价格、数量、优惠等，最终计算出顾客应该支付的费用。

(3) 支付设备

顾客可以通过自助结账台上的支付设备进行支付，包括支付宝、微信、银联卡等。

(4) 数据管理

系统会将每次交易的信息上传至云端进行数据管理，包括销售数据统计、库存管理、进销存管理等。

超市智慧结账系统可以大幅提高结账效率和顾客体验，减少顾客排队时间和人力成本。此外，超市智慧结账系统还可以进行实时数据分析，从而更好地了解销售情况，优化库存管理和采购计划，提高经济效益。

**2. 无人超市**

无人超市是一种基于物联网、人工智能等技术的新型零售业态，可以在无人值守的情况下，通过智能硬件和软件系统实现商品的展示、选购、结算和售后服务等功能。它的核心技术是物联网和人工智能技术。物联网技术实现了设备之间的互联互通，包括商品识别、支付终端、监控设备等，通过实时感知、数据采集和传输等方式对店内的商品、顾客和设备等进行智慧化管理。人工智能技术则主要应用在商品识别、顾客识别、行为分析等方面，通过机器学习、深度学习等技术实现对顾客和商品信息的智慧识别和处理。

现有的无人超市大致可分成三类：第一类是依靠自动售货机实现，这种模式需要顾客自主扫码选购并支付后，自助找到对应的货柜后取出相应物品；第二类是在超市出口处设立自助结账机，由顾客自主扫码结账；第三类是全自动化的购物流程，顾客可以通过扫描二维码、人脸识别等方式进行进店、选购商品，超市配备高清晰度摄像头、传感器、扫码器、自助结账台等设备，同时还有云端管理平台，用于监测商品库存、管理订单、处理售后服务等。商品贴上射频标签，当顾客完成购物，通过配套的门禁离开超市时，系统自动获取顾客所购买商品并完成结算。

无人超市的优点是提高了购物效率和体验，方便了消费者的购物需求，同时也减轻了零售店的人力成本和时间成本。此外，无人超市还可以通过数据分析来了解顾客购物行为和偏好，从而优化商品种类和陈列方式，提高销售额和顾客忠诚度。不过也存在一些挑战和问题，如设备故障、商品安全性等问题，需要进行有效的管理和解决方案。

### 10.3.3 线上 VR 购物系统

线上 VR 购物系统是一种基于虚拟现实技术的电子商务应用，它通过虚拟现实技术和互联网技术将传统的网购体验转化为更加真实、沉浸和交互式的购物体验。消费者通过戴上 VR 头盔或其他 VR 设备，可以进入虚拟商场或店铺，选择商品并进行在线购物。

线上 VR 购物系统通常由高性能的 VR 设备、全景摄像头、计算机等硬件设备，以及相应的 VR 购物体验的软件平台和购物系统组成。通过虚拟现实技术模拟真实的购物环境，让消费者在虚拟的商场或店铺中感受到真实的购物体验，如选择商品、试穿、互动等。消费者可以通过手势、语音等方式进行操作，与商品进行交互，获得更加生动、立体、直观的购物体验。线上 VR 购物系统的应用范围包括服装、家居、数码产品等各类商品领域。

线上 VR 购物系统能够接入线上下单系统，让消费者在线上逛店的过程中就可以一键快捷下单，提升访客转化率，并且还有抢红包、砸金蛋、抽优惠券等多种营销工具，快速提升顾客购买欲，让流量变现。VR 全景赋能商场购物，宣传成本低、宣传效果好，消费者线上探店更安心，帮助消费者更好地了解商品、减少退货率、提高购物满意度。此外，线上 VR 购物系统还可以减少零售商的人力成本和库存成本，同时还可以通过数据分析和人工智能等技术来优化商品的推荐和陈列，提高销售额和顾客满意度。

### 10.3.4 商铺资产管理系统

商铺资产管理系统是一种集资产信息、设备信息、租赁信息、维修信息、财务信息等管理功能于一体的软件系统，用于对商铺资产进行全面、精细化的管理和控制。商铺资产管理系统可以帮助商铺管理者实现对资产的全生命周期管理，从购买、入库、使用、维护、报废等各个环节进行全面的监控和控制。

商铺资产管理系统主要包括以下功能：

(1) 资产管理

用于管理商铺的资产信息和相关信息，包括资产采购、资产入库、资产变更、资产报废等。

(2) 设备管理

用于管理商铺的设备信息和相关信息，包括设备采购、设备入库、设备变更、设备报废等。

(3) 租赁管理

用于管理商铺的租赁信息和相关信息，包括租赁合同、租金计算、租金结算等。

(4) 维修管理

用于管理商铺的设备维修和维护信息，包括设备报修、维修记录、维修费用等。

(5) 财务管理

用于管理商铺的财务等相关信息，包括资产财务核算、设备财务核算、租赁财务核算、维修财务核算等。

商铺资产管理系统可以提高商铺资产的管理效率和精度，实现资产的全生命周期管理，减少人工管理的繁琐和复杂性，同时可以提高商铺管理的精细化程度，提升管理水平。此外，商铺资产管理系统还可以通过数据分析和报表展示等功能，为商铺管理者提供更加详细和直观的经营数据和决策支持。

### 10.3.5 商铺租售服务管理系统

商铺租售服务管理系统是一种帮助商业运营方管理商铺租售全过程的软件平台。商铺租售服务管理系统主要包括商铺招租、商铺租赁、商铺买卖等功能模块，通过电子化的方式，实现商铺租售的信息化管理和服务。

商铺租售服务管理系统主要包括以下功能：

(1) 商铺信息管理

用于管理商铺的基本信息、位置、面积、租金等信息。

(2) 租户信息管理

用于管理租户的基本信息、租赁历史记录、信用等级等信息。

(3) 租售信息发布

用于发布商铺租售信息，包括商铺基本信息、租售状态、租售价格等。

(4) 租售合同管理

用于管理商铺租售合同，包括合同起止日期、租金标准、租金缴纳方式等。

(5) 租金收付管理

用于管理商铺租金的收付情况，包括租金计算、租金结算、逾期处理等。

（6）顾客关系管理

用于管理商铺租售顾客的基本信息、联系方式、需求等。

商铺租售服务管理系统可以提高商铺租售的管理效率和精度，实现租售信息的电子化管理和服务，提高商铺租售的速度和准确度，同时可以提高商铺管理的精细化程度和管理水平。此外，商铺租售服务管理系统还可以通过数据分析和报表展示等功能，为商铺管理者提供更加详细和直观的经营数据和决策支持。

### 10.3.6 VR招商系统

VR招商是一种基于虚拟现实技术的商业招商模式，即通过VR技术模拟商业场景，让潜在的商户通过虚拟现实体验商场的实际情况，从而提高商业招商效率和质量。VR招商模式主要应用于商业地产行业，可以为商场招商提供全新的方式和工具。

基于商业的发展总体规划图，开发制作系统前端展示平台，在2D平面地图基础之上建立360°实景展示效果，选取总体规划、区位交通、配套设施、生态人文和招商地块等实景内容，采用空拍+地拍结合进行采集，定期做拍摄更新和系统升级，将商场的实际场景、装修风格、商户种类等信息模拟出来，为潜在商户提供虚拟体验。潜在商户可以通过VR眼镜或其他设备，进入商场虚拟场景中，自由浏览商场内部的不同区域和商户展示区，了解商场的规划、装修、布局和商户情况等信息。

VR招商系统的主要内容包括：

（1）核心展示系统

核心展示系统将所有子项内容进行整合封装，提供后台数据维护入口，提供网络云存储及本地化等服务。

（2）VR全景图

招商区域VR全景数据的采集制作。

（3）展示素材

语音、视频资料嵌入展示管理，文字图像资料嵌入、信息索引。

(4) 虚拟建模

虚拟建模展示项目及底层展示地图的制作。

VR 招商可以为商业地产开发商提供全新的商业招商方式和工具，让潜在商户更加直观和深入地了解商场情况，从而提高商业招商的效率和质量。VR 招商还可以降低商业招商的成本，减少商业地产开发商的市场推广费用和人力成本，同时还可以提高商业地产开发商的品牌形象和知名度。

## 10.3.7 智慧摄像客流统计系统

智慧摄像客流统计系统是一种基于计算机视觉技术的客流量监控系统，由客流统计摄像机、智慧应用分析服务器、管理平台等软硬件组成。通过客流统计摄像头实时监测商场或其他公共场所的人流量，以区域下的全局精准客流统计组为统计维度，展示所有全局多维客流统计组统计数据，客流总览、客群统计、客群分析、商场实时客流分析、商场近期趋势，如图 10-3-1 所示。

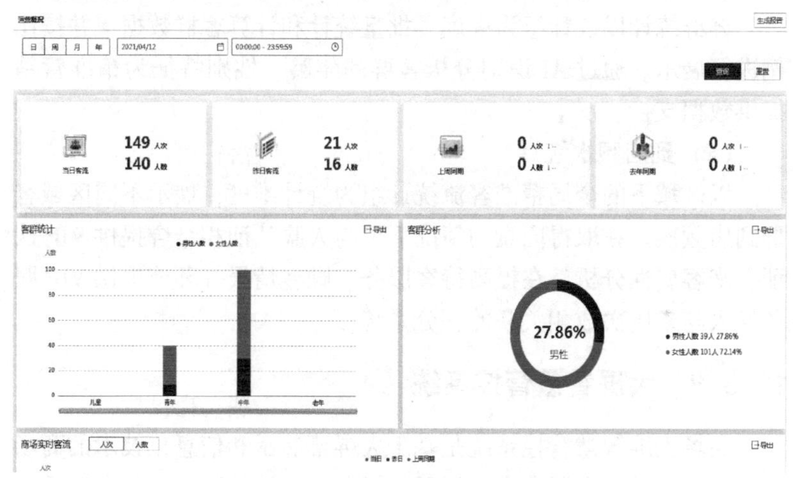

图 10-3-1 客流统计的运营概况总览

智慧摄像客流统计系统主要包含以下功能：

(1) 客流量

支持按照日、周、月、季、年、特殊规则、自定义日期等不同的时间维度进行客流量数据、客流同环比数据、客流排行数据的查询；查询结果支持柱状图、趋势折线图以及数据分页三种展示形式；支持按照进客量、出客量、保有量、集客力不同类型进行查询。

(2) 客流关注度统计

支持区域客流量和区域停留时长用于展示。支持按统计组（数量不限）、设备（最多五个）、分割区域（最多五个）查看平均保有量和停留时长信息；支持按小时、日、周、月、季、年、特殊日期、自定义时间维度查询客流平均保有量和停留时长；支持按柱状图、折线图、列表形式展示平均保有量和停留时长信息。

(3) 热度分布

支持展示设备的热度分布和热度趋势。热度分布支持时间范围为一天内设备的热度分布信息。热度趋势支持按日、周、月维度展示设备的热度趋势变化信息。

(4) 客群分析

客群统计以统计组为维度，批量统计和计算客群数据，并按比例进行展示。通过AI识别分析客群的年龄、性别特征为精准营销提供数据支持。

(5) 到店频次统计

以区域下的全局精准客流统计组为统计维度，展示不同区域客群到店频次。在取得同意的情况下可与人脸认证相结合提供VIP认证、来客属性分析，在提高待客服务、顾客情报等环节提供VIP服务导入与来店次数相关联的积分系统。

### 10.3.8 大屏智慧管控系统

商场大屏智慧管控系统是基于大屏幕展示和信息化技术的商场管控系统，通过大屏幕实时展示商场各个区域的数据和信息，帮助商场管理者实现全面的商场监管和管理。该系统可以对商场各个区域的信息进行监控和管理，如实时监控人流量、货物进出、广告播放情况等，并通过数据分析和决策支持系统提供智慧化的经营决策和管理建议。

商场大屏智慧管控系统主要应用于商场、超市、大型零售店等公共场所，具有大屏显控、信息发布、语音控制、中控管理、座席调度的能力。基于大屏内容播控与显示控制可实现大屏门户和多屏互动；配合语音分析服务器，可实现大屏智慧语音调度；结合信息发布，可实现发布内容上屏，也可通过平板操控大屏内容显示。通过大屏幕实时展示各个区域的数据和信息，帮助商场管理者实现全面的商场监管和管理。显示内容包括客流量、销售额、库存量、广告播放情况等数据，帮助商场管理者实时掌握商场经营情况，并根据数据分析提出智慧化的经营决策和管理建议，如调整商品陈列、优化营销策略等，从而提高商场经营效益。

商场大屏智慧管控系统可以实现商场各个区域的信息集中管理和实时监控，提高商场管理者的决策效率和管理水平。通过大屏幕展示实时数据和信息，商场大屏智慧管控系统可以帮助商场管理者更好地了解商场的运营情况，及时发现和解决问题，从而提高商场的经营效益和管理水平。

### 10.3.9 环境质量监测系统

商场环境质量监测系统是一种通过传感器等设备对商场内环境质量进行监测和检测的系统。环境质量监测系统应用物联网与传感器技术，对室内温度、湿度、光照、颗粒物（PM2.5/PM10）、二氧化碳、一氧化碳、TVOC、甲醛、氨气、硫化氢等环境因素进行监测，采集所需要的数据，并将采集数据实时地传送给监控终端和显示终端，及时发现商场内环境存在的问题，以便商场管理人员采取相应的措施，保证商场内环境的舒适度和健康性。

环境质量监测系统由末端传感器、控制器和管理平台组成。

分布在建筑末端的传感器可以对商场内的各项环境参数进行实时监测和记录，通过有线或无线的方式传输至控制器进行处理，由管理平台提供相应的数据分析和报告。商场管理人员可以通过系统的数据分析和报告，了解商场内环境存在的问题，并采取相应的措施，如更换空气净化器、调节空调温度等，以保证商场内环境的舒适度和健康性。同时，商场环境质量监测系统也可以帮助商场管理人员更好地了解商场内的环境变化趋势，从而预测环境变化，采取相应的预防措施。

商场环境质量监测系统可以帮助商场管理人员及时发现和解决商场内环境问题，提高商场的环境质量和顾客满意度。同时，商场环境质量监测系统也可以帮助商场管理人员了解商场内环境的变化趋势，从而更好地进行商场规划和环境管理。

## 10.4 商业建筑智慧服务系统

### 10.4.1 智慧微型图书馆

智慧微型图书馆是把智能技术运用到图书馆建设中而形成的一种智慧化建筑，是智慧建筑与高度自动化管理的数字图书馆的有机结合和创新。智慧微型图书馆是一个不受空间限制的、但同时能够被切实地感知的一种概念。在商业建筑中智慧微型图书馆一般是指自助式图书馆系统，通常安装在公共场所或小区内，为读者提供方便快捷的借阅服务。它通常采用智慧化的自动化借阅设备和云端管理系统，可以实现自动化的借还书操作、图书库存管理、读者身份验证、远程监控等功能。

智慧微型图书馆通常采用智慧感知技术，如 RFID（射频识别）、NFC（近场通信）等，实现读者借阅和还书操作的自动化。读者只需使用手机扫描图书上的二维码或感应器，即可完成借阅和还书操作，方便快捷。同时，智慧微型图书馆也可以实现对借阅情况的实时监控和图书库存管理，方便图书馆管理员进行管理。

智慧微型图书馆主要包含以下功能：

(1) 读者借还书

读者可在触摸屏上自助操作，根据屏幕上的文字和语音提示完成书籍借/还手续；可根据需求显示读者姓名、读者编号、借书时间、还书日期，图书影片名称、类型、数量。可在感应器上感应书籍上的 RFID 码进行借阅和归还书籍；用户将身份证放于感应器处刷卡，感应器自动获取身份证信息，便于借还书登记。

（2）管理者功能

系统能实时检测在架图书以及借出图书，同时生成遗失图书列表；可根据商家要求进行广告编辑和发布；系统还包括用户信息管理、发卡管理、图书借还业务。设备自动捕捉物体移动图像，清晰记录细节变化，支持手机 + PC 远程查看，管理者可时刻掌握监控情况，随时随地查看现场。

（3）扩展功能

可根据读者和工作人员的查询条件，如按书名、作者等，对图书进行定位，方便读者以及工作人员找书；对图书进销存管理、配送管理，运用互联网促进图书的销售和配送；统计报表分析，包括图书统计、流通量统计、人流量统计、个性化统计。

总体来说，智慧微型图书馆是一种基于智能化技术的图书馆服务模式，旨在提供便捷、高效、自动化的阅读服务，让读者享受更加便利的阅读体验。

### 10.4.2 智慧咖啡厅

智慧咖啡厅是利用智能技术为顾客提供更加便利和个性化服务的咖啡店。它不仅提供传统的咖啡制作和销售服务，还融合了先进的智能技术，包括自助下单、无人值守、自动配送等。通过智慧咖啡厅的服务，顾客可以享受到更加快捷、方便、个性化的咖啡体验。

智慧咖啡厅由先进的智慧终端设备，如触屏点单机、智慧餐台、智慧配送机器人等组成。让顾客可以自主选择咖啡种类、规格和口味，随时随地自助下单和付款。同时，智慧咖啡厅也利用智慧感知技术，如人脸识别、语音识别、智慧机器视觉等，实现无人值守、自动化配送等功能，让顾客可以更加便捷地享受咖啡服务。

智慧咖啡厅具有以下优点：

1）提升顾客体验：智慧咖啡厅通过智能技术的应用，实现快速、便捷、个性化的服务，提升顾客的体验感。

2）降低运营成本：智慧咖啡厅通过自助点单、自动配送等功能，降低了人力成本和运营成本。

3）增强营销效果：智慧咖啡厅可以通过智慧化的营销方式，如个性化推荐、优惠活动等，提高销售额和顾客黏性。

4）提高工作效率：智慧咖啡厅通过自动化的咖啡制作和配送，提高了工作效率，减少了等待时间，提高了服务速度。

总体来说，智慧咖啡厅利用先进的智能技术，提供便捷、快速、个性化的咖啡服务，提升顾客的体验感和满意度，也为商场的运营带来了诸多的好处。

### 10.4.3 智慧游戏室

智慧游戏室是一种融合了智能技术的游戏室，通过智慧设备、传感器和互联网等技术，为用户提供更加个性化、丰富多彩的游戏体验。智慧游戏室不仅提供传统的游戏娱乐服务，还结合了虚拟现实、增强现实、人工智能等先进技术，让用户可以在游戏中体验到更加真实、刺激、互动的场景和情境。

智慧游戏室通常配备先进的游戏设备和智慧化管理系统，包括大屏幕游戏机、VR/AR 游戏设备、智慧体感设备、智慧终端等。游戏室通过智慧化管理系统实现场馆预约、游戏监控、用户行为分析、在线客服等功能，提高了游戏服务的效率和质量。同时，智慧游戏室还可以通过智慧终端设备，实现在线游戏下载、游戏社交、游戏推荐等服务，让用户可以随时随地享受到游戏乐趣。

智慧游戏室具有以下优点：

1）个性化体验：智慧游戏室通过多样化的游戏设备和智能技术，为用户提供更加个性化、丰富多彩的游戏体验。

2）创新娱乐方式：智慧游戏室采用先进的技术，如 VR/AR、体感等，让用户可以在游戏中体验到更加真实、刺激、互动的场景和情境。

3）提高管理效率：智慧游戏室通过智慧化管理系统，提高了场馆预约、游戏监控、用户行为分析、在线客服等服务的效率和质量。

4）增加收益：智慧游戏室可以通过智慧化的营销和服务方式，如在线游戏下载、游戏社交、游戏推荐等，增加收益和用户黏性。

总体来说，智慧游戏室是一种充分利用智能技术的创新游戏娱乐方式，通过多样化的游戏设备和智慧管理系统，为用户提供个性化、创新、高品质的游戏体验，也为游戏行业的发展带来了新的机遇和挑战。

### 10.4.4 智慧 KTV

KTV 娱乐模式的单一化、消费者日益增长的广泛娱乐需求，以及手机应用的兴起，都让 KTV 行业的转型升级势在必行。KTV 经营的焦点问题集中在酒水促销、定向精准营销、用户回流和高效的服务上。

智慧 KTV 主要包括以下功能：

（1）自助服务

包括在线订房/支付、电子会员卡、在线超市、在线寄取酒水等。消费者可直接通过门店公众号实现预定包厢，到店后用手机微信扫一扫包厢内二维码即可进入领优惠券或者互动（呼叫服务员）的页面。通过智慧 KTV 平台，打破商家和消费者之间的交流屏障，帮助 KTV 商家将团购平台截取的用户数据重新收归己有，实现了消费者和商家之间的消费闭环，从而打破团购平台的营销壁垒。同时，智慧 KTV 还可以根据用户的历史点单记录和偏好，推荐相应的歌曲和饮品，提升用户体验和满意度。

（2）精准营销

根据用户的消费数据在软件平台上推送转盘抽奖、评论返券、卡券积分组合等营销策略，能够高频触达用户，强化他们与 KTV 关联性。帮助商家实现降低成本、精准营销、高效运营，自助管理，并最终提升业绩。

（3）运营管理

包括人力资源管理、仓库存储管理、商业流程管理、消费者关系管理等，通过对消费数据的分析，商家可以得知顾客什么时段偏好来唱歌；哪个包厢类型被顾客预约最多；什么牌子的酒水顾客更喜欢，从而改进流程、提升软硬件服务，甚至有侧重地发放包厢优惠券。帮助 KTV 商家及时获取消费者的娱乐数据以及娱乐偏好，在运营和管理上做出更科学的决策。

# 第11章　建筑节能系统

## 11.1　概述

### 11.1.1　分类、特点及要求

#### 1. 分类、特点

商业建筑内的业态众多，包括百货、超市、便利店、主题商城、专卖店、购物中心和餐饮等，一般能耗都较高，节能潜力也大。电气节能设计应根据商业建筑的规模、所处地的气候条件和商业业态的形式，遵循被动节能措施优先的原则，采用成熟和有效的节能措施，以达到绿色低碳的目的。当技术经济合理时，商业建筑应采用太阳能光伏发电等可再生能源系统作为其补充的电力能源。

#### 2. 要求

商业建筑的电气节能设计应符合国家有关法律法规和方针政策，并且应保障顾客及商品的安全、满足商品展示环境要求、为销售和管理人员提供高效便捷的工作条件的前提下，合理采用节能技术和设备，合理确定供配电系统和智能化系统，合理选择照明标准值，做到节能减排，改善室内环境，提高机电设备能源利用效率，促进太阳能光伏发电等可再生能源的应用等。

### 11.1.2　本章主要内容

本章主要内容为电气设备的选择及要求、电气系统节能的控制要求及措施、电气运维管理节能的要求及措施和太阳能光伏发电等新能源的应用。

## 11.2 电气设备节能

### 11.2.1 变压器

变压器是商业建筑供配电系统重要组成部分，其运行损耗是供配电系统损耗不可忽视的一部分，因此，降低配电变压器的损耗非常有利于供配电系统的节能。变压器能效等级分为三级，其中1级能效最高，损耗最低，根据《建筑节能与可再生能源利用通用规范》（GB 55015—2021）规定，商业建筑配电系统应采用能效水平高于能效等级3级的变压器。变压器运行时的损耗主要包括空载损耗（铁损）和负载损耗（铜损），变压器各能效等级的空载损耗和负载损耗的允许最高限值见国家标准《电力变压器能效限定值及能效等级》（GB 20052—2020）。

商业建筑内存在大量单相用电设备及非线性用电设备，供配电系统会存在三相不平衡电流及谐波电流，故变压器应选用［D，yn11］结线组别的变压器。变压器的容量选择应综合考虑变压器价格、损耗、负荷特点、电价等技术经济指标，正确选择合理的变压器。在变压器节能选型上主要采用低损耗、低噪声的节能产品，通常采用节能效果优异的变压器有如下几种。

1）非晶合金铁芯变压器：变压器铁芯采用非晶合金制作而成，是一种低损耗、高能效的配电变压器，非晶合金变压器的空载损耗要比一般采用硅钢作为铁芯的传统变压器低70%～80%，空载电流下降约85%，是目前节能效果较理想的配电变压器。

2）干式立体卷铁芯变压器：该变压器具有低噪声、低损耗的特点，且变压器空载电流小，因此降损效果明显，并可提高配电网络功率因数，减少无功补偿设备的投入，节省设备投资和降低运行时的耗能。

### 11.2.2 电梯、自动扶梯

在商业建筑中，电梯和自动扶梯是重要的用能设备。电梯、自动扶梯节能措施如下：

1）电梯电动机选择采用永磁同步电动机驱动的无齿轮曳引机等高效电动机，电梯控制技术采用调频调压（VVVF）控制技术和计算机控制技术，电梯轿厢配置无人自动关灯、驱动器休眠技术等节能控制措施。为最大限度地减少乘客等候时间、减少电梯的运行次数、提高电梯调度的灵活性及节约电能的目的，当两台及以上的电梯集中布置时，电梯控制系统要求具备群控和按程序集中调控的功能。

2）自动扶梯应具有控制其启、停的感应传感器及变频感应启动等节能拖动及节能控制装置，具有在重载、轻载、空载的情况下均能自动获得与自动扶梯相适应的电压、电流输入，保证自动扶梯电动机输出功率与其实际载荷始终得到最佳匹配，以达到节电运行的目的。自动扶梯感应探测器包括红外、运动传感器等，当感应传感器探测到自动扶梯在空载时，自动扶梯可暂停或低速运行；当红外或运动传感器探测到目标时，自动扶梯与自动人行道转为正常工作状态。

## 11.2.3 电动机

水泵、风机等电动机的能效水平应高于《电动机能效限定值及能效等级》（GB 18613—2020）能效等级3级的要求，水泵、风机等电动机选型一般由给水排水、暖通专业选定，电气专业需根据给水排水、暖通专业提资配置相应配电系统，同时根据负载的不同种类、性能及控制要求采用相应的启动、调速等节能措施。当采用接触器控制时，接触器的吸持功率不应大于国家标准《交流接触器能效限定值及能效等级》（GB 21518—2008）中3级的规定。

## 11.2.4 光源与灯具

为保证商业建筑中合适的照明水平及照明质量，同时降低照明用电能耗及减少夏季空调冷负荷，除有特殊要求的场所外，商业建筑应选用高效照明光源、灯具及其节能附件。照明产品的能效水平应高于能效限定值或能效等级3级的要求，照明产品的国家能效标准如下：

1）《普通照明用气体放电灯用镇流器能效限定值及能效等级》（GB 17896—2022）。

2）《普通照明用双端荧光灯能效限定值及能效等级》（GB 19043—2013）。

3）《普通照明用自镇流荧光灯能效限定值及能效等级》（GB 19044—2022）。

4）《单端荧光灯能效限定值及节能评价值》（GB 19415—2013）。

5）《高压钠灯能效限定值及能效等级》（GB 19573—2004）。

6）《金属卤化物灯能效限定值及能效等级》（GB 20054—2015）。

7）《LED 模块用直流或交流电子控制装置性能要求》（GB/T 24825—2022）。

8）《室内照明用 LED 产品能效限定值及能效等级》（GB 30255—2019）。

9）《普通照明用 LED 平板灯能效限定值及能效等级》（GB 38450—2019）。

**1. 光源的选择**

1）LED 灯是极具潜力的光源，它发光效率高且寿命长，现广泛应用在各种场所中，如商业建筑内的重点照明、局部照明和分区一般照明、消防应急照明系统或者建筑立面夜景和轮廓灯、广告灯等。当选用 LED 灯光源时，其色温不应高于 4000K，特殊显色指数 $R_9$ 应大于零，还应符合现行国家标准《建筑环境通用规范》（GB 55016—2021）规定：长时间工作或停留的场所应选用无危险类（RG0）或 1 类危险（RG1）LED 灯具或满足灯具标记的视看距离要求的 2 类危险（RG2）的 LED 灯具。

2）紧凑型荧光灯具有光效较高、显色性好、体积小巧、结构紧凑、使用方便等优点，是取代白炽灯的理想电光源，适合于为开阔的地方提供分散、亮度较低的照明，可广泛应用于餐厅、门厅、走廊等场所。

3）稀土三基色荧光灯具有显色指数高、光效高等优点，可广泛应用于室内照明，如商业建筑中办公室等。

4）金属卤化物灯具有定向性好、显色能力非常强、发光效率高、使用寿命长、可使用小型照明设备等优点，但其价格昂贵，故一般用于分散或者光束较宽的照明，如层高较高的商业建筑中庭照明、对色温要求较高的商品照明、要求较高的户外场所等。

5）高压钠灯具有定向性好、发光效率极高、使用寿命长等优点，但其显色能力差，故可用于分散或者光束较宽且光线颜色无关紧要的照明，如户外场所、仓库，以及内部和外部的泛光照明。

**2. 高效灯具的选择**

1）在满足眩光限制和配光要求的情况下，应选用高效率灯具，灯具效率不应低于国家标准《建筑照明设计标准》（GB 50034—2013）第3.3.2条的规定。

2）应根据不同场所和不同的室空间比RCR，合理选择灯具的配光曲线，从而使尽量多的直射光通落到工作面上，以提高灯具的利用系数。由于在设计中RCR为定值，当利用系数较低（0.5）时，应调换不同配光的灯具。

3）在保证光质的条件下，首选不带附件的灯具，并应尽量选用开启式灯罩。

4）选用对灯具的反射面、漫射面、保护罩、格栅材料和表面等进行处理的灯具，以提高灯具的光通维持率。如涂二氧化硅保护膜及防尘密封式灯具、反射器采用真空镀铝工艺、反射板选用蒸镀银反射材料和光学多层膜反射材料等。

5）尽量使装饰性灯具功能化。

**3. 灯具附属装置选择**

1）自镇流荧光灯应配用电子镇流器。

2）直管形荧光灯应配用电子镇流器或节能型电感镇流器。

3）高压钠灯、金属卤化物灯等应配用节能型电感镇流器。在电压偏差较大的场所，宜配用恒功率镇流器；功率较小者可配用电子镇流器。

4）荧光灯或高强度气体放电灯应采用就地电容补偿，使其功率因数达0.9以上。

## 11.3 电气系统节能

### 11.3.1 配电节能系统

**1. 配电变压器装机指标及配电变压器的经济运行**

一般商业用电指标为 40 ~ 80W/m²，大中型商业用电指标为 60 ~ 120W/m²；大型商店建筑变压器容量指标限定值一般为 170VA/m²，节能值一般为 110VA/m²。

变压器的经济运行指的是选择最优、最佳的运行方式，对负载进行调整，从而使变压器的电能损失降到最低。变压器的额定容量选择宜保证其运行在经济运行参数范围内，配电变压器经济运行计算可参照现行行业标准《配电变压器能效技术经济评价导则》（DL/T 985—2012）的要求。当变压器的经常性负载约为变压器额定容量的 60% 时，运行效率较高，但在相同容量下选择的变压器容量越大，即变压器“大马拉小车”会使变压器的容量没有充分利用，且降低了变压器的运行效率（增加了损耗率），这对变压器的运行和投资来说都是一种浪费。因此，变压器容量不能按变压器的最佳负荷率来选择，而应略高于变压器的最佳负荷率，一般设 75% ~80% 较为合理。

当商业建筑设置有冷水机组、冷冻水泵等容量较大的季节性负荷时，应采用专用变压器为其供电，当不需使用空调系统的时节，可将其专用变压器关停以利节能。

**2. 线路损耗**

1）为减少线路损耗及减小供电线路的长度和线路的投资，特别是在方案设计阶段，就应制订合理的供配电系统方案，并尽量设置变配电所和配电间居于用电负荷中心位置，配电间也应顺着变配电所供电的方向设置，避免配电路由出现倒供电的情况。

当商业建筑物内有多个负荷中心时，需进行技术经济比较，合理设置变配电所位置。负荷中心按下式计算：

$$(x_b, y_b, z_b) = \frac{\sum_{i=0}^{i=n}(x_i, y_i, z_i)\text{EAC}_i}{\sum_{i=0}^{i=n}\text{EAC}_i}$$

式中　$(x_b, y_b, z_b)$——负荷中心坐标；

$(x_i, y_i, z_i)$——各用电设备的坐标；

$\text{EAC}_i$——各用电设备估算的年电能消耗量（kWh）或计算负荷（kW）。

2）10kV 及以下电力电缆截面宜结合技术条件、运行工况和经济电流的方法来选择。电力电缆截面的选择是电气设计的主要内容之一，正确选择电缆截面应包括技术和经济两个方面，国家标准《电力工程电缆设计规范》（GB 50217—2018）第 3.6.1 条提出了选择电缆截面的技术性和经济性的要求。但在实际工程中，往往只单纯从技术条件选择。对于长期连续运行的负荷采用经济电流选择电缆截面，不但可以节约电力运行费和总费用，节约能源，还可以提高电力运行的可靠性。因此，应根据用电负荷的工作性质和运行工况，并结合近期和长远规划，不仅依据技术条件，还应按经济电流来选择供电和配电电缆截面。

**3. 电源质量**

当建筑内使用了变频器、计算机等用电设备时，会造成电源质量下降，谐波含量增加。谐波电流的危害较大，会增加变压器、电动机等设备铁芯损耗，增加线路能耗与压损，对电子设备的正常工作和安全产生危害。因此，根据用电设备情况，采取安装无源吸收谐波装置、有源吸收谐波装置滤波等必要措施。

低压配电电源质量主要包括供电电压允许偏差、公共电网谐波电压限值、谐波电流允许值、三相电压不平衡度允许值等。低压配电电源质量应符合国家标准《电能质量 供电电压偏差》（GB/T 12325—2008）、《电能质量 电压波动和闪变》（GB/T 12326—2008）、《电能质量 公用电网谐波》（GB/T 14549—1993）、《电能质量 三相电压不平衡》（GB/T 15543—2008）的相关要求。

1）配电系统三相负荷的不平衡度一般不宜大于 15%。系统单相负荷达到 20% 以上时，容易出现三相不平衡，对于三相不平衡或采用单相配电的供配电系统，各相的功率因素也不一致，需采用分相无功自动补偿装置。

2）根据《国家电网公司电力系统无功补偿配置技术原则》中规定：100kVA 及以上高压供电的电力用户，在高峰负荷时变压器高压侧功率因数不宜低于 0.95；其他电力用户，功率因数不宜低于 0.90。无功补偿装置宜设置在负荷侧；变压器低压侧的无功补偿装置应具有抑制谐波和抑制涌流的功能。

3）采用高次谐波抑制和治理的措施可以减少电气污染和电力系统的无功损耗，并可提高电能使用效率。当供配电系统谐波或设备谐波超出相关国家或地方标准的谐波限值规定时，宜对建筑内的主要电气和电子设备或其所在线路采取高次谐波抑制和治理。

## 11.3.2 照明节能系统

### 1. 功率密度限值

商业建筑内的各房间或场所的照明功率密度值不应高于国家标准《建筑节能与可再生能源利用通用规范》（GB 55015—2021）中的限值（LPD）要求，商业建筑照明功率密度限值见表 11-3-1。建筑物立面夜景照明的照明功率密度值（LPD）不应大于表 11-3-2 的规定。室外停车场、室外广场、庭院以及风景区照明功率密度值（LPD）不宜大于 $2.5W/m^2$。

**表 11-3-1　商业建筑照明功率密度限值（LPD）**

| 房间或场所 | | 照度标准值/lx | 照明功率密度限值/($W/m^2$) |
|---|---|---|---|
| 一般商店营业厅 | | 300 | ≤9.0 |
| 高档商店营业厅 | | 500 | ≤14.5 |
| 一般超市营业厅、仓储式超市、专卖店营业厅 | | 300 | ≤10.0 |
| 高档超市营业厅 | | 500 | ≤15.5 |
| 机动车库 | 车道 | 50 | ≤1.9 |
| | 车位 | 30 | |

表 11-3-2 建筑物立面夜景照明的照明功率密度值（LPD）

| 建筑物饰面层太阳辐射吸收系数 | 城市规模 | E2 区（低亮度环境区） | | E3 区（中等亮度环境区） | | E4 区（高亮度环境区） | |
|---|---|---|---|---|---|---|---|
| | | 对应照度/lx | 功率密度/(W/m²) | 对应照度/lx | 功率密度/(W/m²) | 对应照度/lx | 功率密度/(W/m²) |
| 0.6~0.8 | 大 | 30 | 1.3 | 50 | 2.2 | 150 | 6.7 |
| | 中 | 20 | 0.9 | 30 | 1.3 | 100 | 4.5 |
| | 小 | 15 | 0.7 | 20 | 0.9 | 75 | 3.3 |
| 0.3~0.6 | 大 | 50 | 2.2 | 75 | 3.3 | 200 | 8.9 |
| | 中 | 30 | 1.3 | 50 | 2.2 | 150 | 6.7 |
| | 小 | 20 | 0.9 | 30 | 1.3 | 100 | 4.5 |
| 0.2~0.3 | 大 | 75 | 3.3 | 150 | 6.7 | 300 | 13.3 |
| | 中 | 50 | 2.2 | 100 | 4.5 | 250 | 11.2 |
| | 小 | 30 | 1.3 | 75 | 3.3 | 200 | 8.9 |

注：1. 为保护 E1 区（天然暗环境区）的生态环境，建筑立面不应设置夜景照明。

2. 表中功率密度除光源功率外，还包括电器配件（镇流器、电容等）的损耗功率。

3. 城市中心城区非农业人口在 50 万人以上的城市为大城市；城市中心城区非农业人口为 20 万~50 万人的城市为中等城市；城市中心城区非农业人口在 20 万人以下的城市为小城市。

### 2. 节能控制措施

应根据商业建筑零售业态形式的照明要求，除采取相应的照明节能控制措施外，还应合理利用天然采光。集中开关控制有许多种类，如建筑设备监控（BA）系统的开关控制、智能照明开关控制系统等。智能照明控制包括开、关型或调光型控制，两者都可以达到节能的目。智能照明控制系统中宜预留联网监控的接口，为遥控或联网监控创造条件。

室内照明控制可按下列方式设置：

1）除单一灯具的房间，每个房间的灯具控制开关不宜少于 2 个，且每个开关所控的光源数不宜多于 6 盏。

2）走廊、楼梯间、门厅、电梯厅、卫生间等公共场所的照明宜采用集中就地开关控制。

3）停车库的照明，宜按回路集中控制，可实现 1/2 或 1/4 照明回路的开启。

4）大空间商业、多功能及多场景场所的照明，宜采用智能照明控制系统。

5）当商业中庭等场所设置有电动遮阳装置时，照明的照度控制宜与其联动。

室外照明控制可按下列方式设置：

1）同一照明系统内的照明设施应分区或分组集中控制，应避免全部灯具同时启动。宜采用光控、时控、程控和智能控制方式，并应具备手动控制功能。

2）应根据使用情况设置平日、节假日、重大节日等不同的开灯控制模式。

3）系统中宜预留联网监控的接口，为遥控或联网监控创造条件。

4）总控制箱宜设在值班室内便于操作处，设在室外的控制箱应采取相应的防护措施。

**3. 光污染的限制**

为烘托商业气息，商业建筑会在商业广场及建筑物外立面设置夜景照明及广告照明，这些照明会对周边建筑物和本楼用户形成光污染。室外照明采用泛光照明时，应控制投射范围，散射到被照面之外的溢散光不应超过 20%。商业建筑光污染的限制应遵循下列原则：

1）在保证照明效果的同时，应防止夜景照明产生的光污染。

2）限制夜景照明的光污染，应以防为主，避免出现先污染后治理的现象。

3）应做好夜景照明设施的运行与管理工作，防止设施在运行过程中产生光污染。

室外夜景照明应符合现行国家标准《建筑环境通用规范》（GB 55016—2021）中有关光污染的限制要求。对居室的影响应符合下列规定：

1）居住空间窗户外表面上产生的垂直面照度不应大于表 11-3-3 的规定值。

**表 11-3-3　居住空间窗户外表面的垂直面照度最大允许值**

| 照明技术参数 | 应用条件 | 环境区域 | | | |
|---|---|---|---|---|---|
| | | E0 区、E1 区 | E2 区 | E3 区 | E4 区 |
| 垂直面照度 $E_v$/lx | 非熄灯时段 | 2 | 2 | 10 | 25 |
| | 熄灯时段 | 0① | 1 | 2 | 5 |

①当有公共（道路）照明时，此值提高到 1lx。

2）夜景照明灯具朝居室方向的发光强度不应大于表 11-3-4 的规定值。

**表 11-3-4　夜景照明灯具朝居室方向的发光强度最大允许值**

| 照明技术参数 | 应用条件 | 环境区域 | | | |
|---|---|---|---|---|---|
| | | E0 区、E1 区 | E2 区 | E3 区 | E4 区 |
| 灯具发光强度 $I$/cd | 非熄灯时段 | 2500 | 7500 | 10000 | 25000 |
| | 熄灯时段 | 0① | 500 | 1000 | 2500 |

注：本表不适用于瞬时或短时间看到的灯具。

①当有公共（道路）照明时，此值提高到 500cd。

3）当采用闪动的夜景照明时，相应灯具朝居室方向的发光强度最大允许值不应大于表 11-3-4 中规定数值的 1/2。

建筑立面和标识面应符合下列规定：

1）建筑立面和标识面的平均亮度不应大于表 11-3-5 的规定值。

**表 11-3-5　建筑立面和标识面的平均亮度最大允许值**

| 照明技术参数 | 应用条件 | 环境区域 | | | |
|---|---|---|---|---|---|
| | | E0 区、E1 区 | E2 区 | E3 区 | E4 区 |
| 建筑立面亮度 $L_b$/(cd/m$^2$) | 被照面平均亮度 | 0 | 5 | 10 | 25 |
| 标识亮度 $L_s$/(cd/m$^2$) | 外投光标识被照面平均亮度；对自发光广告标识，是指发光面的平均亮度 | 50 | 400 | 800 | 1000 |

注：本表中 $L_s$ 值不适用于交通信号标识。

2）E1 区和 E2 区里不应采用闪烁、循环组合的发光标识，在所有环境区域这类标识均不应靠近住宅的窗户设置。

### 11.3.3 能耗监测与建筑设备监控

节能与智能化控制技术息息相关，应根据国家标准《智能建筑设计标准》（GB 50314—2015）中所列举的各功能建筑的智能化基本配置要求，并从项目的实际情况出发，选择合理的建筑智能化系统。

**1. 能耗监测要求**

能耗是对建筑设备运行经济性的重要考核目标，同时也是反映被监控设备本身性能的一项重要指标，是运行状况监测和故障诊断分析的一项基础数据。建筑设备能耗监测系统宜有能耗监测、统计、分析和管理的功能。建筑设备能耗监测系统的范围宜包括冷热源、供暖通风和空气调节、给水排水、供配电、照明、电梯等建筑设备。能耗计量的分项及类别宜包括电量、水量、燃气量、集中供热耗热量、集中供冷耗冷量等使用状态信息。

可再生能源应用系统应设置可再生能源及常规能源分项计量装置。安装能源计量装置是检测、评价可再生能源应用系统运行效果的必要措施。对于太阳能热利用系统，应设置能耗计量装置，具体包括太阳能集热系统得热量、太阳能集热系统供热量、辅助热源供热量、系统水泵、风机耗电量等的计量装置。对于太阳能光伏发电系统，应设置发电量计量装置，接入公用电网的光伏发电站的电能计量装置还应经当地质量技术监督机构认可。地源热泵、空气源热泵等系统应设置电量及热量计量装置。

设置建筑能耗监测管理系统，可利用专用软件对以上分项计量数据进行能耗的监测、统计和分析，以最大化地利用资源、最大限度地减少能源消耗。同时，可减少管理人员配置。

**2. 建筑设备监控要求**

大型商业建筑的公共照明、空调、给水排水、电梯等设备宜具有建筑设备监控的功能，以实现绿色建筑高效利用资源、管理灵活、应用方便、安全舒适等要求，并可达到节约能源的目的。

监控系统的主要功能，需要根据被监控设备种类和实际项目需求进行确定。

1）暖通空调设备的控制和调节需要根据管路上的温度和/或压力等参数进行，且被监控设备之间具有能量和/或流体的交换，通常需要进行统一的自动控制，监控内容通常包括监测功能、安全保护功能、远程控制功能、自动启停功能、自动调节功能。

2）供配电设备一般自带专用控制单元，电梯和自动扶梯属于特种机械设备，也自带专用控制单元，监控系统的监控内容往往只有监测功能、安全保护功能。

3）给水排水设备中生活热水的热源往往与暖通空调中的热源统一考虑，照明控制也与空调设备的运行和优化节能相关，通常纳入系统进行远程控制，有条件时也可以实现自动控制，因此监控内容通常包括监测功能、安全保护功能、远程控制功能，有条件时也包括自动启停功能、自动调节功能。

## 11.4 电气管理和运维节能

一直以来，商业建筑都是能源消耗的大户，故节能减排对于商业建筑运营管理尤为重要。建筑的节能主要有两种方式：一种是技术上节能，主要是采用节能设备、节能产品、节能改造等来实现；另一种是管理和运维上节能，物业管理部门通过查找设备运行中的能耗漏洞、寻找管理环节的疏漏、优化管理措施、在不大量增加成本的情况下实现节能。

### 11.4.1 管理上节能

管理上节能主要有以下几个方面：

1）电能、水耗、燃气、集中供热等设置能耗计量和管理系统，设置分级分类自动远传计费缴费系统。通过能源管理系统一段时间收集的数据，可以分析各个设备子系统的工作状态以及后期能耗的发展趋势，使管理人员可以做好节能管理和节能规划。

2）空调设备是建筑的耗能大户，设置建筑设备监控系统（BA），在各功能区设置温度传感器，通过 BA 系统实现冷热源主机、水泵、末端设备的闭环自动控制。

3）设置空气质量监测系统，监测 PM2.5、$CO_2$ 等浓度，引导保持理想的室内空气质量指标。

4）设置水质监测系统，对自来水的浑浊度、氯残余、pH 值等指标进行监测，保证用水卫生。

5）以能源管理系统为平台，监测水、电、气等能源的能耗变化趋势，监测能耗突增以及非工作时间异常等信息，以便排查设备管道损坏、泄漏等故障，减少故障损失。

6）采用数字孪生技术，建立三维可视化运维管理平台，直观、便捷监控机电设备运行以及物资管理等，节约物业人力资源。

## 11.4.2 电气运维节能

### 1. 变压器经济运行

变压器在平时运行中除了给用电设备供电外，自身还存在着损耗（空载损耗和负载损耗），提高变压器的经济节能运行，主要在于降低变压器的损耗，可以通过以下方式：

（1）变压器运行控制

在负载太低时，只供三级负荷的两台变压器可以只运行一台，变压器可通过母联方式供必要负荷的用电。

（2）变压器温湿度控制

变压器的温湿度是影响变压器运行的重要因素，常规变压器温度维持在 80～100℃ 范围是最佳运行状态，可以提高变压器使用率，降低损耗，延长寿命。在配电房内设置通风和空调系统，使变压器运行环境的温度和湿度处在理想的条件下。

（3）电力监控系统

设置电力监控系统，监控变压器、高低压配电柜、主要断路器的工作状态和电气参数，合理调配电能，优化供电管理。

### 2. 照明智能控制节能

对于建筑内不同的功能分区，采用集中、自动、定时等控制模式，在某些特定场所采用声控、光控等技术。设定合理的照明灯点亮时段和触发机制，避免灯具常亮和无效照明等的问题。

### 3. 地下车库 CO 监测联动风机

地下车库设置 CO 监测系统，通过与 BA 系统相结合，自动联动车库风机的启停。平时设定工作时间，定时开启送排风机补充新风，工作时间外风机处于停止状态，若CO浓度超标则自动开启风机至浓度达标为止，以达到改善空气环境和节能效果。

**4. 空调系统节能**

空调系统的冷热站、传输系统设备纳入建筑设备监控系统或设置单独智能管理系统，制订符合建筑性质的管理策略，达到环境舒适度和节能减排的平衡。末端房间内配置带通信功能的温度控制器，通过采集的空调室内温度、将信息传输至管理平台，管理平台综合考虑室外湿度、人流数量等因素，智能控制调节阀开度和风机转速来实现室内温度控制。

# 11.5 新能源利用

## 11.5.1 太阳能光伏的利用

近年来，太阳能光伏发电技术发展很快，随着技术工艺的不断改进、制造成本降低、光电转换效率提高，光伏发电成本已大大降低。在太阳能资源较为丰富的地区，经技术经济比较分析合理或有其他条件允许时，宜采用太阳能光伏发电系统作为商业建筑电力能源的补充。当采用太阳能光伏发电系统时，考虑建筑立面美观、建筑安全等因素，应与建筑一体化设计。太阳能光伏发电系统宜自发自用，宜作为地下车库等场所照明及LED广告屏的供电电源。

分布式光伏发电系统常规总装机容量不超过6MW，接入10kV及以下电网。建筑行业相关的光伏发电系统基本是分布式光伏发电系统。

**1. 分布式光伏发电系统主要设备**

分布式光伏发电系统的主要设备有：光伏组件、光伏逆变器、直流汇流箱、交流配电柜、监控系统、储能电池等。

(1) 光伏组件

光伏组件是具有封装及内部连接的、能单独提供直流电输出的、最小不可分割的太阳电池组合装置，又称太阳电池组件。现阶段太阳能电池的主要分类如图11-5-1所示，晶硅电池与非晶硅薄膜电池的主要参数对比见表11-5-1。

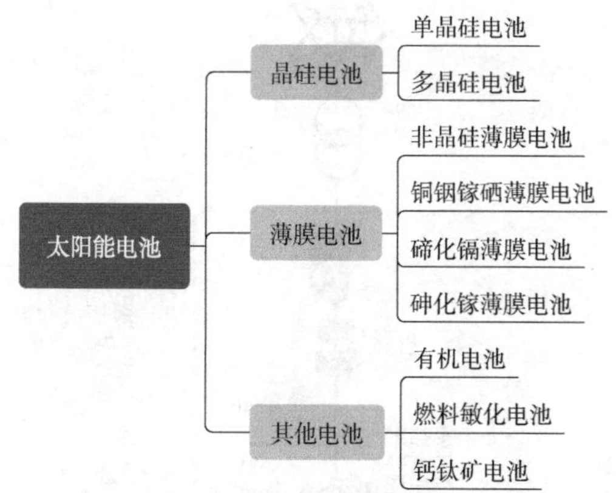


**图 11-5-1　太阳能电池的主要分类**

**表 11-5-1　晶硅电池与非晶硅薄膜电池的主要参数对比**

| 对比内容 | 多晶硅电池 | 单晶硅电池 | 非晶硅薄膜电池 |
| --- | --- | --- | --- |
| 技术难度 | 难度一般、技术成熟 | 难度一般、技术成熟 | 较难、技术日趋成熟 |
| 光电转换效率 | 15% ~21% | 18% ~22% | 5% ~9% |
| 组件成本 | 较低 | 较低，比多晶硅略高 | 较高 |
| 组件寿命 | 寿命长，满足 25 年 | 寿命长，满足 25 年 | 衰减较快，10 ~ 15 年 |
| 安装方式 | 屋面或开阔地平铺 | 屋面或开阔地平铺 | 重量轻，对屋顶或建筑构件强度要求低 |
| 组件运行维护 | 故障率低，易维护 | 故障率低，易维护 | 柔性组件表面易积灰难清理 |

（2）光伏逆变器

光伏逆变器是将来自光伏方阵或光伏组件的直流电转换为交流电的设备，是分布式光伏发电系统的核心器件。

（3）直流汇流箱

直流汇流箱是在光伏系统中将若干个光伏组件串并联汇流后接入的装置。

（4）交流配电柜

交流配电柜是连接在逆变器与交流负载之间的接受和分配电能的电力设备，主要功能为电能调度、电能分配、用电监测等。

图 11-5-2 为光伏发电系统的基本构造。

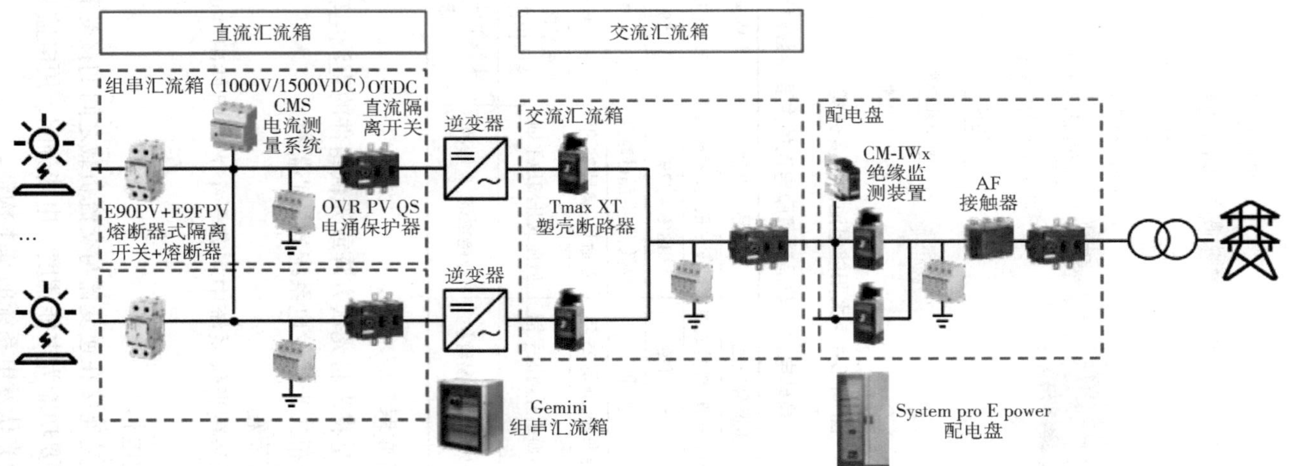


图11-5-2　光伏发电系统的基本构造

2. 分布式光伏发电系统的设备布置

（1）设计依据

分布式光伏发电系统设计主要参照的规范：

1）《建筑节能与可再生能源利用通用规范》（GB 55015—2021）。

2）《光伏发电站设计规范》（GB 50797—2012）。

3）《建筑光伏系统应用技术标准》（GB/T 51368—2019）。

4）《光伏发电接入配电网设计规范》（GB/T 50865—2013）。

5）《光伏发电站接入电力系统设计规范》（GB/T 50866—2013）。

6）《光伏发电工程验收规范》（GB/T 50796—2012）。

7）《民用建筑太阳能光伏系统应用技术规范》（JGJ 203—2010）。

8）《光伏方阵设计要求》（IES/TS 62548—2013）。

主要参照的国标图集：

1）《建筑太阳能光伏系统设计与安装》（16J908-5）。

2）《建筑一体化光伏系统电气设计与施工》（15D202-4）。

（2）前期工作

经济效益、结构安全、稳定运营是分布式光伏电站建筑考虑的主要因素，前期应收集相关图样资料、用电负荷情况，现场踏勘，进行日照分析、结构荷载计算、经济性分析，确定项目的可行性。结构计算不通过时，应考虑加固并评估费用，同时依据政策向有关部门办理申报手续。

（3）安装形式

商业建筑的分布式光伏发电系统主要安装在屋顶等，屋顶类型多为钢筋混凝土屋顶和钢结构彩钢板屋顶。钢筋混凝土屋顶分为上人屋面和不上人屋面两种，结构设计承载力为200kg/m$^2$和50kg/m$^2$，安装方式可采用固定水泥基础形式、配重块固定形式、小倾角背后导流板安装形式；彩钢板屋顶常规采用光伏组件与屋顶平行的安装方式，采用铝合金材质的型材和夹具将光伏组件固定在屋面上。

（4）光伏阵列倾角

不同地区的光伏发电都有一个最佳倾角，但由于分布式光伏电站需要结合不同的建筑形式，故并不一定都能按最佳倾角来设计。

在平屋面的分布式光伏电站设计中，基本采用固定倾角的光伏支架，最佳光伏的方位角是正南，最佳光照的倾斜角根据建设地点维度不同，最佳倾角也不同。国内各地区阳光辐射量、最佳安装角度、峰值日照数、年发电量、年有效利用小时数可查阅相关书籍资料，或者使用辐照计算软件获得。

（5）光伏阵列排布

光伏阵列的排布首先需要根据建筑屋面类型确定安装区域和安装形式，同时还应考虑以下几个因素：

1）周边建筑对光伏阵列产生的阴影区要避让。

2）布置区域建筑构造对光伏阵列产生的阴影要避让。

3）屋顶女儿墙对光伏阵列产生的阴影要避让。

4）光伏阵列自身倾角产生的阴影要避让。

除上述区域要避让外，光伏阵列排布四周还需要考虑维修通道，避开主体结构伸缩缝、沉降缝等区域。

在组件的布置上有两种方案：竖向布置和横向布置。因为安装维护便捷的原因，目前采用竖向布置更多一些。

（6）光伏支架和基础

光伏支架和基础形式较多，需要结构专业根据建筑主体条件、环境条件、组件摆布等因素进行计算和选型。支架材质选择应尽量考虑支架使用寿命与光伏组件相匹配，应有防腐防锈措施。

**3. 分布式光伏发电系统的电气设计**

分布式光伏发电系统的电气设计部分主要包括光伏组串设计、接入系统设计、电缆选型、断路器选型、防雷设计等。

（1）光伏组串设计

1）光伏组件的串联数范围计算。光伏组串最大开路电压不应超过逆变器允许的最大直流输入电压，即

$$N_s \leqslant \frac{V_{dcmax}}{V_{oc}[1+(t-25)K_V]} \tag{11-5-1}$$

光伏组串的工作电压应处于逆交器 MPPT 电压中间范围内，即

$$\frac{V_{mpptmin}}{V_{pm}[1+(t'-25)K_{V'}]} \leqslant N_s \leqslant \frac{V_{mpptmax}}{V_{pm}[1+(t-25)K_{V'}]} \tag{11-5-2}$$

式中　$K_V$——光伏组件的开路电压温度系数，由组件厂商提供；

$K_{V'}$——光伏组件的工作电压温度系数，如厂商无数据，可用$K_V$代替；

$N_s$——光伏组件的串联数（取整）；

$t$——光伏组件工作条件下的极限低温（℃）；

$t'$——光伏组件工作条件下的极限高温（℃）；

$V_{dcmax}$——逆变器允许的最大直流输入电压（V）；

$V_{mpptmax}$——逆变器 MPPT 电压最大值（V）；

$V_{mpptmin}$——逆变器 MPPT 电压最小值（V）；

$V_{oc}$——光伏组件的开路电压（V）；

$V_{pm}$——光伏组件的工作电压（V）。

结合光伏组件排布、汇流、安装条件等因素，合理选择组件串联数。

2）光伏组串的并联数计算：

光伏组串的并联数可根据逆变器额定容量及光伏组串的功率确定，即

$$N_p \leqslant \frac{P_n}{P_m N_s} \tag{11-5-3}$$

式中　$N_p$——光伏组件并联数（取整）；

$P_n$——逆变器额定功率（kW）；

$P_m$——单块光伏组件峰值功率（kWp）。

3）光伏发电系统装机容量的计算：

$$P = N_s N_p P_m \tag{11-5-4}$$

式中　$P$——光伏系统装机容量（kWp）。

4）并网光伏系统发电量估算：

$$E_p = \frac{H_A}{E_s} PK = H_A A \eta_i K \tag{11-5-5}$$

式中　$K$——光伏系统综合效率系数；

$H_A$——水平面太阳总辐照量（$kWh/m^2$）；

$E_p$——并网发电量（kWh）；

$E_s$——标准条件下的辐照度（常数），$1kW/m^2$；

$A$——计算范围内的方阵组件总面积（$m^2$）；

$\eta_i$——组件转换效率（%），由制造商提供的数据确定。

（2）接入系统设计

光伏发电系统并网接入应根据电源容量、线缆规格、变配电系统、地区配网情况综合比较确定。不同规模接入电压等级不同，可参照表 11-5-2。

**表 11-5-2　分布式光伏发电系统并网电压等级参考表**

| 项目规模 | 并网电压等级 |
| --- | --- |
| 8kW | 220V |
| 8～400kW | 380V |
| 400kW～6MW | 10kV |

分布式光伏发电接入系统可分为单点并网接入和多点并网接入，以下提供几个典型的单点接入和多点接入的方案供参考。

方案 1 和方案 2 为单点接入用户配电箱或线路，如图 11-5-3、图 11-5-4 所示。

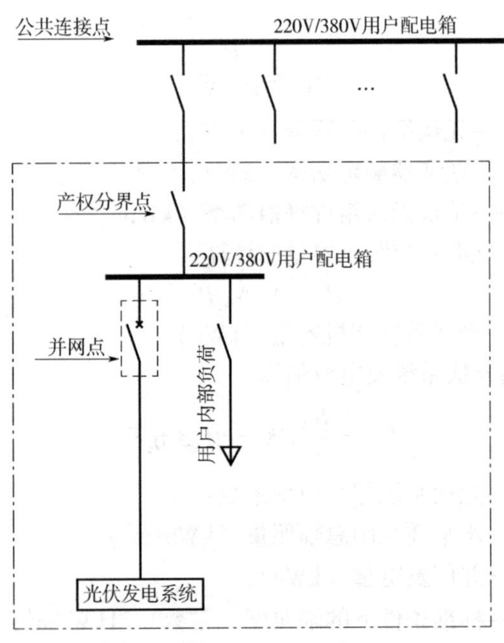


**图 11-5-3　方案 1**

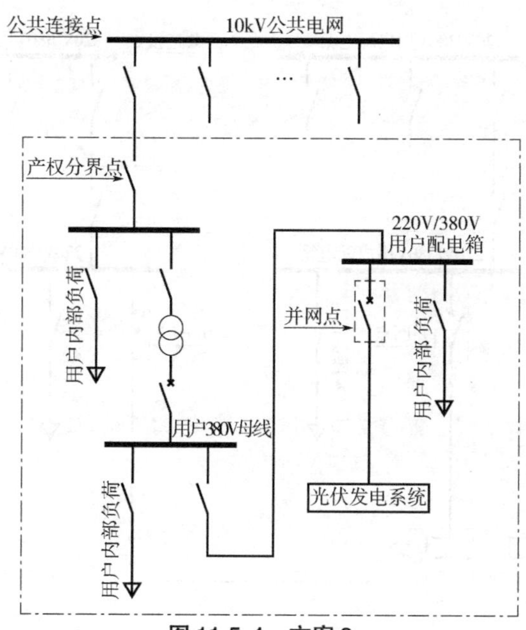


图 11-5-4　方案 2

方案 3 和方案 4 为多点接入用户配电箱或配电房低压母线，如图 11-5-5、图 11-5-6 所示。

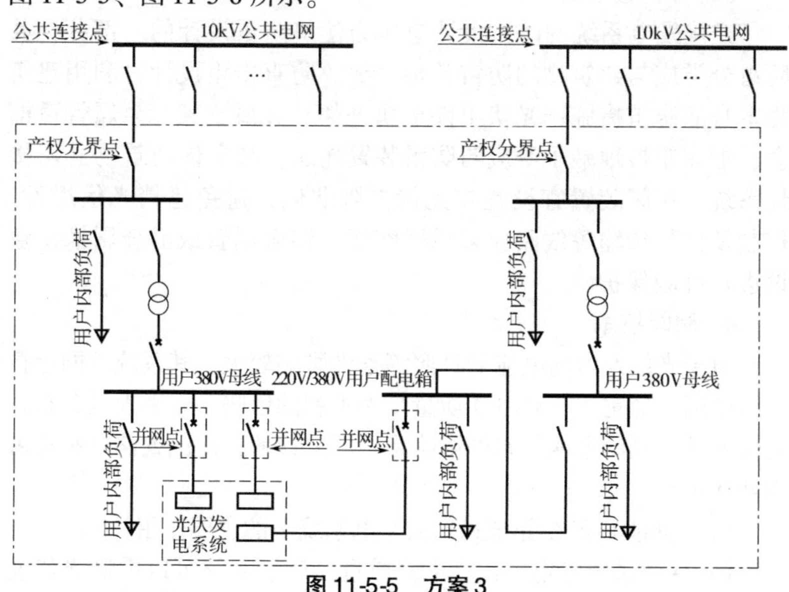


图 11-5-5　方案 3

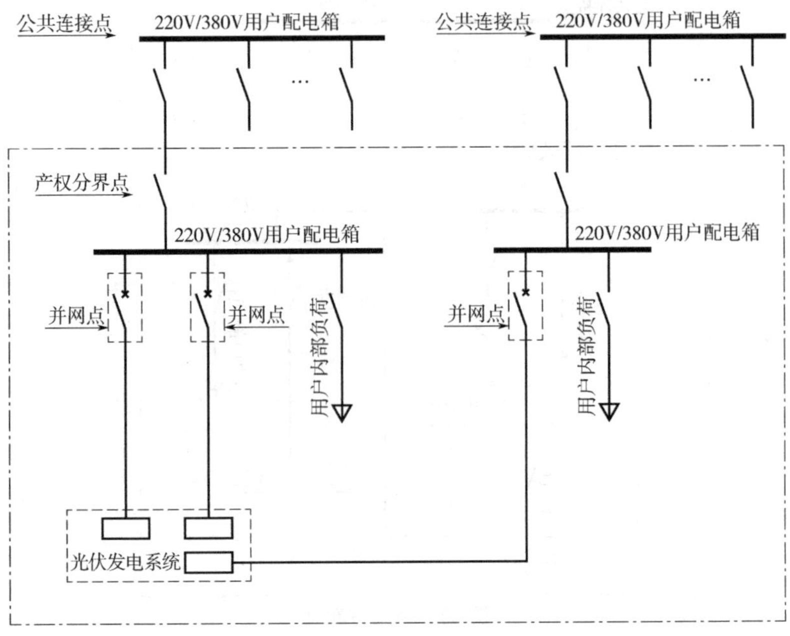


图 11-5-6　方案 4

（3）防雷设计

光伏发电系统的防雷设计应作为建筑防雷设计的一部分，其防雷分类应与建筑物的防雷类别一致。防直击雷设计可利用建筑物本身的防雷措施，光伏组件金属框架、金属支架、金属管道槽盒、汇流箱接地端子等应与防雷装置连通，与主体建筑物共用接地系统。接闪装置宜设置在光伏方阵北侧，避免遮挡光伏组件。控制及信号传输等线路应采用屏蔽线、穿金属管或沿金属槽盒敷设进行屏蔽保护。

**4. 储能技术**

由于光伏发电的电流受日照等条件影响较大，其系统并网运行会给电网的稳定运行和电能质量带来不利的影响。未来大量分布式光伏电站并网给电网带来的影响是不可忽视的，而配置储能装置可降低此影响。

（1）储能装置在分布式光伏发电系统中的主要作用

1）保证系统稳定，提高电网质量：储能系统可以抑制光伏发电不可预期的波动性，通过存储和缓冲使光伏发电系统输出始终处于一个相对平稳的状态，实现对电能质量的控制。

2）电力调峰，削峰填谷：根据用电负荷的峰谷特性，在用电负荷低谷期存储多余发电量，在高峰期释放存储的电量，减少电网的峰谷差，实现削峰填谷，同时可以利用峰谷价差，提高电能利用的经济效益。

3）构成微电网系统：微电网是未来输配电系统的一个重要方向，可以显著提高供电可靠性。当微电网与电网分离时，可独立在孤岛模式下运行，为所管辖区域的负荷提供供电服务。

4）能量备用：储能系统可以在夜间或阴雨天等光伏发电系统不能正常工作情况下起备用和过度作用。

（2）储能的方式

储能根据原理主要方式有：机械储能、电磁储能和电化学储能，具体分类如图 11-5-7 所示。

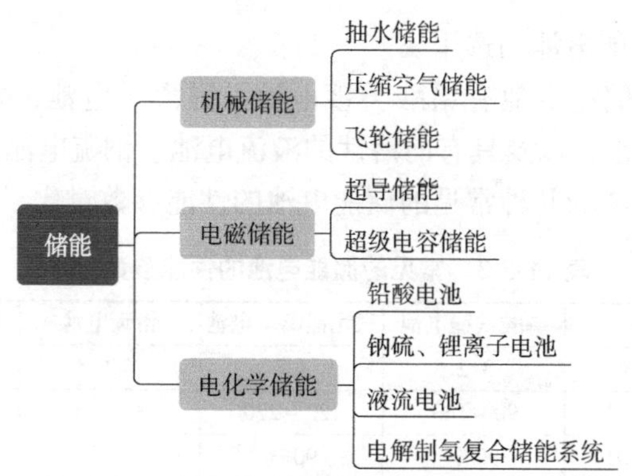


**图 11-5-7 储能系统的分类**

（3）光伏发电并网加储能系统架构

光伏发电并网加储能系统主要由光伏组件阵列、蓄电池组、电池管理系统、并网逆变器、电能表以及连接的电网，系统架构示意图如图 11-5-8 所示。

光伏组阵列在有光照的情况下将太阳能转化为电能，对蓄电池组进行充电，并通过逆变器为交流负载进行供电。电池管理系统调节蓄电池组工作状态，控制电能是直流充电还是交流供电，并把多余的电能送到蓄电池存储；逆变器把蓄电池提供的直流电变成交流电送到负载或并入电网；蓄电池组在系统中起能量调节和平衡负载作用，将电能存储起来以备供电不足时使用。

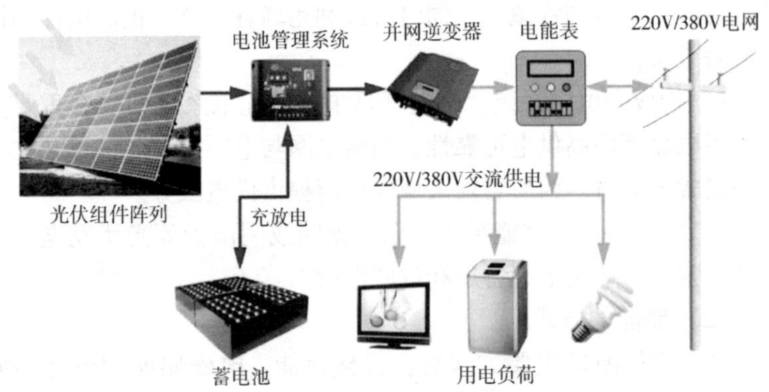


**图 11-5-8　光伏发电并网加储能系统架构示意图**

（4）储能电池的选用

常见的储能电池有铅酸类蓄电池、锂离子电池、磷酸铁锂电池、镍氢电池，以及具有前沿性的液流电池、钠硫电池及超级电容等。表 11-5-3 为几种常见的储能电池的性能参数对比。

**表 11-5-3　常见的储能电池的性能参数对比**

| 电池类型 | 磷酸铁锂电池 | 三元锂离子电池 | 铅碳电池 | 全钒液流电池 |
|---|---|---|---|---|
| 单体电压/V | 3.2 | 3.7 | 2 | 1.2～1.6 |
| 能量密度/(Wh/kg) | 90～160 | 120～220 | 35～55 | 24～40 |
| 放电深度(DOD) | 90% | 90% | 70% | 100% |
| 充放电倍率 | 4C | 2C | 0.3C | 1C |
| 循环寿命 | >5000 次 | >4500 次 | >3000 次 | 15000 次 |
| 安全性 | ★★★★ | ★★ | ★★★★★ | ★★★★★ |
| 库伦效率 | >95% | >95% | >80% | >70% |
| 自放电率 | 2% | 2% | 2% | 3%～9% |
| 总体评价 | 技术成熟、安全性高、寿命长、环境适应性好 | 技术成熟、安全性稍差、能量密度高 | 技术成熟、价格低廉，有效利用率低、放电倍率低 | 技术成熟度低、价格高、运维麻烦 |

蓄电池的选型一般是根据光伏发电系统设计来确定蓄电池的电压、容量、电池种类、连接方式等。储能电池总容量计算可参照以下公式：

$$C_c = \frac{D F_C P_0}{U K_a} \quad (11\text{-}5\text{-}6)$$

式中 $C_c$——储能电池总容量（kWh）；

$D$——最长无日照期间用电时数（h），是指当地最大连续阴雨用电时数，对供电要求不很严格的用电负荷一般可取3~5d的用电时数，对于重要设施一般可取7~14d的用电时数；

$F_C$——储能电池放电效率的修正系数，通常为1.05；

$P_0$——负载平均功率（kW）；

$U$——储能电池的放电深度，通常为0.5~0.8；

$K_a$——包括储能电池的放电效率，控制器、逆变器和交流回路的效率，通常为0.7~0.8。

### 11.5.2 太阳能导光管的利用（导光管系统）

导光管照明技术是绿色建筑照明中较为成熟经济、应用广泛的一种照明技术，它无须消耗电能，可通过采用自然光将室外光线引入室内，实现了真正意义上的绿色健康照明。现代大型商业建筑通常都拥有大面积地下车库，但绝大部分地下车库无自然采光，全天都采用电力照明。与导光管照明系统相比，依靠电气供电的照明系统存在以下缺点：①电力运行成本较高，能源消耗相对较大；②采用普通荧光灯或LED荧光灯，光源的使用寿命相对较短，需要检修和更换；③耗费电线电缆。导光管照明系统的设置，将自然光引入地下室车库，既可以取得良好的视觉效果，又可以显著地节约照明用电，提高经济效益，响应国家节能减排的号召与政策。

#### 1. 导光管系统的原理和优势

导光管系统是通过室外集光器采集天然光，并经导光管道传输到室内，由安装在末端的漫射器把引入的自然光照射到室内的天然光照明采光系统。导光管系统具有以下优势：

(1) 节能降耗

光源全部为自然光，无须耗费电能，有效降低了建筑物内部白天照明能耗以及因电气照明设备发热而消耗的空调能耗；在我国的东南沿海地区和西北地区，自然光照资源十分丰富，导光管系统可工作的时间长，黎明到黄昏甚至雨天、阴天均可使用，其节能降耗效果显著。

(2) 低碳环保

系统一次性投资，无须耗能、维护简单，在节约能源和创造效益同时也减少了大量二氧化碳排放。系统各部件所用材料为环保材料，可回收利用，不产生二次污染。

(3) 健康舒适

系统直接采集室外自然光，能过滤90%以上的有害紫外线，导入室内的光线无眩光，无频显、显色指数高，可达97%以上，可使光照环境更加舒适，减少视觉疲劳，有效改善地下空间环境。

(4) 安全省心

系统采光罩通常使用PC复合材料，透光性强、硬度高、抗老化、抗冲击，同时减少了照明设备用电引起的火灾隐患以及白天停电引起的安全隐患。

**2. 导光管系统的组成**

导光管系统通常由集光器、导光管和漫射器组成。

(1) 集光器

集光器是导光管系统中用于采集天然光的部件，通常由采光罩及其附件组成。采光罩常规采用PC材质或亚克力材质，透光性好、耐冲击、抗老化，可过滤90%的紫外线，有效地防止其对室内物件的损坏。按形状一般可分为平板形、晶钻形、半球形等。

(2) 导光管

导光管是导光管系统中用于传输天然光的管状部件。通常由铝材料制作而成，厚度约0.4mm，具有很高的光反射和汇聚作用，反射率高达98%，常见管道直径有（mm）：250、350、450、530、750。

(3) 漫射器

漫射器是导光管系统中用于将光线均匀漫射至室内的部件。通常采用 PC 等材料制成透镜和漫射装置，可将光线相对均匀地漫射到室内，光照效果更加柔和均匀，无眩光。

**3. 导光管系统的设计**

（1）设计依据

1）《建筑环境通用规范》（GB 55016—2021）。

2）《建筑节能与可再生能源利用通用规范》（GB 55015—2021）。

3）《建筑采光设计标准》（GB 50033—2013）。

4）《建筑照明设计标准》（GB 50034—2013）。

5）《导光管采光系统技术规程》（JGJ/T 374—2015）。

（2）采光面积确定、天然光照度计算、导光管选择

以福建某地区商业综合体地下室车库为例，根据中国光气候分布图，福建地区属于第Ⅳ区，光照资源一般，天然光年平均总照度 $30\text{klx} \leqslant E_q < 35\text{klx}$。根据《建筑采光设计标准》（GB 50033—2013）进行导光管系统采光设计，天然光照度计算可按下列公式进行：

$$E_{av} = \frac{n\Phi_u \text{CU MF}}{lb} \tag{11-5-7}$$

$$\Phi_u = E_s A_t \eta \tag{11-5-8}$$

$$\eta = \tau_1 \text{TTE} \tau_2 \tag{11-5-9}$$

式中 $E_{av}$——平均水平照度（lx）；（查表 GB 55015—2021 表 3.3.7-12 取值，车道区 50lx）

$n$——拟采用的导光管采光系统数量；

CU——导光管采光系统的利用系数；（查表 GB 50033—2013 表 6.0.2 取值）

MF——维护系数，导光管采光系统在使用一定周期后，在规定表面上的平均照度或平均亮度与该装置在相同条件下新装时在同一表面上所得到的平均照度或平均亮度之比；（暂按某产品 0.85 取值）

$\Phi_u$——导光管采光系统漫射器的设计输出光通量（lm）；

$E_s$——室外天然光设计照度值（lx）；（查 GB 55016—2021 表 3.2.2-2 取值，福建省光气候区属于第Ⅳ

区，取 13500lx）

$A_t$ ——导光管的有效采光面积（$m^2$）；（选用常用的直径 530mm 规格，面积约 0.22$m^2$）

$\eta$ ——导光管采光系统的效率（%）；

$l$ ——建筑长度（m）；

$b$ ——建筑宽度（m）；

$\tau_1$ ——集光器的可见光透射比；（参照某产品取值 0.87）

TTE——导光管的传输效率；（参照 JGJ/T 374—2015 附录 C，参照某产品取值 0.98）

$\tau_2$ ——漫射器的透射比。（参照某产品取值 0.86）

计算过程如下：

$\eta = 0.87 \times 0.98 \times 0.86 = 0.73$

$\Phi_u = 13500 \times 0.22 \times 0.73 \approx 2168$（lm）

CU = 1.04，按顶棚反射比的最小值情况（20%）计取。

故单套（$n = 1$）导光管的可服务的车库面积为

$lb = (n\Phi_u \mathrm{CU\ MF}) / E_{av} \approx 38.3$（$m^2$）

根据 GB 55015—2021 中公共机动停车库的功率密度限值 ≤1.9$W/m^2$来计算，单个导光管服务面积可代替的照明设备功率约为 38.3$m^2$ ×1.9$W/m^2$ ≈72W。

**4. 导光管系统的节能效益分析**

以商业建筑地下车库一个 3000$m^2$ 的防火分区为例，车库平时管理 100% 照度工作时间以 16h 计（8:00～24:00），夜间节能管理 50% 照度工作时间为 8h（0:00～8:00），则可对照明系统电能耗做如下估算：

电能 $W = 3000m^2 \times (1.9W/m^2 \times 16h + 0.95W/m^2 \times 8h) = 114kWh$

假设导光管每台可工作 10h 以上（7:00～17:00），完全代替常规照明，则照明系统能耗估算为：

电能 $W = 3000m^2 \times (1.9W/m^2 \times 7h + 0.95W/m^2 \times 7h) = 59.85kWh$

每日可节约电能 114 − 59.85 ≈ 54（kWh），相当于每天减排

$CO_2$约为53.838kg，则每年减排$CO_2$约为19.65t，能带来巨大经济效益和节能效益。

**5. 导光管系统应用需要注意的问题**

1）导光管系统需要在室外设置采光罩以收集自然光，故在建筑设计阶段，就需要预先分析建筑的日照条件以及建筑主体的布局，兼顾日照条件、导管敷设以及美观等因素，合理确定系统设置的位置。建筑结构设计师前期应为系统安装做好土建预留、预埋条件。

2）为了达到一定的照明效果，导光管管径尺寸较大且直通室外，故要求安装时必须做好密封防水、保温等措施。有些管道预留洞口尺寸更大，需要对附近梁板等进行局部加固，会造成土建成本增加。

3）由于采光罩对周边光环境要求较高，加上数量较多，对采光罩周边的种植物有特殊要求，不能种植较高的植物。

4）室外采光罩需做好防拆卸等安防措施，以降低安全隐患。

# 第12章　优秀设计案例

## 12.1　低碳商业建筑案例

### 12.1.1　项目概况

本项目位于两江新区，用地面积 62863m$^2$，总建筑面积 430881m$^2$。项目单体共 5 栋，1#楼为商业（层高 6m，共 6 层，建筑高度 35.9m，属于一类高层公共建筑）；2#、3#楼（标准层层高 4.2m，一~二层大堂通高 9.6m，十二层和二十二层为避难层，层高 4.5m，其余楼层为办公，共 31 层，总高度 132m，属于一类（超）高层建筑）；4#裙房商业（位于 2#~3#楼正下方，层高 4.8m，共 2 层，总高度 9.45m)，属于一类高层的裙房建筑；5#商业街，层高 4.8m，共 4 层，总高度 19.1m，属于多层公共建筑；6#地下车库（含地下商业），负一层商业及设备用房层高 6m，负二层车库及设备用房层高 4.4m，负三、负四层车库、设备用房、人防地下室层高 3.6m，总高度共 17.6m，属于Ⅰ类停车库。

项目是集购物中心、商业街、超高层办公楼于一体综合商业体；购物中心中庭有一座 42m 高、70000 多株植物的超大植物园，可以在树丛间的天空步道穿行，在夜间看光雾雨林、漫天星辰，将购物中心打造成一个融合城市与自然功能的购物公园。项目效果图如图 12-1-1 所示。

图 12-1-1　项目效果图

## 12.1.2　电气系统配置

本工程供电电压等级为 10kV，由附近 110kV 变电站，引来 6 路 10kV 市政电源，10kV 配电站引入的两路电源进线取自不同的 110kV 变压器母线段，进线采用电缆由室外穿管埋地方式引入设在地下一层的高压进线间，再通过高压桥架引至 3 个 10kV 配电站。本工程共设置 3 处高压配电房、10 处低压变配电房及 3 处柴油发电机房，变压器安装总容量为 42000kVA。本工程设置自备柴油发电机组（6 组），发电机组可在 30s 内完成自启动，为消防负荷提供第二个电源。同时，火灾自动报警系统、入侵报警系统、商业营业收银机以及 IT 机房等采用设备自带 UPS；应急照明系统采用 EPS，作为重要负荷的第三电源。应急照明在正常供电电源停止供电后，转为 EPS 供电，其持续供电时间不小于 90min。应急照明的转换时间应满足下列要求：

1）备用照明不应大于 5s。

2）金融商业交易场所不应大于 1.5s。

3）疏散照明不应大于 5s。

本项目变配电房设置见表 12-1-1。

表 12-1-1　变配电房设置

| 设备房名称 | 设置位置 | 服务范围 | 安装容量 |
|---|---|---|---|
| 10kV 配电站-1 | B1 层 | 1#、2#商业变电所 | 1×7200kVA＋1×7200kVA |
| 10kV 配电站-2 | B1 层 | 3#、4#、5#商业变电所 | 1×6800kVA＋1×6800kVA |

（续）

| 设备房名称 | 设置位置 | 服务范围 | 安装容量 |
| --- | --- | --- | --- |
| 10kV 配电站-3 | B1 层 | 办公 A、B、超市、影院变电所 | 1×7000kVA+1×7000kVA |
| 办公 A 变电所-1 | B2 层 | 办公 A 塔楼 | 2×1600kVA |
| 办公 A 变电所-2 | B2 层 | 办公 A 塔楼 | 2×1000kVA |
| 办公 B 变电所-1 | B1 层 | 办公 B 塔楼 | 2×1600kVA+2×1000kVA |
| 超市变电所 | B1 层 | 超市 | 2×800kVA |
| 影院变电所 | B2 层 | 影院 | 2×1000kVA |
| 1#商业变电所 | B2 层 | 裙房商业照明动力 | 2×1600kVA+4×2000kVA |
| 2#商业变电所 | B2 层 | 裙房商业照明动力 | 2×1600kVA |
| 3#商业变电所 | B1 层 | 裙房商业照明动力 | 2×1600kVA |
| 4#商业变电所 | B2 层 | 裙房商业照明动力 | 2×1600kVA+2×2000kVA |
| 5#商业变电所 | B2 层 | 裙房商业照明动力 | 2×1600kVA |
| 超市柴发机房 | B1 层 | 超市 | 1×450kW |
| 办公柴发机房 | B1 层 | 办公 | 2×1000kW |
| 商业柴发机房 | B1 层 | 商业 | 3×1600kW |

此外，本工程采用商铺母线供电系统为商铺供电。商铺母线插接箱及电表箱设置于商铺附近走道顶棚吊顶内，商铺配电箱设置于商铺内。商铺母线供电的优势主要包括以下几个方面：

1）降低成本：母线供电可以省去大量的电缆线路和其他配电设备的成本，提高供电系统的经济性和效率。

2）提高可靠性：母线供电系统具有更高的可靠性和稳定性，可以有效减少电压波动和电力故障对商铺的影响，减少停电时间和相关损失。

3）高效能：母线供电系统可以实现更加高效的电力传输和分配，保证商铺的用电需求得到满足。

4）灵活性：母线供电系统可根据商铺用电需求随时调整，提高用电灵活性，同时可以适应不同商铺的用电负载变化。

5）安全性：母线供电可以有效减少火灾和其他电力事故的发生，提高用电安全性。

商铺母线插接箱及电表箱如图 12-1-2 所示。

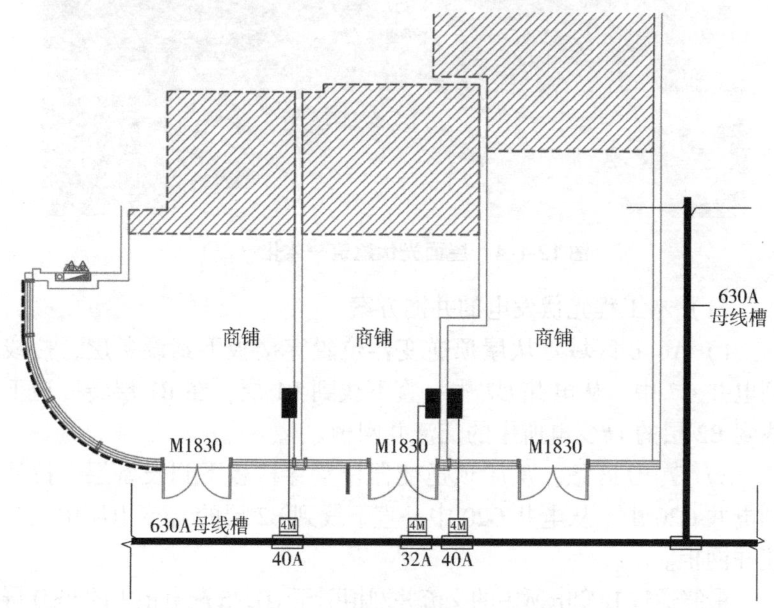


图 12-1-2　商铺母线插接箱及电表箱

## 12. 1. 3　低碳节能系统

### 1. 分布式光伏发电系统

本工程采用分布式光伏发电系统，项目为 400V 用户侧并网系统，总装机容量为 142. 93kWp，位于本工程项目三期光环中心 A、B、C、D 四个玻璃盒子屋顶。共安装建筑用双玻单晶硅组件 939 块。并网逆变器 2 台，交流并网柜 1 台。该项目要安装四个区域：A、B、C、D 四个玻璃盒子屋顶区域，如图 12-1-3、图 12-1-4 所示。

图 12-1-3　屋面光伏建筑一体化（一）

图 12-1-4　屋面光伏建筑一体化（二）

（1）本工程光伏发电的并网方案

1）A、B 区域：从屋顶逆变器位置穿楼板下到设备层，拉线到电井 G7 中，从电井 G7 中一直下线到 B1 层，在 B1 层转一道下线到 B2 层的 1#变电所中的交流并网柜。

2）C、D 区域：从屋顶逆变器位置穿楼板下到设备层，拉线到电井 G20 中，从电井 G20 中一直下线到 B2 层的 1#变电所中的交流并网柜。

最终通过 1#变电所中的交流并网柜引至 1D2/5 配电柜中的 LED 屏（1-APled-02）用电回路。光伏发电系统图如图 12-1-5 所示。

（2）并网光伏系统效率计算

并网光伏发电系统的总效率由光伏阵列效率和逆变器效率两部分组成。

1）光伏阵列效率 $\eta_1$：光伏阵列在 1000W/m$^2$ 太阳辐射强度下，实际的直流输出功率与标称功率之比。光伏阵列在能量转换过程中的损失包括组件的匹配损失、表面灰尘遮挡损失、不可利用的太阳辐射损失、温度影响、最大功率点跟踪精度及直流线路损失等，取效率 76.5% 计算。

2）逆变器效率 $\eta_2$：逆变器输出的交流电功率与直流输入功率之比，取逆变器效率 98% 计算。

3）系统总效率为：$\eta_s=\eta_1\eta_2=76.5\%\times98\%=75\%$。

理论发电量计算：

发电量计算公式为：

$$发电量\ Q=SR\eta_s\eta_m$$

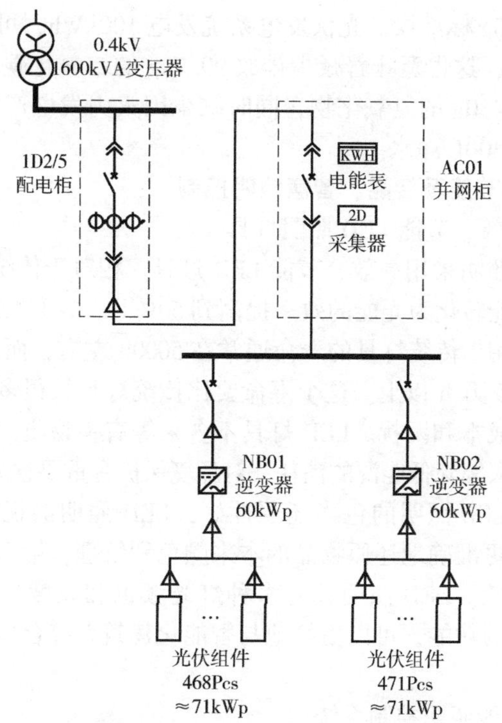


**图 12-1-5 光伏发电系统图**

式中 $S$——方阵有效面积；

$R$——倾斜方阵面上的太阳年平均总辐射量；

$\eta_s$——光伏系统发电效率；

$\eta_m$——电池板组件转换效率。

充分考虑了太阳能电池方阵在冬至当天 9:00～15:00 没有阴影遮挡，根据当地的气象数据应用 PVSYST 软件得出辐射量的统计数据，年均辐射量：886.95kWh/m$^2$。建筑用双玻单晶硅方阵电池片的有效面积为 792m$^2$，建筑用双玻单晶硅电池片的转换效率为 18.3%。最终得出组件年发电量 $Q = 792 \times 886.95 \times 75\% \times 18.3\% = 96413.24$（kWh）。

节能减排分析：我国常规电能以煤炭发电为主，煤炭发电量占全部发电量的 75% 以上，2001 年我国煤炭发电厂平均每千瓦时电能耗用为360g标准煤。光伏发电系统发电100kWh，可省燃油26L或省煤36kg，这也意味着减少排放99.7kg的二氧化碳、1.18kg的二氧化硫和430g的氮氧化物，同时减少因火力发电产生的27.2kg粉尘，节约400L净水。

**2. 照明节能及智能、智慧照明控制**

（1）高效、节能LED照明灯具

本工程照明采用高效、节能LED灯具。相对于传统照明，LED照明能将电能转化为光能的效率提高到50%以上，可以显著降低能源消耗和费用。传统灯具的寿命通常在5000h左右，而LED灯具的寿命达到了5万h以上。这个寿命要比传统灯具长很多，可以减少更换灯具的成本和困扰。LED灯具不含汞等有害物质，同时消耗的能量更少，大幅降低能源的消耗，对环境保护有重要意义。

此外，LED照明的色彩还原性好，LED照明的视觉效果更加出色，能够更准确地还原物品的本来颜色和纹理，给人带来更加真实的视觉体验。LED照明具有多种灯光颜色和亮度自由调节、灯光自动感应的功能，可以更好地与智能化建筑系统合作达到更高的节能效果。

（2）智能照明控制系统

在车库照明、集中商业公共区域采用KNX智能照明控制系统，楼梯间和楼梯前室的照明采用竖向配电。楼梯间和楼梯前室不设置就地控制开关，采用智能应急照明控制系统控制；智能照明控制模块要求具有状态反馈和故障反馈功能。智能照明控制系统服务器安装于集中控制室。智能照明控制系统应具备以下功能：监测并显示各个照明回路的开闭状态、故障报警，并记录故障报警的内容和时刻；在中央监控界面上实现手动/自动模式切换。

KNX智能照明是一种基于KNX系统的智能照明控制方案，该方案采用了先进的网络通信和控制技术，使得照明控制变得更加智能、简单和高效。它可以实现对灯光亮度、颜色和场景的智能控制，从而满足不同需求的照明环境。KNX智能照明的工作原理是基于KNX系统的通信和控制技术，在整个照明系统中每个灯具、控制器和传感器都与KNX系统相互连接。通过KNX总线，这些设备可以相互通信，实现全局的智能照明控制。用户可以通过网关、控制面板、移动设备等多种方式对整个系统进行控制，实时调节、管理和优化系统的功能和表现。

KNX 智能照明的优点包括：

1）智能场景供应：通过预设灯光亮度和颜色，满足不同时间和节日需求，实现自动化的场景供应。

2）降低能耗：根据实际光照需求进行调光调色，达到节能控制的目的，同时实现灯光质量的提升。

3）适应性与灵活性：可根据不同用户和现场环境灵活定制照明系统的控制策略，满足不同需求。

4）集成性能：通过 KNX 系统的集成性能，实现智能家居、智能安防等多种设备与照明系统的联动控制。

（3）智慧照明控制系统

部分区域景观照明采用智慧照明控制系统。该系统主要由主控制器、多个解码控制器和与解码器相连的灯具构成。依靠连接在电力线上的主控制器和与每个被控灯具连接的解码控制器相结合来实现对多个灯进行照明控制。

主控制器接收照明控制信号后，将该信号通过电力线传给解码控制器。解码控制器接收到从主控制器传来的控制信号后，首先对控制信号的数据进行解析，并将解析出的数据进行编码，形成与波形数据组对应的接收数据信号。然后，解码器从数据信号中获得照明控制信号中所需要控制的灯具位置的地址位数据和控制灯具亮度的亮度位数据，对照约定的通信协议，只有灯具地址位的数据与解码控制器所对应灯具的位置数据相一致时，解码控制器才向灯具发出照明亮度控制信号，改变灯具的亮度，实现照明控制，如图 12-1-6 所示。

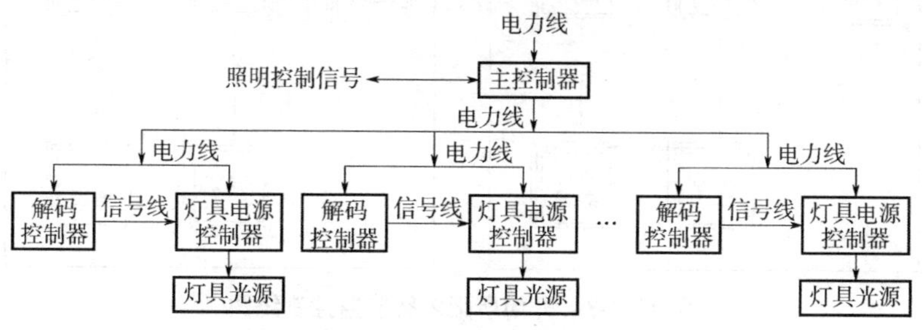


**图 12-1-6　智慧照明控制原理图**

智慧照明控制系统在原有的电力线基础上进行照明控制，相比现有控制技术来说，无需铺设控制线，控制设备模块化简洁化，大大简化工程施工工序且节约成本投入。

（4）设置配电智能监控系统

如图 12-1-7 ~ 图 12-1-9 所示，系统提供基本电力监控系统功能模块包括主干线图，系统运行状态指示，断路器分合闸状态，能源分析模块，事件报警模块，具备电能质量实时在线监测（PQA）功能。可通过服务器在本地监管或通过移动设备（智能手机）远程监管，实现移动运维系统，可定期通过电力分析平台提供配电网络健康状况检查报告，包括配电系统潜在电能质量问题：谐波，功率因数以及过电压，欠电压，变压器容量分析。

系统接入变配电室直流柜、变压器、断路器等设备。框架断路器的开关状态、故障状态、电压、电流、电能等测量通过智能网关接入配电监控系统。通过重要回路塑壳断路器电气参数，并完成断路器分析，包括断路器触头磨损率、断路器老化分析等，帮助运维管理人员对断路器的老化程度进行评判，消除用电隐患。

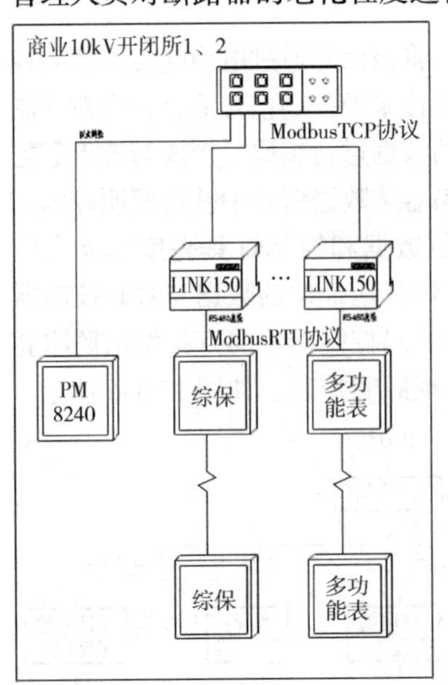


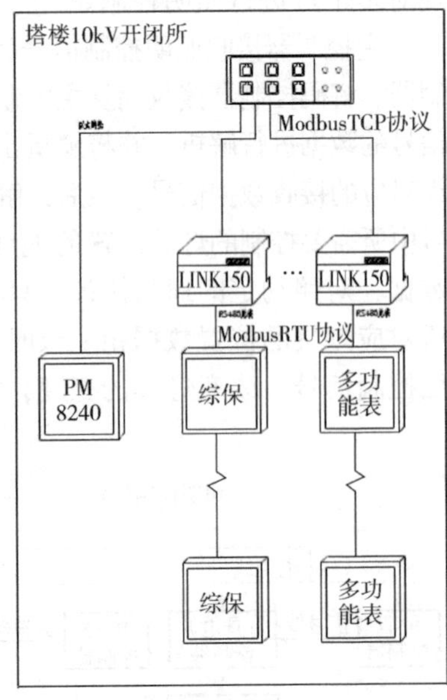


**图 12-1-7　开闭所配电智能监控系统图**

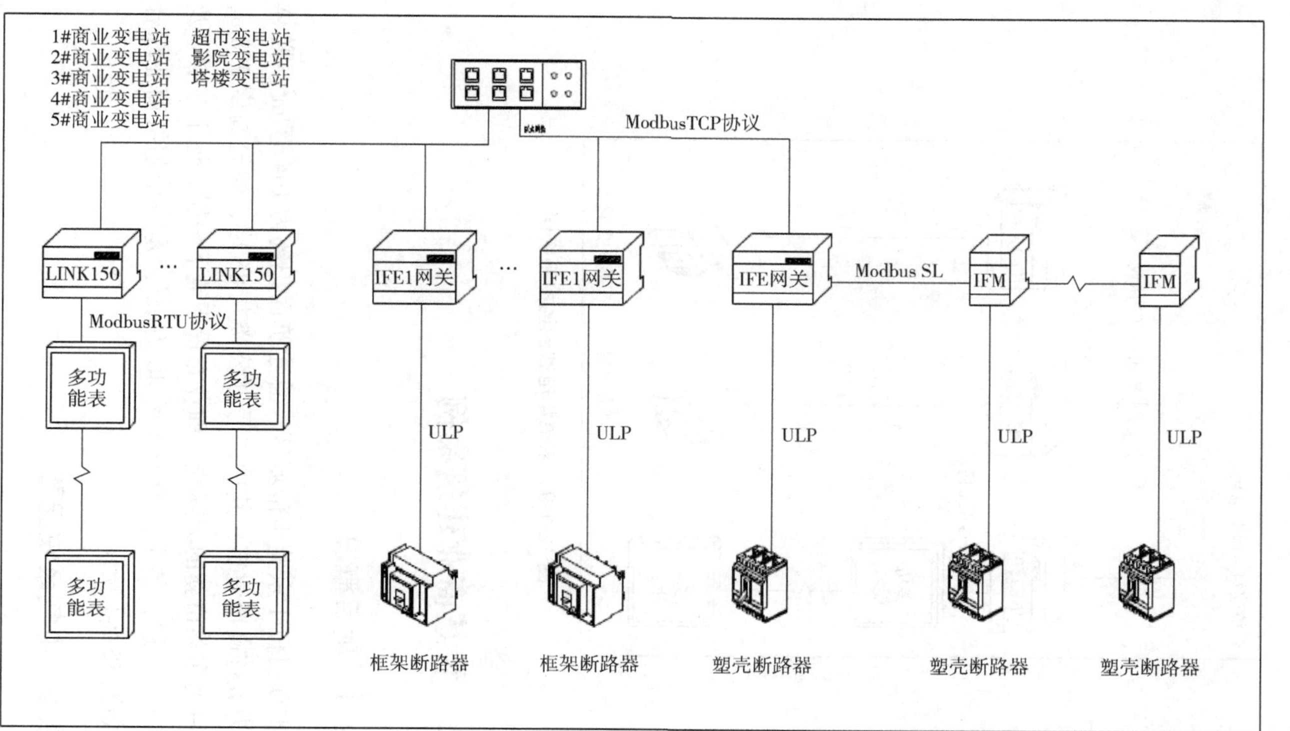


图12-1-8　变电所配电智能监控系统图

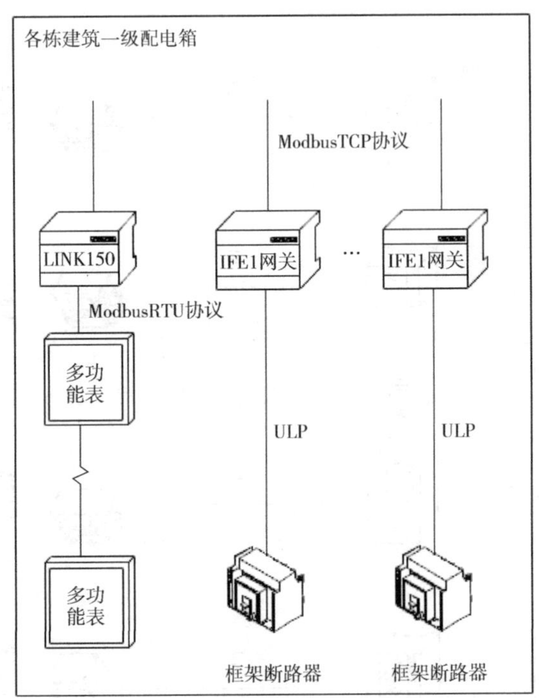


图 12-1-9　末端配电智能监控系统图

## 12.2　智慧商业建筑案例

### 12.2.1　项目概况

本项目位于东莞市南城区，总建筑面积约为 104 万 m²。总体规划为五栋高层建筑：其中二号办公楼共 86 层，建筑高度 398m，建成后为东莞市新的天际线。商业布置于地下一层、地下二层以及地上一 ~ 五层，整个商业面积约 40 万 m²，是一个超级商业综合体，如图 12-2-1 所示。

### 12.2.2　电气系统配置

1）本工程从市政变电站共引来多路独立的 10kV 电源，高压

图 12-2-1　项目实景照片

电力电缆穿管埋地引入地下一层市政开闭所内，10kV 电源进线，每两路一组，单母线分段，两段母线间设联络开关。其中商业变压器：东山安装容量：6×1600kVA+6×2000kVA；西山安装容量：2×1600+8×2000kVA。总安装容量 40800kVA（不含空调）。

2）火灾自动报警系统设置控制中心报警系统。共设置 1 个消防总控制中心和 6 个消防分控制室。其中：消防总控制中心设置在一层夹层：负责地下室的火灾报警和联动控制，监视所有消防分控制室的报警及联动控制信号，并负责联动消防水泵等主要消防设备。剩余 5 栋塔楼，分别设置消防分控制室，负责相应塔楼及地下室范围。

3）智能化系统同步建设：

①信息设施系统：包括光纤到户系统、综合布线系统、计算机网络系统、驻地接入网系统、有线电视系统、信息发布系统、公共广播系统。

②安全防范系统：包括视频安防监控系统、入侵报警系统、出入口控制系统、访客管理系统、停车场管理系统、无线对讲系统、客流统计系统（视频）、安全管理系统（消防安防整体集成平台）。

③建筑设备管理系统：包括建筑设备监控系统（BAS）、能耗管理系统、建筑设备管理系统（BMS，设备管理及能源管理集成平台）。

### 12.2.3 智慧电气系统

背景：随着城市建设步伐的加快，商业综合体作为新型地产形态应运而生，逐渐成为城市建设的主力军。一方面是城市的高速发展；另一方面是高品质的生活追求，商业综合体需要根据人们的不同需求，以不同的形态满足城市的发展。随着各种类型的商业中心的大批量建设，商业综合体面临着同质化竞争、电商、直播平台的冲击等一系列问题。如何在电商和同质化的大批量其他商业综合体中脱颖而出，成为标杆；如何实现商业综合体精细化管理，把有限的投资用在刀刃上；如何挖掘出更多的商业需求，扩大消费。这三个问题成为了每一个商业综合体的核心建设重点。

系统需求：根据智慧商业综合体建设的特性和设计原则的要求，以计算机多媒体技术、网络通信技术、智能图像分析技术、数据挖掘技术等为基础，建设商业综合体综合管理系统，基于智慧商业综合体的管理需求，从而实现整个商业综合体的智慧经营和智慧物业。

**1. 客流统计及分析系统**

1）对于商业建筑，什么才是最重要的？当然是顾客，只有精准的分析顾客的需求和流向，才能给商场带来可观的收益。

2）客流统计及分析系统即以统计组为单位进行客流（包括进客、出客、保有量和集客力）统计分析。客流统计包括对不同时间的客流统计结果的查询以及不同时间的统计结果的对比查询（包括同比分析和环比分析）。在进行客流统计分析查询之前，添加客流统计组，给统计组配置相应的监控设备。

3）本工程在商场出入口以及主力店门口设置客流统计摄像机，并通过客流系统专用线路将视频图像传输到客流统计分析终端设备上进行客流分析，并将分析结果通过办公网信息网络上报本地数据/报表服务器。本系统能统计整体客流量，让业主和管理方能掌握商场客流量的变化趋势及规律和各通道的客流量分布情况。

4）系统要求开放标准的数据接口及协议，支持向上集成，客流统计系统由客流统计摄像机、分析终端和数据/报表虚拟服务器组成。在商场外围出入口设置客流统计摄像机，通过六类线传输到放置在弱电间机柜内的客流统计分析终端设备，客流统计分析终端设备接入智能网，通过智能网传输到首夹层消防弱电控制中心，如图 12-2-2 所示。

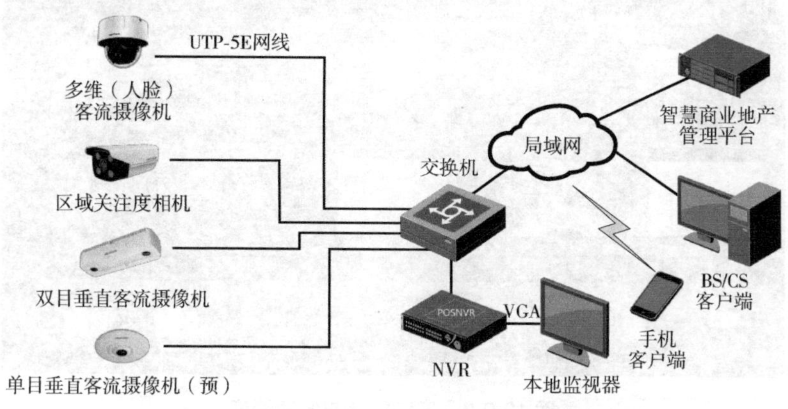


**图 12-2-2　客流统计及分析系统拓扑图**

5）系统功能（图 12-2-3）：

①多用户分区域授权管理，客流系统可对用户定义不同的角色，可根据用户的角色来进行分区域、分权限的管理，还可进行区域独立授权。不同的人员可进行不同的授权，访问不同的报表。

②数据实时统计，可实现日/周/月/年等数据对比，可实现同比环比的分析工作，并能够对不同场所、通道等进行客流数据对比。

③可分别统计各个区域的客流数量，统计各个区域的滞留量和平均滞留时间，并与 ERP 系统 POS 数据相结合，计算提袋率、转化率、客单价、评效等多项指标。

④可在系统中对促销活动进行备案，并与 ERP 中的销售数据结合，评估所进行的营销活动所取得的效果。

⑤根据客流量的情况合理安排物业、保安、保洁人员、导购人员的排班，合理安排开关店时间，节约运营成本。

⑥根据转化率分析货品的情况、分析促销售活动的效果。

⑦客流系统可以实时展示客流量的变化趋势，管理人员实时对客流情况进行监控，对大客流量的区域做好预防和管理工作，预防

突发事件的发生。

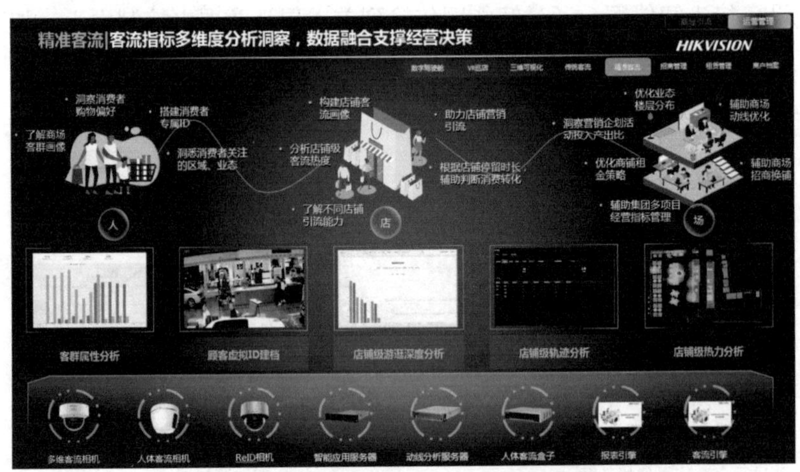


图 12-2-3　客流统计与经营管理

6）客流统计及分析系统可以生成进客量总览图；客流同比、环比图；区域客流查询图、区域停留查询图、热度分析图等，通过一系列对比分析和可视化图标展现，帮助商场运营者更好地了解顾客的兴趣点、关注点，更好地进行商场的流量管理，业态组合，品牌落位与动线调整等，如图 12-2-4 所示。

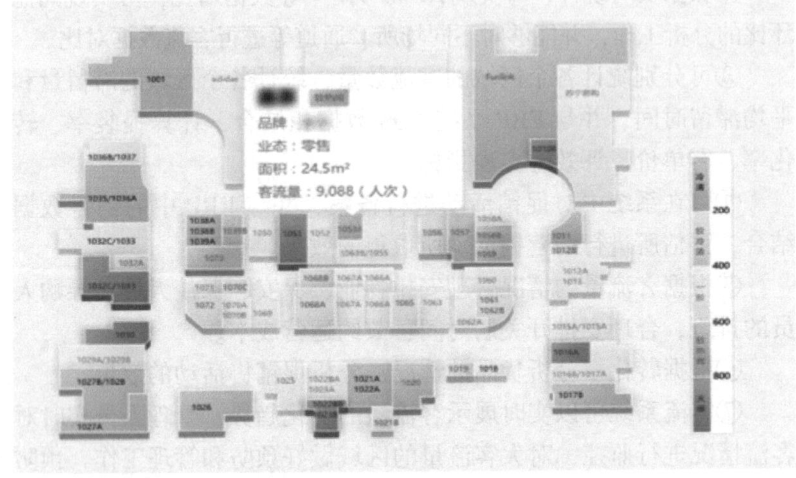


图 12-2-4　热度分布查询图

智慧商业建筑电气设计手册

2. 能耗管理系统

1）巨大的商业体，每天都在消耗着巨大的能源，据了解，单单是本项目商业部分的电费，每月高达约300万元，这是一笔惊人的开支。因此在本项目的设计之初，就引入了能耗管理系统，旨在对各类能耗实行精细计量、实时监测、智能处理和动态管控，达到精细化管理的目标。

2）商业综合体的能耗管理系统建设，不仅仅是对用能采集的需求，而是在满足用能采集的基础上，寻求对末端能源的实时监测、预告警管理、信息化配电运维、个性化报表、能效分析和节能管理等有进一步提升的要求。能耗管理应用是依托于搭建一套物联采集系统，来采集不同维度的用能数据，包含但不仅限于用电参数、用能数据、各类传感器数据和视频等数据的采集和汇总输出，实现对众多用能子系统的统一管理和控制，实现统一数据库、统一管理界面、统一授权、统一权限、统一能耗管理业务流程等，如图12-2-5所示。

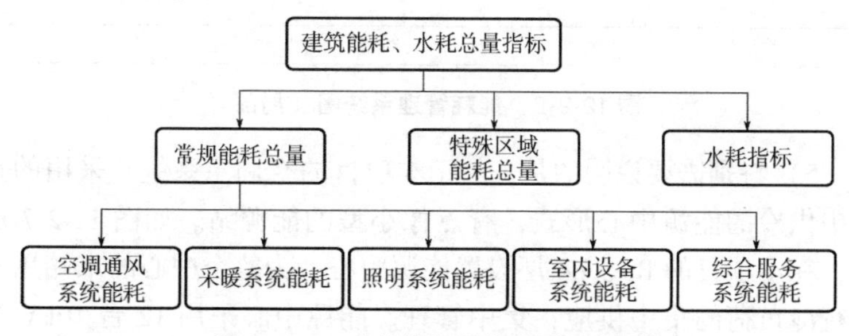


**图12-2-5　建筑能耗评估模型示意图**

3）本系统采用总线系统，由虚拟服务器、工作站、区域管理器、数字电表、数字水表（水、电表计由机电专业提供）、软件平台等组成，如图12-2-6所示。

4）系统采用二级结构。上层为区域管理器，设于弱电间，向上接入智能网与系统服务器进行通信，向下以总线方式与末端表计进行通信；前端为表计，安装于配电间、水井房或计费区现场，表计均以总线方式与通信管理器进行通信。系统通过各类表计对项目内的电、水等能耗数据进行采集、聚合及管理。

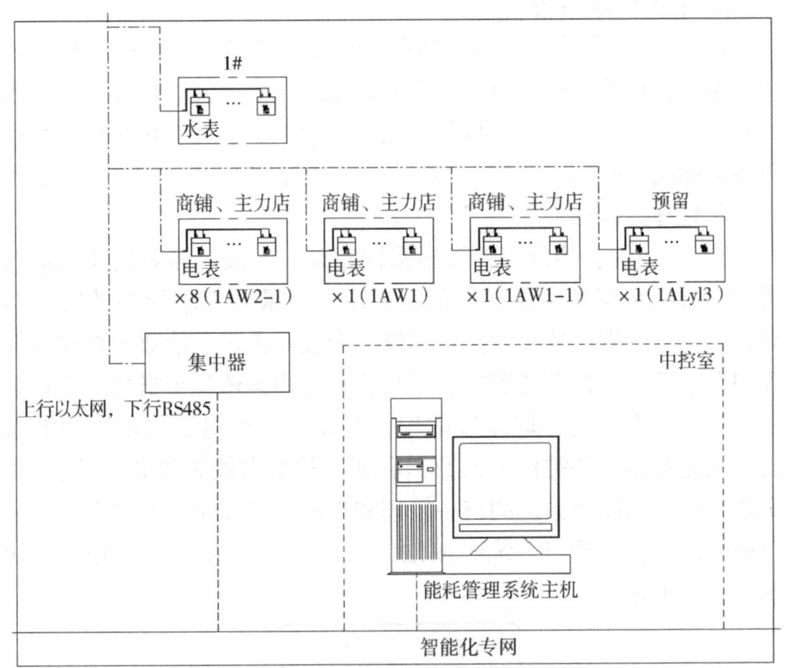


**图 12-2-6　能耗管理系统图**（局部）

5）特别需要说明的是，关于本项目的空调主系统，采用的是集中供冷的能源中心形式，有点像小型的能源站。如图 12-2-7 所示，在本项目的 B3、B4 层设置能源中心，为整个中心的末端用户进行冷负荷的集中供应，集中管理。能源中心采用 12 台 10kV 高压冷水机组，高压进线，同时配备 4 台 2000kVA 机组配套水泵用 10kVA/0. 4kVA 变压器。冷负荷计算采用 24h 逐时冷负荷计算，考虑经营情况及过渡季节的气候条件，合理设置最大与最小负荷。整个能源中心设置群控系统，能源中心群控系统负责整个中心的冷负荷分配、管网监测、设备开启、数据存储等。能源中心群控系统设有与智慧管理平台接口的数据，便于使用者统一管理。

**3. 智慧运维管理平台系统**

1）目前来说，商业综合体建成后交付后的管理是一件让所有管理者都非常头痛的事。而且作为大型商业综合体，往往会分许多

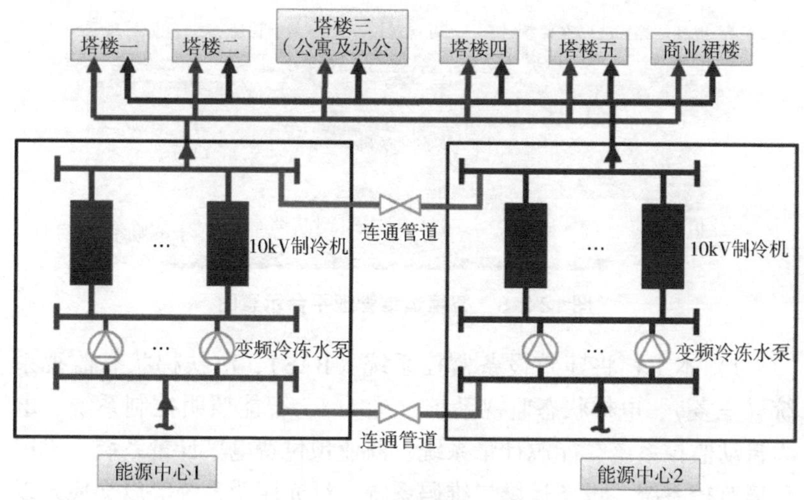


图 12-2-7　制冷系统示意图

部门，如物业部、信息部、运营策划部、安保部等。这些部门要么是分区片进行管理，各自为政；要么就是同时使用不同的管理系统进行各自负责领域的管理。直接导致管理效率不高，信息不互通；商业综合体内部多为公共场所，人流量庞大且人员复杂，对公共设施使用情况以及各个系统的运行情况很难做到实时跟踪管理。如何做到统一管理、实时在线监管，同时现场发现问题及时处理是商业综合体管理所面临的一大难题。

2）结合商业综合体的实际需求及系统架构规划，商业综合体综合解决方案系统内需要整合多个管理子系统，以网络通信及数字化技术为基础，为多个“信息孤岛”提供协同合作的统一平台，建立一套高集成、高智能化的管理机制，满足统一的配置管理、数据共享、功能联动和业务优化等系统需求。

3）鉴于系统接入的复杂性与多样性，在该系统架构规划设计时，采用全网络的架构，各个子系统最终通过网络连接到中心，通过智慧商业管理平台进行统一集成与管理。具体示意图如图 12-2-8 所示。

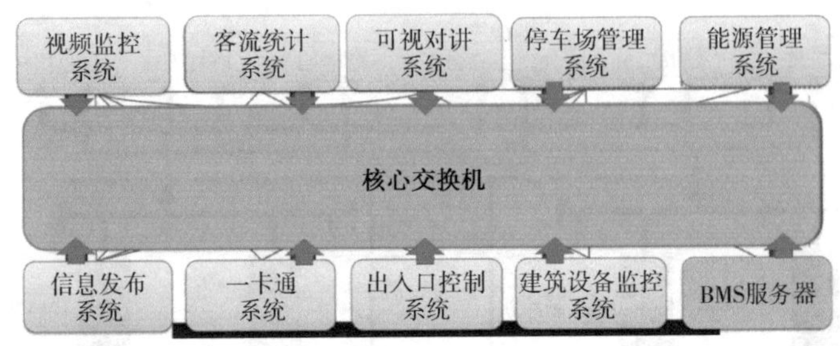

**图 12-2-8　智慧运维管理平台示意图**

4）本工程将建筑设备监控系统（BAS）、电扶梯状态监视系统（三菱）、电梯状态监视系统（通力）、智能照明控制系统、电力自动监控系统、能源计量系统、商业预付费电表计量系统、机房环境监控系统、设备运维二维码系统、泛光照明系统等以交换式以太网组网进行中央集成，生成建筑运行管理所需要的综合数据库，从而对所有全局事件进行集中管理，并实现各子系统之间的信息共享和集中的设备监控、报警管理和联动控制功能，构成智慧运维管理系统平台系统。

5）智慧运维管理平台系统设计原则：

管理平台实现以计算机网络为基础、软件为核心，遵循开放性、安全性、实用性、可维护性及可扩展性原则。系统采用以太网架构，通过第三方 IP 平台以及开放的通信协议或网关，采集各子系统数据，实现各系统之间数据交换和资源共享，将各个具有完整功能的独立子系统组合成一个有机的整体，避免出现信息孤岛（后期系统可以通过 BIM 等手段实现可视化展示，形成大楼一体可视化智慧管理平台）。

6）智慧运维管理平台系统要求：

各个智能化子系统提供开放的协议和接口，管理平台应具备多种通信协议及接口类型，根据子系统提供的通信接口配置相应的接口或协议转换器，其接口形式满足市场上主流机电设备的接口要求，包括并不限于如下标准协议：Bacnet-IP. Bacnet-MS/TP. ModBus-RTU. ModBus-IP. OPC. EIB. KNX. Lonworks。

7）系统架构：

管理平台分为三层架构，分别为采集层、数据层、数据应用及展示层。

采集层：用于接入设备/子系统（包含各类智能化子系统，如监控、报警、门禁、消防、楼宇自控、智能照明、信息发布、能源管理、电力监控、充电桩计费数据等），不改变各智能化子系统实际架构及功能的情况下，实现综合体内的各子系统数据的接入。

数据层：通过系统网关，实现对各子系统数据的采集、交换、处理、存储、分析，实现各子系统数据共享、互联互通。提供统一的数据服务接口用于应用开发。

数据应用及展示层：基于数据平台，结合不同的运维、管理需求，开发不同的智慧应用，并在 WEB 及手持终端实现园区的可视化运维及管理，在消防安防中心及工程中心进行综合可视化展示。

8）集成系统功能：

①实现机房动力环境的一体化监控管理，通过可视化手段，采用模型、图表、饼图、曲线等形式，展示机房动环监测系统信息，包括数据中心供电，空调等关键设备运行情况及故障；展示独立机架、服务器或其他 IT 设备的功耗数据，提供关于每个机架与机架上独立 IT 设备的图形化地图，同时还包括了其能源利用率，温度及湿度。协助数据中心管理人员准确地了解机房耗能、环境、指令等关键参数使用情况，根据电源、制冷系统和空间来最优化服务器布局。

②实现对服务器虚拟化一体化监控。它以拓扑图、三维模型的形式将虚拟主机、虚拟网络、虚拟存储等资源连接关系进行展现，逐层显示虚拟资源的当前状态和告警信息。此外，系统还提供丰富的 TOPN、虚拟资源、性能、告警统计报表。一体化的虚拟化监控模式，方便运维人员全面了解当前虚拟化资源的性能和容量趋势，准确对虚拟化系统的运行态势做出正确判断。

③根据故障类型及发生位置，在大屏、管理主机上推送告警信息，在大屏及工作站上显示故障部位 3D 模型，同时形成工单，并通过电话语音播报通知、邮件等方式自动呼叫运维团队。

④当接受到相关火灾报警等信号并对紧急事件确认后，消防系统除联动本系统控制的消防设备外，强制视频监控系统监视屏调用火灾区域的视频图像，对火灾发生进行确认。确认火灾后，联动出入口控制系统开启相关通道门，向信息发布系统推送疏散信息。

⑤当系统接收到入侵报警后，联动显示报警区域图像，同步启动现场声音复核，自动打开报警区域照明并启动录像、录音。

⑥当楼内发生危及公共安全的紧急事件时，系统进入应急响应状态，启动应急预案，根据事件发生的场所、性质，联动视频监控系统及声音复核系统及时掌握现场实时图像及声音，并启动录音录像；通过信息发布系统、广播系统进行紧急疏散与逃生呼叫及引导；联动相关设备包括照明、风机等启动或停止；必要时与上一级管理部门通信并接收上级应急指挥的各类指令信息。

⑦楼宇自控系统中的相关报警，如照明故障报警、水位报警、风机、水泵故障报警、压力报警、电梯故障报警、电力系统故障报警等。

⑧报警信息记录的分组及合并储存，如风机、水泵等设备异常停机、电力监控系统推送的异常断电等故障报警记录可选取设置周边监控录像记录及重要机房门禁出入记录按触发时段合并储存，便于后勤管理部门追查事故原因。

9）通过对商业综合体的智能化建设，实现商业综合体全节点、全场景的数字化，并在数字化的基础上，融合多种系统应用，实现数据化统一管理，不但使管理更精细，也使对综合体的各种业态管理更全面、更方便、更可靠、更简单。主要特色如下：

①统一的管理平台。系统通过智慧商业地产管理平台可将子系统和平台组件进行统一配置与管理：

统一数据库，内部信息相互联通，有利于信息传递。

通过软件组件化设计实现的业务联动，简化系统联动设计。

智能网管实时监测系统运行数据，方便运行维护。

统一界面、控制逻辑与配置方式等，提升管理效率。

②多方位的系统联动。系统基于智慧商业地产管理平台对传统定义的多个安防子系统进行业务整合，实现丰富的功能联动机制，

通过多个子系统功能互补避免安防疏漏，提高安防管理的业务自动化程度，对安防事件防患于未然，对安防警情及时响应。

全面的联动触发事件设计。

可配置多种联动结果响应警情。

支持短信、电子邮件等远程告警。

可设置软硬件联动输出，与周边设备联动。

③便捷的功能设计。系统从终端用户的角度出发，考虑日常应用的便捷与合理性进行业务流程设计，同时从管理方的角度出发，为管理业务提供更多高效的自动化管理手段：

可配置全局预案实现管理业务自动化。

全局电子地图监管功能，为管理员提供直观的图形化监控界面。

功能全面的大屏幕显示方案。

支持手机、PAD 等远程客户端访问。

④丰富的产品支持。可靠的产品为优化解决方案提供基础，经过多年的研发与行业经验，可为用户提供全系的安防产品及选型服务。

⑤灵活的系统扩展。系统基于模块化设计，可根据后期需求进行灵活扩展而不影响整体软硬件框架，同时支持多种标准接口：

基于以太网 TCP/IP 通信，同时兼容 RS485 等其他通信方式接入。

提供 SDK/OPC/WEBSERVICE 等多种标准接口。

⑥丰富的商业数据提取。基于客户要求，尽可能地从现有的视频信息中提取更多的商业数据信息，同其他数据碰撞，形成更多的结构化数据，为决策者和市场策划者提供决策支撑和策划辅助，助力商场营销。

结束语：未来的建筑，一定会更加智慧，更加节能。同时，随着节能减排以及碳中和、碳达峰的要求，低碳建筑会贯穿未来设计的每一栋建筑。期待越来越多的智慧、低碳商业综合体涌现出来，为消费者提供更加舒适、便捷的购物空间。

# 参考文献

[1] 周京．我国专业市场兴衰规律和启示［J］．中国流通经济，2015，29（11）：9-18.

[2] 柳雪玲．我国大型综合批发市场建筑设计研究［D］．北京：北京建筑大学，2018.

[3] 高飞．美国购物中心与中国购物中心发展比较研究［D］．昆明：昆明理工大学，2006.

[4] 中国建筑设计研究院有限公司．建筑电气设计统一技术措施［M］．北京：中国建筑工业出版社，2021.

[5] 中南建筑设计院股份有限公司．商店建筑设计规范：JGJ 48—2014［S］．北京：中国建筑工业出版社，2014.

[6] 浙江大学建筑设计研究院有限公司．绿色建筑设计标准：DB 33/1092—2021［S］. 北京：中国计划出版社，2021.

[7] 中国勘察设计协会电气分会，中国建筑节能协会建筑电气与智能化节能专业委员会．全国民用建筑电气典型设计方案［M］．北京：中国建筑工业出版社，2020.

[8] 中华人民共和国住房和城乡建设部．民用建筑电气设计标准：GB 51348—2019［S］．北京：中国建筑工业出版社，2019.

[9] 华东建筑设计研究总院，上海市消防局．民用建筑电气防火设计规程：DGJ 08—2048—2016［S］．上海：同济大学出版社，2016.

[10] 中华人民共和国住房和城乡建设部．建筑节能与可再生能源利用通用规范：GB 55015—2021［S］．北京：中国建筑工业出版社，2021.

[11] 中华人民共和国住房和城乡建设部．建筑电气与智能化通用规范：GB 55024—2022［S］．北京：中国建筑工业出版社，2022.

[12] 中国勘察设计协会电气分会，中国建筑节能协会电气分会，中国建设科技集团智慧建筑研究中心．智慧医院建筑电气设计手册［M］．北京：机械工业出版社，2021.

[13] 黄昱，黄昊．集装箱式柴油发电机在民用建筑中的应用［J］．建筑电气，2017，36（4）：22-24.

[14] 尹天文．低压电器技术手册［M］．北京：机械工业出版社，2014.

[15] 中国航空规划设计研究总院公司．工业与民用供配电设计［M］．北京：中国建筑工业出版社，2021.

[16] 陆俭国，何瑞华，陈德桂，等．中国电气工程大典［M］．北京：中国电力出版社，2009.

[17] 中华人民共和国住房和城乡建设部，国家市场监督管理总局．建筑环境通用规

范：GB 55016—2021［S］. 北京：中国建筑出版传媒有限公司，2022.
［18］ 中华人民共和国住房和城乡建设部，国家市场监督管理总局. 市容环卫工程项目规范：GB 55013—2021［S］. 北京：中国建筑出版传媒有限公司，2021.
［19］ 中华人民共和国住房和城乡建设部. 建筑照明设计标准：GB 50034—2013［S］. 北京：中国建筑工业出版社，2013.
［20］ 中华人民共和国住房和城乡建设部. 建筑防火通用规范：GB 55037—2022［S］. 北京：中国建筑工业出版社，2022.
［21］ 中华人民共和国住房和城乡建设部. 消防应急照明和疏散指示系统技术标准：GB 51309—2018［S］. 北京：中国建筑工业出版社，2018.
［22］ 北京照明学会照明设计专业委员会. 照明设计手册［M］. 3 版. 北京：中国电力出版社，2017.
［23］ 湖南省建筑电气设计情报网. 民用建筑电气设计手册［M］. 2 版. 北京：中国建筑工业出版社，2007.
［24］ 中国电力企业联合会. 电力工程电缆设计标准：GB 50217—2018［S］. 北京：中国计划出版社，2018.
［25］ 杜毅威. 民用建筑线缆选择简析［J］. 智能建筑电气技术杂志，2023.
［26］ 中国机械工业联合会. 低压配电设计规范：GB 50054—2011［S］. 北京：中国计划出版社，2012.
［27］ 中国勘察设计协会建筑电气工程设计分会. 建筑电气设计疑难点解析及强制性条文［M］. 北京：中国建筑工业出版社，2015.
［28］ 中华人民共和国住房和城乡建设部. 建筑物防雷设计规范：GB 50057—2010［S］. 北京：中国计划出版社，2011.
［29］ 中华人民共和国住房和城乡建设部. 建筑物电子信息系统防雷设计规范：GB 50343—2012［S］. 北京：中国建筑工业出版社，2012.
［30］ 中华人民共和国国家质量监督检验检疫总局. 雷电防护：GB/T 21714（所有部分）［S］. 北京：中国标准出版社，2015.
［31］ 中华人民共和国国家质量监督检验检疫总局. 低压电气装置　第 7-701 部分：特殊装置或场所的要求　装有浴盆或淋浴的场所：GB/T 16895. 13—2022［S］. 北京：中国标准出版社，2022.
［32］ 中华人民共和国国家质量监督检验检疫总局. 低压电气装置　第 7-702 部分：特殊装置或场所的要求　游泳池和喷泉：GB/T 16895. 19—2017［S］. 北京：中国标准出版社，2017.
［33］ 中华人民共和国国家质量监督检验检疫总局. 建筑物电气装置　第 7-703 部分：特殊装置或场所的要求　装有桑拿浴加热器的房间和小间：GB/T 16895. 14—2010［S］. 北京：中国标准出版社，2010.
［34］ 中华人民共和国住房和城乡建设部. 火灾自动报警系统设计规范：GB 50116—2013［S］. 北京：中国计划出版社，2014.

[35] 中华人民共和国住房和城乡建设部．消防设施通用规范：GB 55036—2022［S］．北京：中国计划出版社，2022.
[36] 任立国，董金芝，刘旭兵．基于安消一体化的建筑智慧安全管理系统设计思路浅析［J］．绿色建筑，2022（6）：74-76.
[37] 张锦堂．安消一体化安全管理体系建设研究［J］．电脑知识与技术：学术版，2021，17（19）：145-147.
[38] 陆剑锋，张浩，赵荣泳．数字孪生技术与工程实践［M］．北京：机械工业出版社，2002.
[39] 中国通信工业协会物联网应用分会．物联网＋BIM 构建数字孪生的未来［M］．北京：电子工业出版社，2021.
[40] 杨鹏，张普宁，吴大鹏，等．物联网：感知、传输与应用［M］．北京：电子工业出版社，2020.
[41] 亚信科技（中国）有限公司．5G 时代 AI 技术应用详解［M］．北京：清华大学出版社，2020.
[42] 孙成群．简明建筑电气设计手册［M］．北京：机械工业出版社，2021.
[43] 孙成群．建筑电气设计导论［M］．北京：机械工业出版社，2002.
[44] 沈阳仪表科学研究院．传感器通用术语：GB/T 7665—2005［S］．北京：中国标准出版社，2006.
[45] 中华人民共和国住房和城乡建设部．综合布线系统工程设计规范：GB 50311—2016［S］．北京：中国计划出版社，2017.
[46] 中华人民共和国住房和城乡建设部．智能建筑设计标准：GB 50314—2015［S］．北京：中国计划出版社，2015.
[47] 中华人民共和国住房和城乡建设部．绿色建筑评价标准：GB/T 50378—2019［S］．北京：中国建筑工业出版社，2019.
[48] 中华人民共和国住房和城乡建设部．绿色商店建筑评价标准：GB/T 51100—2015［S］．北京：中国建筑工业出版社，2015.
[49] 中华人民共和国住房和城乡建设部．建筑节能工程施工质量验收标准：GB 50411—2019［S］．北京：中国建筑工业出版社，2019.
[50] 中国电力企业联合会．光伏发电站设计规范：GB 50797—2012［S］．北京：中国计划出版社，2012.
[51] 中国电力企业联合会．建筑光伏系统应用技术标准：GB/T 51368—2019［S］．中国建筑工业出版社，2019.
[52] 中国建筑科学研究院．导光管采光系统技术规程：JGJ/T 374—2015［S］．北京：中国建筑工业出版社，2015.
[53] 中国建筑科学研究院．建筑采光设计标准：GB 50033—2013［S］．北京：中国建筑工业出版社，2012.
[54] 李钟实．太阳能分布式光伏发电系统设计施工与运维手册［M］．2 版．北京：机

械工业出版社，2019.

[55] 江祥华，张增辉，王东. 分布式光伏电站设计、建设与运维［M］.2 版. 北京：化学工业出版社，2022.

[56] 徐金栋，王雨声. 简析光导照明系统的应用及其效益［J］. 建筑电气，2018，37（5）：121-124.

[57] 江苏省土木建筑学会建筑电气专业委员会. 建筑一体化光伏系统电气设计与施工：15D202-4［S］. 北京：中国计划出版社，2015.